21世纪高职高专精品规划教材

电机与电气控制模块化实用教程

主　编　谢敏玲　陆春松

副主编　吴传全　范次猛　崔洪元

内 容 提 要

本书是为适应理论和实训一体教学而编写的教材。该书充分吸取了高职高专教育多年来的教学经验和教改成果，理论分析和计算适度，突出了实际应用和技能训练。

全书内容由 6 个模块构成：认识与使用直流电机、认识与使用单相变压器、认识与使用三相异步电动机、认识与使用特种电机、三相异步电动机基本控制线路的安装与调试、常用生产机械电气控制线路的检测与维修。

本书可以作为高职高专院校、成人院校的电气运行与控制专业及相关专业的教学用书，也可供相关专业的师生和从事现场工作的技术人员参考。

图书在版编目（CIP）数据

电机与电气控制模块化实用教程 / 谢敏玲，陆春松主编. -- 北京 : 中国水利水电出版社, 2010.8(2019.1重印)
21世纪高职高专精品规划教材
ISBN 978-7-5084-7769-5

Ⅰ. ①电… Ⅱ. ①谢… ②陆… Ⅲ. ①电机学－高等学校：技术学校－教材②电气控制－高等学校：技术学校－教材 Ⅳ. ①TM3②TM921.5

中国版本图书馆CIP数据核字(2010)第159382号

书　　名	21 世纪高职高专精品规划教材 **电机与电气控制模块化实用教程**
作　　者	主编　谢敏玲　陆春松　　副主编　吴传全　范次猛　崔洪元
出版发行	中国水利水电出版社 （北京市海淀区玉渊潭南路 1 号 D 座　100038） 网址：www.waterpub.com.cn E-mail：sales@waterpub.com.cn 电话：（010）68367658（营销中心）
经　　售	北京科水图书销售中心（零售） 电话：（010）88383994、63202643、68545874 全国各地新华书店和相关出版物销售网点
排　　版	中国水利水电出版社微机排版中心
印　　刷	北京合众伟业印刷有限公司
规　　格	184mm×260mm　16 开本　13.5 印张　323 千字　1 插页
版　　次	2010 年 8 月第 1 版　2019 年 1 月第 3 次印刷
印　　数	6001—7000 册
定　　价	**32.00** 元

前言

本书编写坚持“以就业为导向、能力为本位”，充分体现实践导向、理论与实训一体的课程设计思想。

电机与电气控制内容实践性强，如果学完理论后再实训，有两大缺点：

（1）课程内容较为抽象，不进行与实物的充分接触不易理解，导致与实践分离的理论教学难度大。如电机结构、原理，低压电器的结构，典型机床的结构和运动特点等，光靠看看实物，学生印象不深，很多学生明白不了。

（2）本来就不扎实的理论知识随着时间的增长，学生又产生遗忘，到实训时，老师又要重新教授，导致了重复教育，浪费时间和教育资源。所以电机与电气控制采用理论与实训一体教学是比较合适的。

本课程的教学活动共分解成6个模块，每个模块由若干课题组成，每个课题由学习目标、课题分析、相关知识、技能训练、思考与练习组成。以课题为单位组织教学，使学生在完成各个任务训练的过程中，逐渐展开对专业理论知识的理解和应用。教学内容以够用为原则，略去繁琐的理论推导和计算。它使理论与实践能够有机结合，由学完理论再实习到学一做交互进行，在理解的基础上做，在做的基础上进一步理解，提高技能水平，及时消化、巩固理论知识。由交平面作业到交立体成果，通过摸得着、看得见的任务成果提高学生学习兴趣。

教师可以根据需要安排模块教学次序，作者认为教学效果较好的次序为：认识与使用三相异步电动机、三相异步电动机基本控制线路的安装与调试、常用生产机械电气控制线路的检测与维修、认识与使用直流电机、认识与使用特种电机、认识与使用单相变压器。这样安排的一个原因是考虑课程的主要技能目标是分析、检修典型机床控制线路，而典型机床部件运动大都是三相异步电动机拖动的，典型机床控制线路都是由基本控制线路组成的；另外一个原因是从学生的认知规律考虑，相对来说这部分内容前后关联性强，操作性强，学生容易感兴趣。先激发学生对该课程的学习兴趣，掌握了该门课的学习方法，再学其他内容就比较容易。

本书由江苏无锡交通高等职业技术学校的谢敏玲、陆春松任主编，吴传全、范次猛、崔洪元任副主编。编写分工如下：谢敏玲编写第三模块、前言、内容提要，并统稿；陆春松编写第五模块；吴传全编写第六模块；范次猛编写第一模块；崔洪元编写第二、第四模块。

本教材在编写时，参阅了许多同行专家编写的教材，在此向编者致以诚挚的谢意！

由于编者水平有限，书中难免存在错误和不妥之处，敬请读者批评。

编者

2010年4月

目　　录

模块一　认识与使用直流电机

课题一　认 识 直 流 电 机

学习目标

（1）了解直流电机的特点、用途和分类；熟悉直流电机的基本工作原理。

（2）认识直流电机的外形和内部结构，熟悉各部件的作用。

（3）了解直流电机铭牌中型号和额定值的含义，掌握额定值的简单计算。

（4）会进行直流电动机的检测、接线和简单操作。

课题分析

直流电机是实现直流电能与机械能之间相互转换的电力机械，按照用途可以分为直流电动机和直流发电机两类。其中，将机械能转换成直流电能的电机称为直流发电机，如图1-1所示；将直流电能转换成机械能的电机称为直流电动机，如图1-2所示。直流电机是工矿、交通、建筑等行业中的常见动力机械，是机电行业人员的重要工作内容之一。作为一名电气控制技术人员，必须熟悉直流电机的结构、工作原理和性能特点，掌握主要参数的分析计算，并能正确熟练地操作使用直流电机。

图1-1　直流发电机

图1-2　直流电动机

相关知识

一、直流电机的特点和用途

1. 直流电机的特点

直流电动机与交流电动机相比，具有优良的调速性能和启动性能。直流电动机具有宽广的调速范围，平滑的无级调速特性，可实现频繁的无级快速启动、制动和反转；过载能力大，能承受频繁的冲击负载；能满足自动化生产系统各种不同的特殊运行要求。而直流发电机则能提供无脉动的大功率直流电源，且输出电压可以精确地调节和控制。

但直流电机也有它显著的缺点：一是制造工艺复杂，消耗有色金属较多，生产成本高；二是运行时由于电刷与换向器之间容易产生火花，因而可靠性较差，维护比较困难。所以在一些对调速性能要求不高的领域中已被交流变频调速系统所取代。但是在某些要求调速范围大、快速性高、精密度好、控制性能优异的场合，直流电动机的应用目前仍占有较大的比例。

2. 直流电机的用途

由于直流电动机具有良好的启动和调速性能，常应用于对启动和调速有较高要求的场合，如大型可逆式轧钢机、矿井卷扬机、宾馆高速电梯、龙门刨床、电力机车、内燃机车、城市电车、地铁列车、电动自行车、造纸和印刷机械、船舶机械、大型精密机床和大型起重机等生产机械中，如图 1－3 所示。

(a)

(b)

(c)

(d)

图 1－3　直流电动机的用途

（a）地铁列车；（b）城市电车；（c）电动自行车；（d）造纸机

直流发电机主要用作各种直流电源，如直流电动机电源、化学工业中所需的低电压大电流的直流电源和直流电焊机电源等，如图 1－4 所示。

(a)

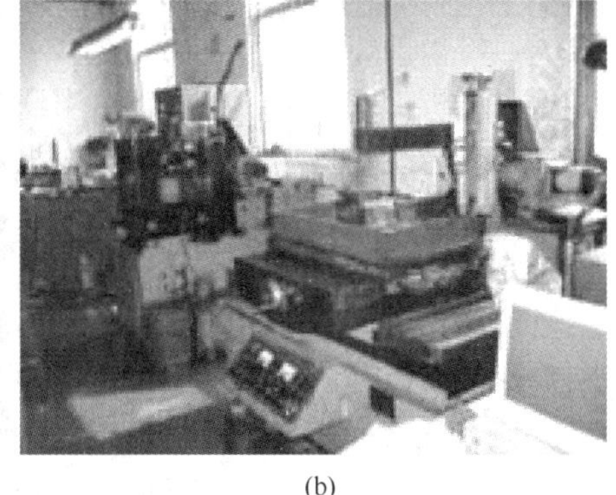

(b)

图 1－4　直流发电机的用途

(a) 电解铝车间；(b) 电镀车间

二、直流电机的基本结构

直流电动机和直流发电机的结构基本一样。直流电机由静止的定子和转动的转子两大部分组成，在定子和转子之间存在一个间隙，称做气隙。定子的作用是产生磁场和支承电机，它主要包括主磁极、换向磁极、机座、电刷装置、端盖等。转子的作用是产生感应电动势和电磁转矩，实现机电能量的转换，通常也被称做电枢。它主要包括电枢铁心、电枢绕组以及换向器、转轴、风扇等。直流电机的结构如图 1－5 所示。

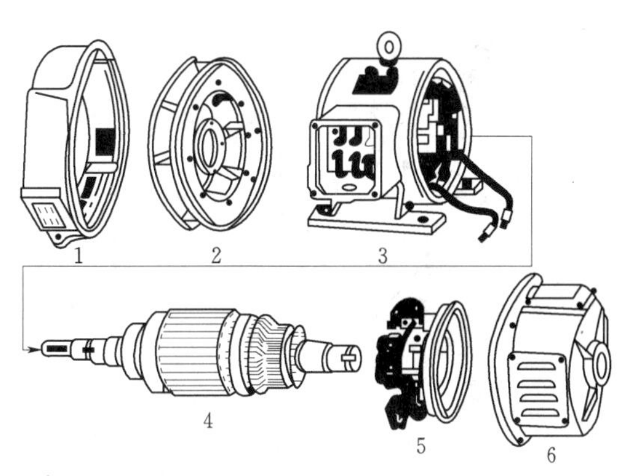

图 1－5　直流电机的结构

1—前端盖；2—风扇；3—定子；4—转子；5—电刷及刷架；6—后端盖

1. 主磁极

主磁极的作用是产生主磁通，它由铁心和励磁绕组组成，如图 1－6 所示。铁心一般用 1～1.5mm 的低碳钢片叠压而成，小电机也有用整块的铸钢磁极的。主磁极上的励磁绕组是用绝缘铜线绕制而成的集中绕组，与铁心绝缘，各主磁极上的线圈一般都是串联起来的。主磁极总是成对的，并按 N 极和 S 极交替排列。

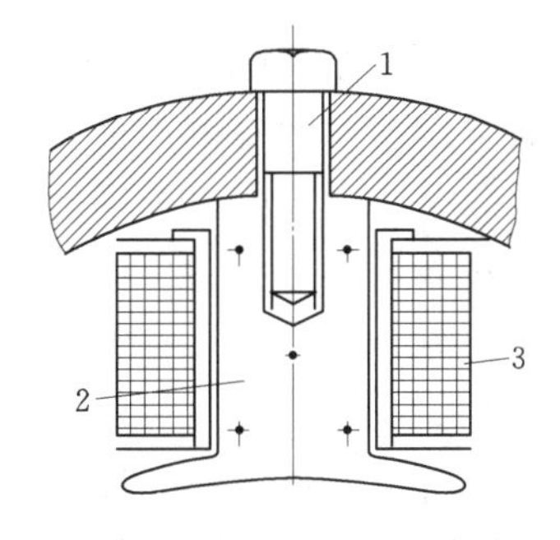

图 1－6　直流电机的主磁极

1—螺钉；2—铁心；3—励磁绕组

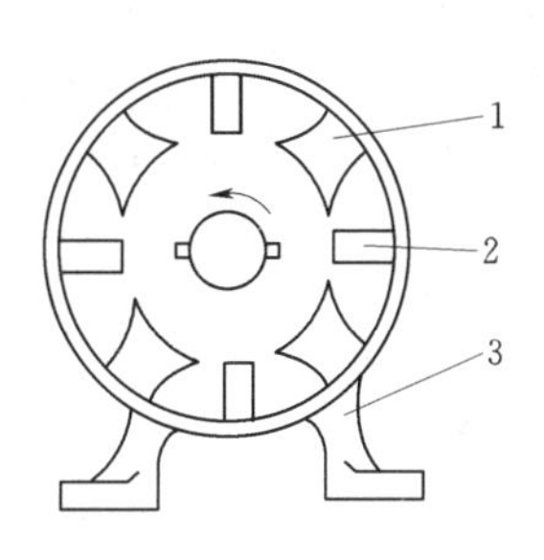

图 1－7　换向磁极的位置

1—主磁极；2—换向磁极；3—底座

2. 换向磁极

换向磁极的作用是产生附加磁场，用以改善电机的换向性能。通常铁心由整块钢做成，换向磁极的绕组应与电枢绕组串联。换向磁极装在两个主磁极之间，如图 1-7 所示。其极性在作为发电机运行时，应与电枢导体将要进入的主磁极极性相同；在作为电动机运行时，则应与电枢导体刚离开的主磁极极性相同。

3. 机座

机座一方面用来固定主磁极、换向磁极和端盖等；另一方面作为电机磁路的一部分，称为磁轭。机座一般用铸钢或钢板焊接制成。

4. 电刷装置

在直流电机中，为了使电枢绕组和外电路连接起来，必须装设固定的电刷装置，它是由电刷、刷握和刷杆座组成的，如图 1-8 所示。电刷是用石墨等做成的导电块，放在刷握内，用弹簧压指将它压触在换向器上。刷握用螺钉夹紧在刷杆上，用铜绞线将电刷和刷杆连接，刷杆装在刷座上，彼此绝缘，刷杆座装在端盖上。

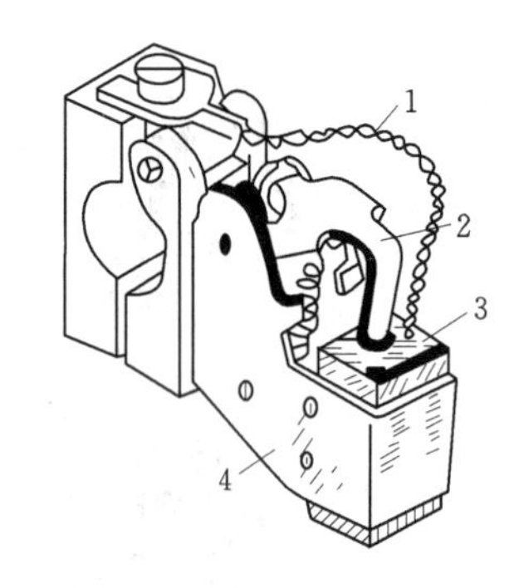

图 1-8　电刷与刷握

1—铜丝辫；2—压指；3—电刷；4—刷握

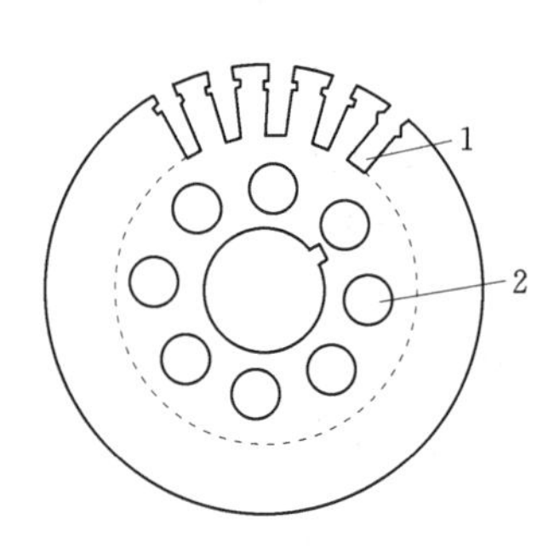

图 1-9　电枢铁心

1—槽；2—轴向通风孔

5. 电枢铁心

电枢铁心的作用是通过磁通和安放电枢绕组。当电枢在磁场中旋转时，铁心将产生涡流和磁滞损耗。为了减少损耗，提高效率，电枢铁心一般用硅钢片冲叠而成。电枢铁心具有轴向冷却通风孔，如图 1-9 所示。铁心外圆周上均匀分布着槽，用以嵌放电枢绕组。

6. 电枢绕组

电枢绕组的作用是产生感应电动势和通过电流产生电磁转矩，实现机电能量转换。绕组通常用漆包线绕制而成，嵌入电枢铁心槽内，并按一定的规则连接起来。为了防止电枢旋转时产生的离心力使绕组飞出，绕组嵌入槽内后，用槽楔压紧；线圈伸出槽外的端接部分用无纬玻璃丝带扎紧。

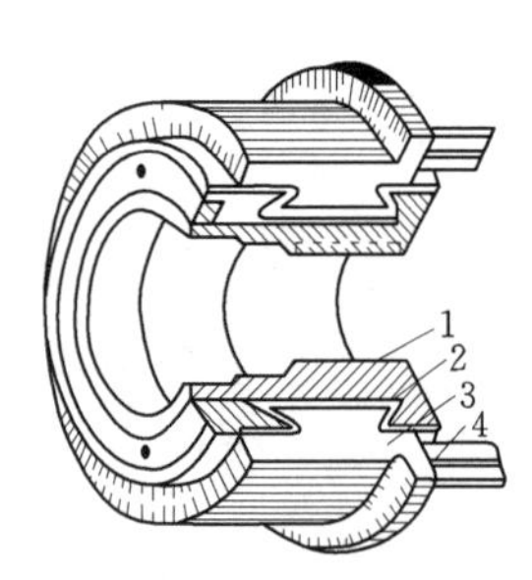

图 1-10　拱形换向器

1—V 形套筒；2—云母片；3—换向片；4—连接片

7. 换向器

换向器的结构如图 1-10 所示。它由许多带有鸽尾形的换向片叠成一个圆筒，片与片之间用云母片绝缘，借 V 形套筒和螺纹压圈拧紧成一个整体。每个换向片与绕组每个元件的引出线焊接

在一起，其作用是将直流电动机输入的直流电流转换成电枢绕组内的交变电流，进而产生恒定方向的电磁转矩，使电动机连续运转。

三、直流电机的工作原理

1. 直流发电机的工作原理

图1-11是由直流发电机的主磁极、电刷、电枢绕组和换向器等主要部件构成的工作原理，定子上有两个磁极N和S，它们建立恒定磁场，两磁极中间是装在转子上的电枢绕组。绕组元件a、b、c、d的两端a和d分别与两片相互绝缘的半圆形铜片（换向器）相接，通过电刷A、B与外电路相连。

当原动机带着电枢逆时针方向旋转时，线圈两个有效边a、b和c、d将切割磁场磁力线产生感应电动势，方向按右手定则确定，如图1-11（a）所示，在S极下由$d \to c$，在N极下由$b \to a$，电刷A为正极，电刷B为负极。负载电流的方向是由$A \to B$。

当线圈转过90°时，如图1-11（b）所示，两个线圈的有效边位于磁场物理中性面上，导体的运动方向与磁力线平行，不切割磁力线，因此感应电动势为零。虽然两电刷同时与两铜片相接，把线圈短路，但线圈中无电动势和电流。

当线圈转过180°时，如图1-11（c）所示，此时线圈边中的电动势方向改变了，在S极下由$a \to b$，在N极下由$c \to d$。由于此时电刷A和电刷B所接触的铜片已经互换，因此电刷A仍为正极，电刷B仍为负极，输出电流I的方向不变。

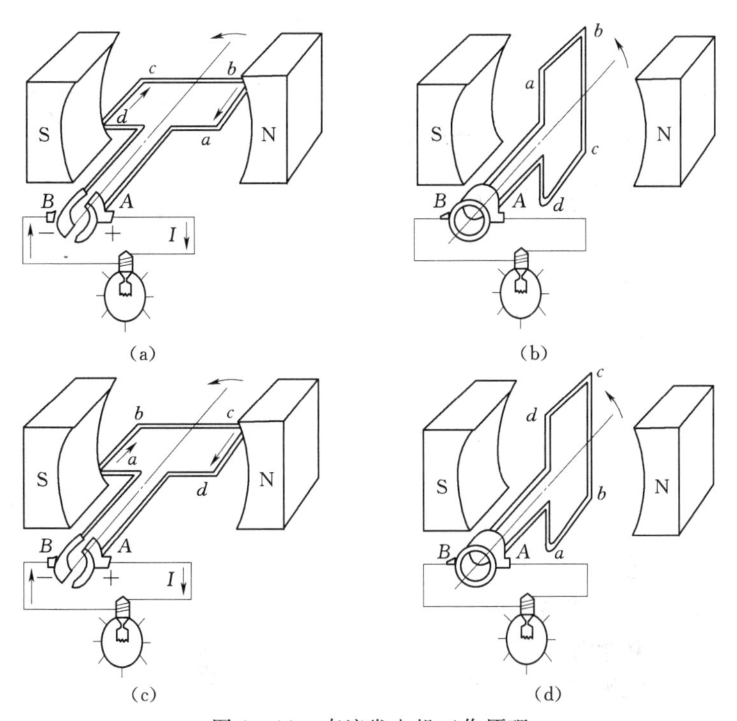

图1-11 直流发电机工作原理

(a) 灯亮；(b) 灯不亮；(c) 灯亮；(d) 灯不亮

线圈每转过一对磁极，其两个有效边中的电动势方向就改变一次，但是两电刷之间的电动势方向是不变的，电动势大小在零和最大值之间变化。显然，电动势方向虽然不变，但大小波动很大，这样的电动势是没有实用价值的。要减小电动势的波动程度，实用的电机在电枢圆周表面装有较多数量互相串联的线圈和相应的铜片数。这样，换向后合成电动势的波动程度就会显著减小。由于实际发电机的线圈数较多，所以电动势波动很小，可认为是恒定不变的直流电动势。

由以上分析可得出直流发电机的工作原理：当原动机带动直流发电机电枢旋转时，在电枢绕组中产生方向交变的感应电动势，通过电刷和换向器的作用，在电刷两端输出方向不变的直流电动势。

2. 直流电动机的工作原理

直流电动机在机械构造上与直流发电机完全相同，图 1-12 是直流电动机的工作原理。电枢不用外力驱动，把电刷 A、B 接到直流电源上，假定电流从电刷 A 流入线圈，沿 $a \to b \to c \to d$ 方向，从电刷 B 流出。载流线圈在磁场中将受到电磁力的作用，其方向按左手定则确定，ab 边受到向上的力，cd 边受到向下的力，形成电磁转矩，结果使电枢逆时针方向转动，如图 1-12（a）所示。当电枢转过 90°时，如图 1-12（b）所示，线圈中虽无电流和力矩，但在惯性的作用下继续旋转。

当电枢转过 180°时，如图 1-12（c）所示，电流仍然从电刷 A 流入线圈，沿 $d \to c \to b \to a$ 方向，从电刷 B 流出。与图 1-12（a）比较，通过线圈的电流方向改变了，但两个线圈边受电磁力的方向却没有改变，即电动机只朝一个方向旋转。若要改变其转向，必须改变电源的极性，使电流从电刷 B 流入，从电刷 A 流出才行。

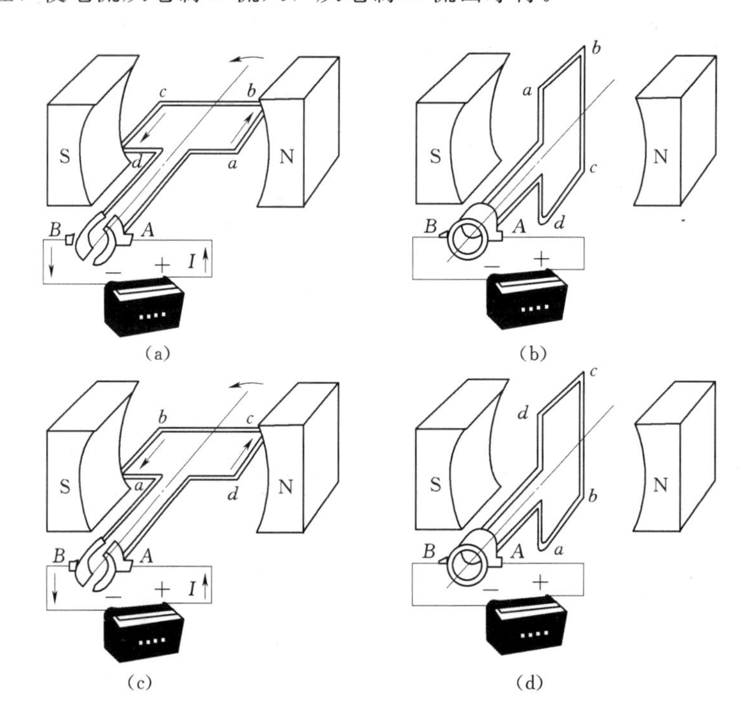

图 1-12　直流电动机工作原理

（a）受电磁力，逆时针转动；（b）不受电磁力，惯性转动；

（c）受电磁力，逆时针转动；（d）不受电磁力，惯性转动

由以上分析可知直流电动机的工作原理：当直流电动机接入直流电源时，借助于电刷和换向器的作用，使直流电动机电枢绕组中流过方向交变的电流，从而使电枢产生恒定方向的电磁转矩，保证了直流电动机朝一定的方向连续旋转。

3. 直流电机的可逆原理

比较直流电动机与直流发电机的结构和工作原理，可以发现：一台直流电机既可以作为发电机运行，也可以作为电动机运行，只是其输入、输出的条件不同而已。

如果在电刷两端加上直流电源，将电能输入电枢，则从电机轴上输出机械能，驱动生产机械工作，这时直流电机将电能转换为机械能，工作在电动机状态。

如果用原动机驱动直流电机的电枢旋转，从电机轴上输入机械能，则从电刷两端可以引出直流电动势，输出直流电能，这时直流电机将机械能转换为直流电能，工作在发电机状态。

同一台电机，既能作发电机运行，又能作电动机运行的原理，称为电机的可逆原理。一台电机的实际工作状态取决于外界的不同条件。实际的直流电动机和直流发电机在设计时考虑了工作特点的一些差别，因此有所不同。例如，直流发电机的额定电压略高于直流电动机，以补偿线路的电压降，便于两者配合使用。直流发电机的额定转速略低于直流电动机，便于选配原动机。

四、直流电机的励磁方式

直流电机的励磁方式是指电机励磁电流的供给方式，根据励磁支路和电枢支路的相互关系，有他励、自励（并励、串励和复励）、永磁方式。

1. 他励方式

他励方式中，电枢绕组和励磁绕组电路相互独立，电枢电压与励磁电压彼此无关。其接线如图 1－13 所示。

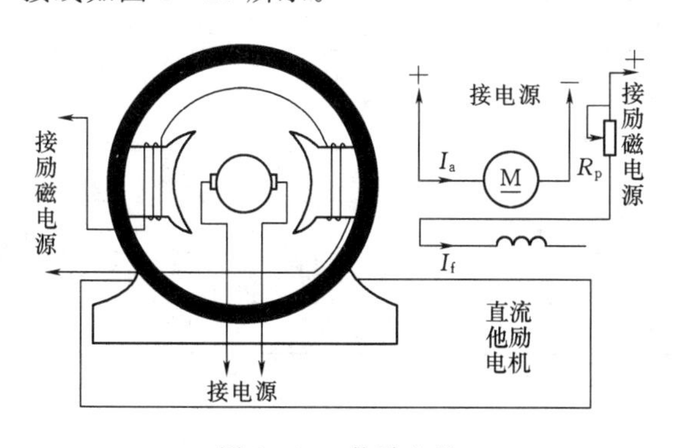

图 1－13 他励电机

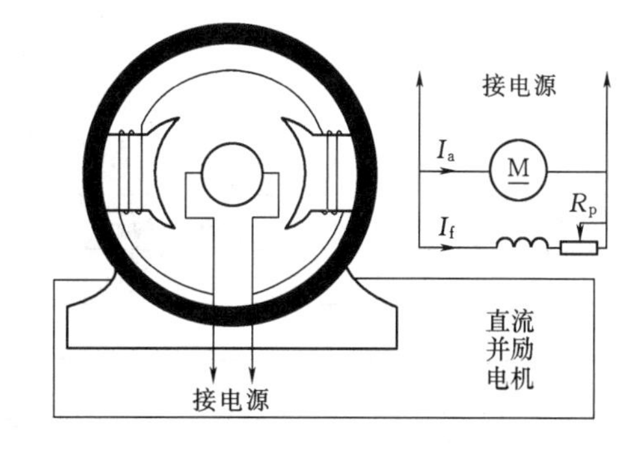

图 1－14 并励电机

2. 并励方式

并励方式中，电枢绕组和励磁绕组是并联关系，由同一电源供电，其接线如图 1－14 所示。

3. 串励方式

串励方式中，电枢绕组与励磁绕组是串联关系，其接线如图 1－15 所示。

4. 复励方式

复励电机的主磁极上有两部分励磁绕组，其中一部分与电枢绕组并联，另一部分与电枢绕组串联。当两部分励磁绕组产生的磁通方向相同时，称为积复励，反之称为差复励。其接线如图 1-16 所示。

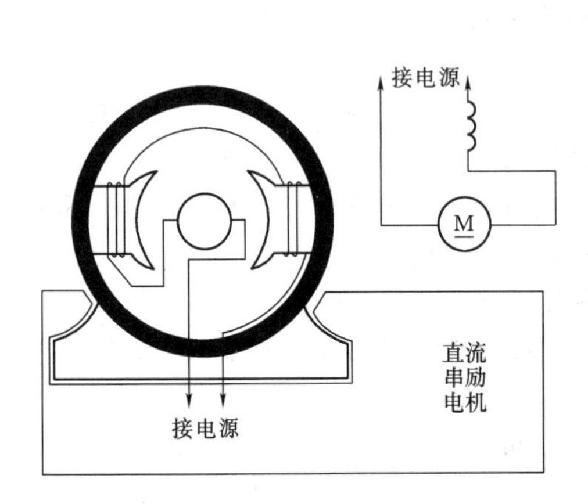

图 1-15　串励电机

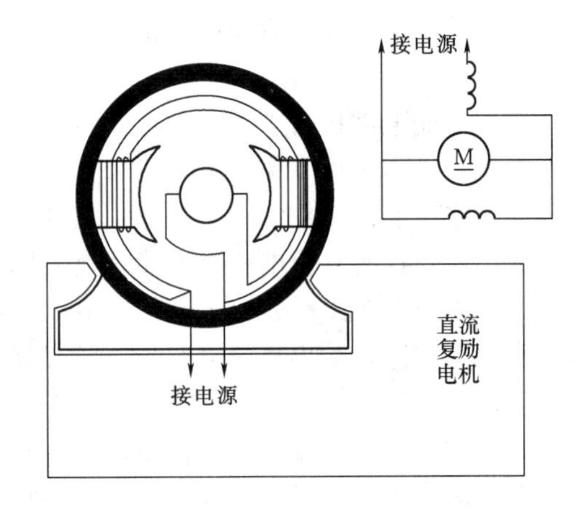

图 1-16　复励电机

五、直流电机的铭牌数据与系列

（一）直流电机铭牌数据

电机制造厂按照国家标准，根据电机的设计和试验数据，规定了电机的正常运行状态和条件，通常称之为额定运行。凡表征电机额定运行情况的各种数据均称为额定值，标注在电机铝制铭牌上，它是正确合理使用电机的依据。直流电机的主要额定值如表 1-1 所示。

表 1-1　　直流电机铭牌

型　　号	Z2—72	励磁方式	并　励
功率（kW）	22	励磁电压（V）	220
电压（V）	220	励磁电流（A）	2.06
电流（A）	116	定额	连续
转速（r/min）	1500	温升（℃）	80
编号	××××	出厂日期	××××年×月×日
××××电机厂			

1. 额定容量（额定功率）P_N(kW)

额定容量指电机的输出功率。对发电机而言，是指输出的电功率；对电动机而言，则是指转轴上输出的机械功率。

2. 额定电压 U_N(V) 和额定电流 I_N(A)

注意它们不同于电机的电枢电压 U_a 和电枢电流 I_a，发电机的 U_N、I_N 是输出值，电动机的 U_N、I_N 是输入值。

3. 额定转速 n_N(r/min)

额定转速是指在额定功率、额定电压、额定电流时电机的转速。

电机在实际应用时，是否处于额定运行情况，要由负载的大小决定。一般不允许电机

超过额定值运行，因为这样会缩短电机的使用寿命，甚至损坏电机。但也不能让电机长期轻载运行，这样不能充分利用设备，使运行效率低，所以应该根据负载大小合理选择电机。

（二）直流电机系列

我国目前生产的直流电机主要有以下系列。

1. Z2 系列

该系列为一般用途的小型直流电机系列。“Z”表示直流，“2”表示第二次改进设计。系列容量为 0.4～200kW，电动机电压为 110V、220V，发电机电压为 115V、230V，属防护式。

2. ZF 和 ZD 系列

这两个系列为一般用途的中型直流电机系列。“F”表示发电机，“D”表示电动机。系列容量为 55～1450kW。

3. ZZJ 系列

该系列为起重、冶金用直流电机系列。电压有 220V、440V 两种。工作方式有连续、短时和断续 3 种。ZZJ 系列电机启动快速，过载能力大。

此外，还有 ZQ 直流牵引电动机系列及用于易爆场合的 ZA 防爆安全型直流电机系列等。常见电机产品系列见表 1-2。

表 1-2　　常见电机产品系列

代　　号	含　　义
Z2	一般用途的中、小型直流电机，包括发电机和电动机
Z、ZF	一般用途的大、中型直流电机系列。Z 是直流电动机系列；ZF 是直流发电机系列
ZZJ	专供起重、冶金工业用的专用直流电动机
ZT	用于恒功率且调速范围比较大的驱动系统里的宽调速直流电动机
ZQ	电力机车、工矿电机车和蓄电池供电电车用的直流牵引电动机
ZH	船舶上各种辅助机械用的船用直流电动机
ZU	用于龙门刨床的直流电动机
ZA	用于矿井和有易爆气体场所的防爆安全型直流电动机
ZKJ	冶金、矿山挖掘机用的直流电动机

六、直流电机的感应电动势和电磁转矩

无论是直流电动机还是直流发电机，在转动时，其电枢绕组都会由于切割主磁极产生的磁力线而感应出电动势。同时，由于电枢绕组中有电流流过，电枢电流与主磁场作用又会产生电磁转矩。因此，直流电机的电枢绕组中同时存在着感应电动势和电磁转矩，它们对电机的运行起着重要的作用。直流发电机中是感应电动势在起主要作用，直流电动机中是电磁转矩在起主要作用。

1. 电枢绕组的感应电动势 E_a

对电枢绕组电路进行分析，可得直流电机电枢绕组的感应电动势为

$$E_a = C_e \Phi n \tag{1-1}$$

式中　Φ——电机的每极磁通；

n——电机的转速；

C_e——与电机结构有关的常数，称为电动势常数。

E_a 的方向由 Φ 与 n 的方向按右手定则确定。从式（1－1）可以看出，若要改变 E_a 的大小，可以改变 Φ（由励磁电流 I_f 决定）或 n 的大小。若要改变 E_a 的方向，可以改变 Φ 的方向或电机的旋转方向。

无论是直流电动机还是直流发电机，电枢绕组中都存在感应电动势，在发电机中 E_a 与电枢电流 I_a 方向相同，是电源电动势；而在电动机中 E_a 与 I_a 的方向相反，是反电动势。

2. 直流电机的电磁转矩 T

同样，也能分析得到电磁转矩 T 为

$$T = C_T \Phi I_a \tag{1-2}$$

式中　I_a——电枢电流；

C_T——一个与电机结构相关的常数，称为转矩常数。

电磁转矩 T 的方向由磁通 Φ 及电枢电流 I_a 的方向按左手定则确定。式（1－2）表明，若要改变电磁转矩的大小，只要改变 Φ 或 I_a 的大小即可；若要改变 T 的方向，只要改变 Φ 或 I_a 其中之一的方向即可。

感应电动势 E_a 和电磁转矩 T 是密切相关的。例如，当他励直流电动机的机械负载增加时，电机转速将下降，此时反电动势 E_a 减小，I_a 将增大，电磁转矩 T 也增大，这样才能带动已增大的负载。

七、直流电动机的基本方程式

直流电动机的基本方程式是了解和分析直流电动机性能的主要方法和重要手段，直流电动机的基本方程式包括电压方程式、转矩方程式、功率方程式等。

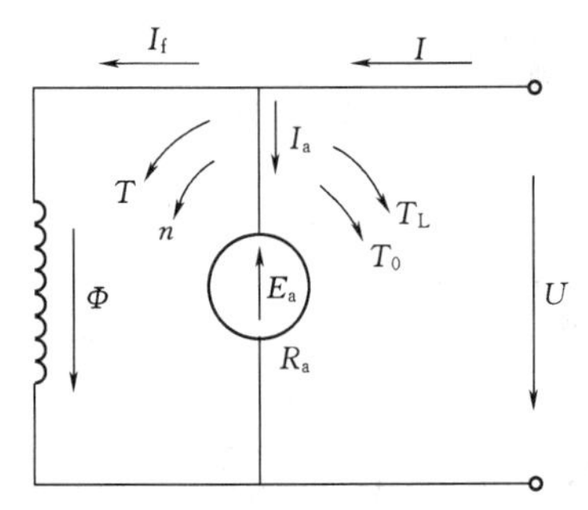

图 1－17　直流并励电动机的工作原理

图 1－17 所示为直流并励电动机的工作原理。以它为例分析电压、转矩和功率之间的关系。并励电动机的励磁绕组与电枢绕组并联，由同一直流电源供电。接通直流电源后，励磁绕组中流过励磁电流 I_f，建立主磁场；电枢绕组中流过电枢电流 I_a，电枢电流与主磁场作用产生电磁转矩 T，使电枢朝转矩 T 的方向以转速 n 旋转，将电能转换为机械能，带动生产机械工作。

1. 电压方程式

从图 1－17 所示直流并励电动机的工作原理可知，直流并励电动机中有两个电流回路：励磁回路和电枢回路。下面主要分析电枢回路的电压、电流及电动势之间的关系。

直流并励电动机通电旋转后，电枢导体切割主磁场，产生电枢电动势 E_a，在电动机中，此电动势的方向与电枢电流 I_a 的方向相反，称为反电动势。电源电压 U 除了提供电枢内阻压降 I_aR_a 外，主要用来与电枢电动势 E_a 相平衡。列出电压方程式为

$$U = E_a + I_aR_a$$

上式表明，直流电动机在电动状态下运行时，电枢电动势 E_a 总是小于端电压 U。

2. 转矩方程式

直流电动机正常工作时，作用在轴上的转矩有3个：一个是电磁转矩 T，方向与转速 n 方向相同，为驱动性质转矩；另一个是电动机空载损耗形成的转矩 T_0，是电动机空载运行时的制动转矩，方向总与转速 n 方向相反；还有一个是轴上所带生产机械的负载转矩 T_L，一般为制动性质转矩。T_L 在大小上也等于电动机的输出转矩 T_2。稳态运行时，直流电动机中驱动性质的转矩总是等于制动性质的转矩，据此可得直流电动机的转矩方程式为

$$T = T_0 + T_L$$

3. 功率方程式

从图1－17所示直流并励电动机的工作原理可以看出：

电源输入的电功率为 $P_1 = UI$。

电动机励磁回路电阻 R_f 上的铜损耗为 $P_{Cuf} = I_f^2 R_f$。

电枢回路中的铜损耗为 $P_{cua} = I_a^2 R_a$。

输入的电功率扣除上述两项损耗后，通过电磁感应关系转换为机械功率，电动机中由电能转换为机械能的那一部分功率叫电磁功率，即 $P_M = E_a I_a = T\omega$。

转换得到的机械功率还要扣除机械损耗和铁损耗，即空载损耗，为 $P_0 = P_m + P_{Fe}$。

最后剩下的才是直流电动机轴上输出的机械功率，即 $P_2 = T_2\omega$。

综上所述，可得直流并励电动机的功率方程式为

$$P_1 = P_{Cuf} + P_{Cua} + P_m + P_{Fe} + P_2$$

直流并励电动机的功率关系可用图1－18表示。

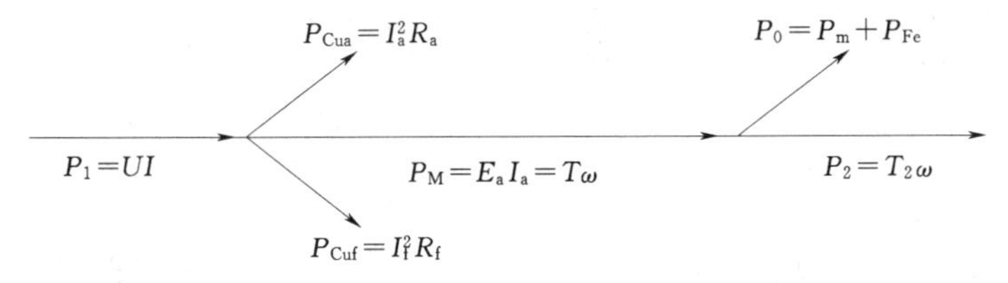

图1－18　直流并励电动机的功率关系

技能训练

训练模块　直流电动机的简单操作

一、课题目标

(1) 认识并检测直流电动机及相关设备。

(2) 学会直流电动机的接线和操作使用方法。

二、工具、仪器和设备

(1) 直流电动机励磁电源和可调电枢电源各一个。

(2) 直流他励电动机一台。

(3) 励磁调节电阻和电枢调节电阻各一个。

(4) 万用表和转速表各一块。

(5) 导线若干。

三、实训过程

1. 认识、检测并记录直流电动机及相关设备的规格、量程和额定值

本次实训操作需要使用直流电源、直流电动机、转速表和调节电阻等相关设备，如图1-19所示。

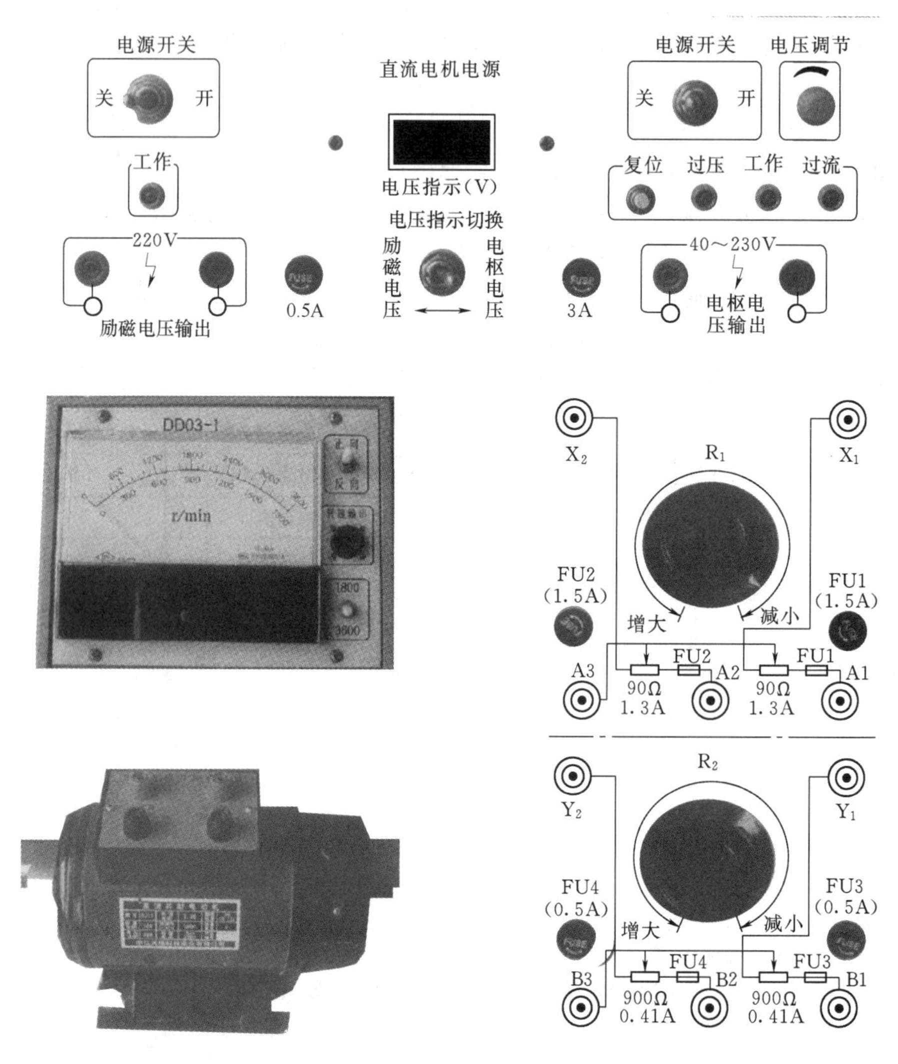

图1-19　直流电动机及相关设备

直流电源分为励磁电源和电枢电源两部分，分别接直流电动机的励磁绕组和电枢绕组，通过开关控制电路的通、断，电枢电源可以利用调节旋钮改变输出电压的高低。由于两者容量不同，不可互换。

直流电动机是实训操作的对象，通电后观察其启动、反转及转速变化的情况。

转速表可以直接测量电动机转速的高低，利用开关来设置量程和转向。

励磁调节电阻串联在励磁电源与励磁绕组之间，总阻值较大，旋转手柄可以调节阻值的大小；电枢调节电阻串联在电枢电源与电枢绕组之间，总阻值较小，也可以通过手柄的

旋转来调节阻值的大小。调节电阻的作用是改变电动机电流和转速的大小。

在使用上述设备前，先检测并记录它们的规格、量程和额定值，再记录在表 1-3 中。

表 1-3　　初始数据记录表

记录模块	记录值	记录模块	记录值
直流励磁电源电压范围（V）		电枢调节电阻范围（Ω）	
直流电枢电源电压范围（V）		转速表的测速范围（r/min）	
励磁调节电阻范围（Ω）		直流电动机的额定值	

2. 绘制直流电动机工作电路图

根据直流电动机的额定值和电源的参数，设计绘制直流电动机的工作电路如图 1-20 所示。

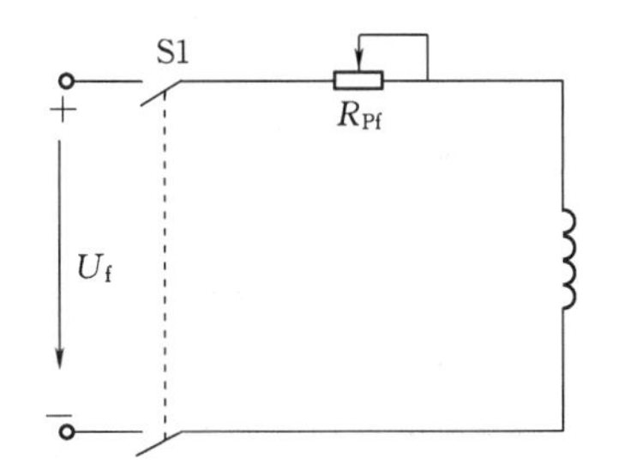

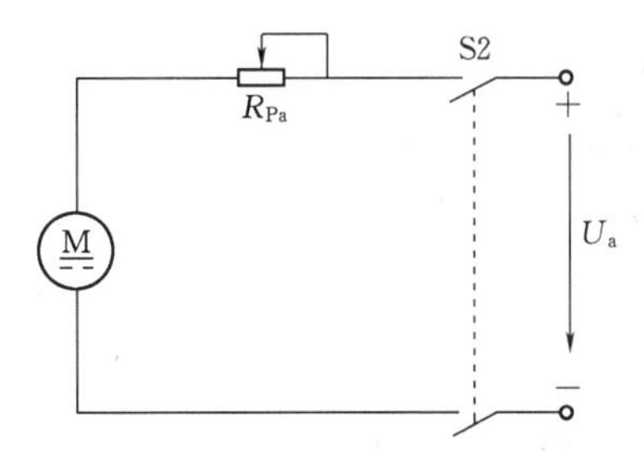

图 1-20　直流电动机工作电路

3. 按工作电路图接线

经指导教师认可后，按照所绘制的电路图连接直流励磁电源、电枢电源、调节电阻和直流电动机。启动电动机前，务必将励磁回路调节电阻 R_{Pf} 的阻值调到最小，电枢回路调节电阻 R_{Pa} 的阻值调到最大。

4. 通电启动直流电动机

先闭合开关 S1，接通直流励磁电源；再闭合开关 S2，接通电枢电源；观察直流电动机是否启动运转。启动后观察转速表指针偏转方向，应为正向偏转，若不正确，可拨动转速表上正、反方向开关来纠正。

5. 改变电动机的转速

调节电枢电源的“电压调节”旋钮，使电动机的端电压为 220V 额定电压，观察电枢电压上升过程中电动机转速的变化情况；逐渐减小电枢回路调节电阻 R_{Pa} 的阻值，观察电动机转速的变化情况；慢慢增大励磁回路调节电阻 R_{Pf} 的阻值，观察电动机转速的变化情况。将结果记录到表 1-4 中。

表 1-4　　直流电动机转速和转向控制

序号	操作内容	转速或转向的变化情况
1	减小电枢回路调节电阻 R_{Pa} 的阻值	
2	增大励磁回路调节电阻 R_{Pf} 的阻值	
3	电枢绕组的两端接线对调	
4	励磁绕组的两端接线对调	

6. 改变电动机的转向

将电枢回路调节电阻 R_{Pa} 的阻值调回到最大值，先断开电枢电源开关S2，再断开励磁电源开关S1，使电动机停机。在断电情况下，将电枢（或励磁）绕组的两端接线对调后，再按直流电动机的启动步骤启动电动机，并观察电动机的转向及转速表指针偏转的方向。将结果记录到表1-4中。

四、注意事项

（1）直流电动机启动时，必须将励磁回路调节电阻 R_{Pf} 的阻值调至最小，先接通励磁电源，使励磁电流最大；同时必须将电枢回路调节电阻 R_{Pa} 的阻值调至最大，然后方可接通电枢电源，使电动机正常启动。

（2）直流电动机停机时，必须先切断电枢电源，然后断开励磁电源。同时必须将电枢回路调节电阻 R_{Pa} 的阻值调回到最大值，励磁回路调节电阻 R_{Pf} 的阻值调回到最小值。为下次启动做好准备。

（3）测量前注意仪表的量程、极性及其接法是否正确。

五、技能训练考核评分记录表（见表1-5）

表1-5　　技能训练考核评分记录表

序号	考核内容	考核要求	配分	得分
1	技能训练的准备	预习技能训练的内容	10	
2	仪器、仪表的使用	正确使用万用表、转速表、实验台等设备	10	
3	观察和记录直流电动机等设备的技术数据	记录结果正确、观察速度快	20	
4	直流电动机的接线	电路绘制正确、简洁，接线速度快，通电调试一次成功	30	
5	直流电动机的反转与调速	正确使用调节电阻改变转速，正确改变接线使电动机反转	30	
6	合计得分			
7	否定项	发生重大责任事故、严重违反教学纪律者得0分		
8	指导教师签名		日期	

六、技能训练报告

（1）技能训练模块名称。

（2）技能训练的课题目标。

（3）技能训练所用的工具、仪器和设备。

（4）绘制实训的电路图。

（5）记录实训的过程、现象和数据结果。

（6）小结、体会和建议。

思考与练习

（1）直流电机有哪些优、缺点？应用于哪些场合？

（2）直流电机的基本结构由哪些部件所组成？

（3）直流电机中，换向器的作用是什么？

（4）直流电机按励磁方式不同可以分成哪几类？

（5）什么叫直流电机的可逆原理？

（6）启动直流电动机前，电枢回路调节电阻 R_{Pa} 和励磁回路调节电阻 R_{Pf} 的阻值应分别调到什么位置？

（7）直流电动机在轻载或额定负载时，增大电枢回路调节电阻 R_{Pa} 的阻值，电动机的转速如何变化？增大励磁回路的调节电阻 R_{Pf} 的阻值，转速又如何变化？

（8）用哪些方法可以改变直流电动机的转向？同时调换电枢绕组的两端和励磁绕组的两端接线，直流电动机的转向是否改变？

（9）直流电动机停机时，应该先切断电枢电源还是先断开励磁电源？

课题二　直流电动机的调速

学习目标

（1）了解生产机械的负载特性。

（2）熟悉直流电动机的机械特性。

（3）了解直流电动机稳定运行条件。

（4）重点掌握直流电动机的 3 种调速方法。

（5）学会直流电动机调速方法的操作。

课题分析

直流电动机的最大优点是具有线性的机械特性，调速性能优异，因此，广泛应用于对调速性能要求较高的电气自动化系统中。要了解、分析和掌握直流电动机的调速方法，首先要掌握直流电动机的机械特性，了解生产机械的负载特性。直流电动机有 3 种不同的人为机械特性，所对应的就是 3 种不同性能的调速方法，分别应用于不同的场合。因此熟悉机械特性是基础，掌握调速方法是目的。知道了各种调速方法的性能特点后，就可以根据实际生产机械负载的工艺要求来选择一种最合适的调速方法，发挥直流电动机的最大效益。

相关知识

一、电气传动系统

用各种原动机带动生产机械的工作机构运转，完成一定生产课题的过程称为驱动。用电动机作为原动机的驱动称为电气传动。在电气传动系统中，电动机是原动机，起主导作用，生产机械是负载。

1. 电气传动系统的组成

电气传动系统一般由电动机、传动机构、生产机械的工作机构、控制设备及电源 5 部分组成，如图1-21所示。其实例是四柱成型机电气自动控制系统，传动机构是联轴器，生产机械的工作机构是成型机，控制设备和电源组合在电气控制柜内。

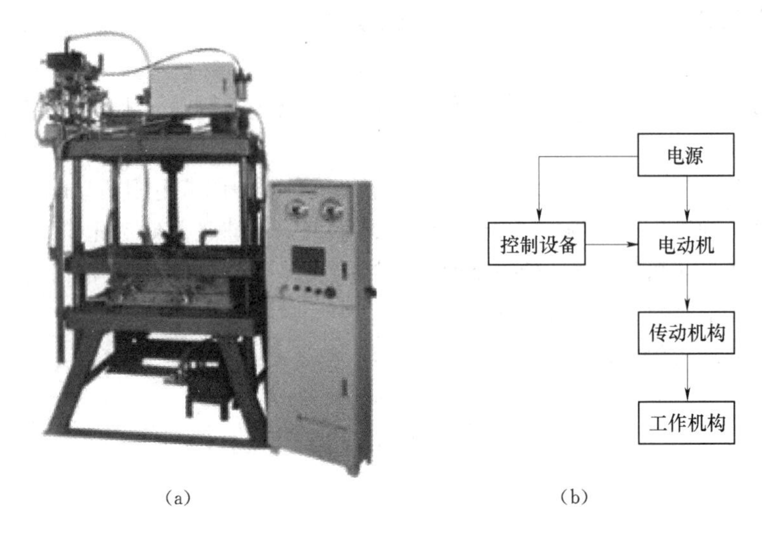

(a)　　(b)

图1-21　电气传动系统的实例和组成框图

现代化生产过程中，多数生产机械都采用电气传动，其主要原因是：电能的传输和分配非常方便，电机的效率高，电动机的多种特性能很好地满足大多数生产机械的不同要求，电气传动系统的操作和控制都比较简便，可以实现自动控制和远距离操作等。

2. 电气传动系统的运动方程式

在图1-21所示的四柱成型机电气自动控制系统中，电动机直接与生产机械的工作机构相连接，电动机与负载用同一个轴，以同一转速运行。电气传动系统中主要的机械物理量有电动机的转速 n、电磁转矩 T、负载转矩 T_L。由于电动机负载运行时，一般情况下 $T_L \gg T_0$，故可忽略 T_0（T_0 为电动机空载转矩）。各物理量的正方向按电动机惯例确定，如图1-17所示，电磁转矩 T 的方向与转速 n 方向一致时取正号；负载转矩 T_L 方向与转速 n 方向相反时取正号。根据转矩平衡的关系，可以写出以下形式的电气传动系统运动方程式，即

$$T - T_L = \frac{GD^2}{375}\frac{dn}{dt}$$

式中　$\frac{GD^2}{375}$——反映电气传动系统机械惯性的一个常数。

上式表明，$T=T_L$ 时，系统处于恒定转速运行的稳态；$T>T_L$ 时，系统处于加速运动的过渡过程中；$T<T_L$ 时，系统处于减速运动的过渡过程中。

二、生产机械的负载特性

生产机械工作机构的转速 n 与负载转矩 T_L 之间的关系，即 $n=f(T_L)$ 称为生产机械的负载特性。生产机械的种类很多，它们的负载特性各不相同，但根据统计分析，生产机械的负载特性按照性能特点，可以归纳为以下3类。

1. 恒转矩负载特性

(1) 阻力性恒转矩负载特性。阻力性恒转矩负载的特点是工作机构转矩的绝对值是恒

定不变的，转矩的性质总是阻止运动的制动性转矩。即：$n>0$ 时，$T_L>0$（常数）；$n<0$ 时，$T_L<0$（也是常数），T_L 的绝对值不变。其负载特性如图 1－22 所示，位于第Ⅰ、第Ⅲ象限。由于摩擦力的方向总是与运动方向相反，摩擦力的大小只与正压力和摩擦系数有关，而与运动速度无关。

（2）位能性恒转矩负载特性。位能性恒转矩负载的特点是工作机构转矩的绝对值是恒定的，而且方向不变（与运动方向无关），总是沿重力作用方向。如图 1－24 所示的起重机械，当 $n>0$ 时，$T_L>0$，是阻碍运动的制动转矩；当 $n<0$ 时，$T_L>0$，是帮助运动的驱动转矩，其机械特性如图 1－23 所示，位于第Ⅰ、第Ⅳ象限。起重机提升和下放重物就属于这个类型。

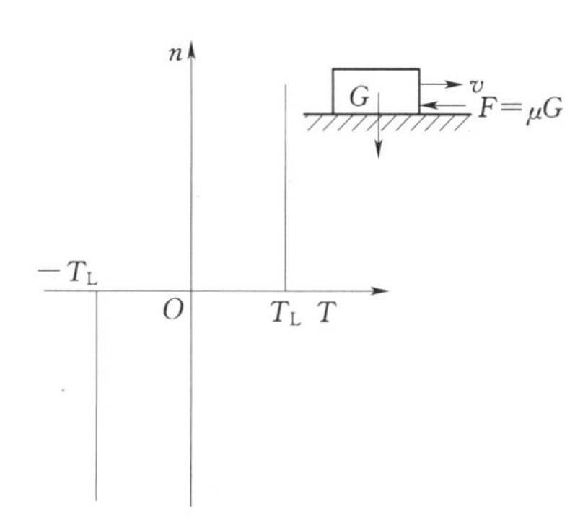

图 1－22　阻力性恒转矩负载特性

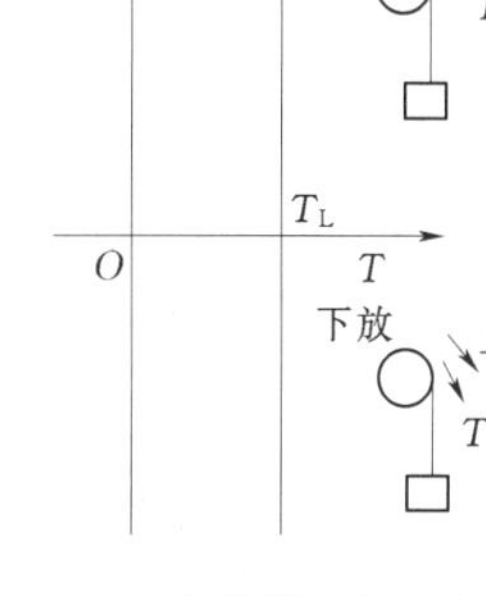

图 1－23　位能性恒转矩负载特性

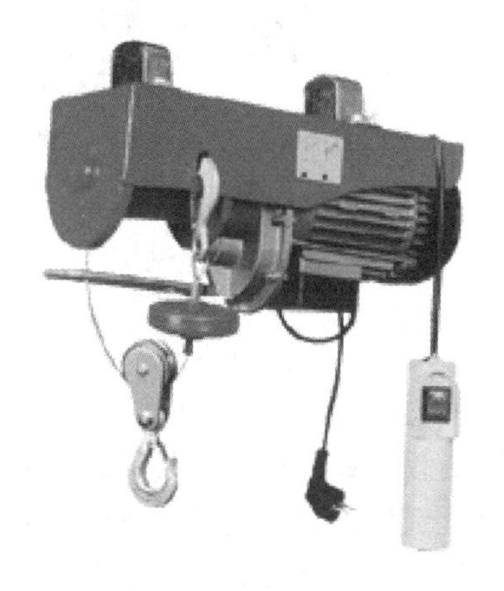

图 1－24　起重机和电动葫芦

2. 恒功率负载特性

某些车床，在粗加工时，切削量大，切削阻力大，这时工作在低速状态；而在精加工时，切削量小，切削阻力小，往往工作在高速状态。因此，在不同转速下，负载转矩基本上与转速成反比，而机械功率 $P_L \propto nT_L =$ 常数，称为恒功率负载，其负载转矩特性如图 1－25所示。轧钢机轧制钢板时，工件尺寸较小则需要高速度低转矩，工件尺寸较大则需要低速度高转矩，这种工艺要求也是恒功率负载。

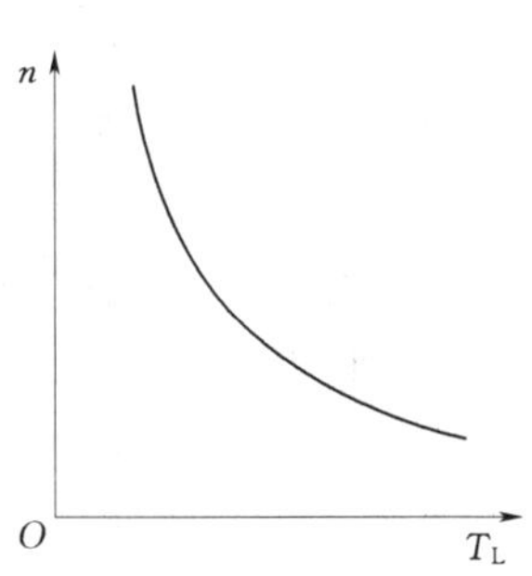

图 1-25　车床与恒功率负载特性

3. 通风机型负载特性

水泵、油泵、鼓风机、电风扇和螺旋桨等，其转矩的大小与转速的平方成正比，即 $T_L \propto n^2$，此类称之为通风机型负载，其负载特性如图 1-26 所示。

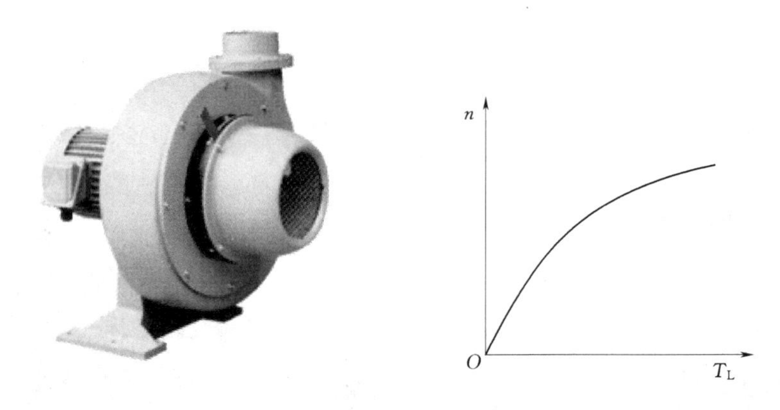

图 1-26　鼓风机与通风机型负载特性

上述恒转矩负载、恒功率负载及通风机型负载，都是从各种实际负载中概括出来的典型的负载形式，实际上的负载可能是以某种典型负载形式为主，或某几种典型负载形式的结合。例如，水泵主要是通风机型负载特性，但是轴承摩擦力又是阻力性的恒转矩负载特性，只是运行时后者数值较小而已。再例如，起重机在提升和下放重物时，主要是位能性恒转矩负载特性，但各个运动部件的摩擦力又是阻力性恒转矩负载特性。

三、他励直流电动机的机械特性

他励直流电动机的机械特性是指在电枢电压、励磁电流、电枢回路电阻为恒值的条件下，转速 n 与电磁转矩 T 之间的关系特性，即 $n=f(T_L)$，或转速 n 与电枢电流 I_a 的关系 $n=f(I_a)$，后者也就是转速特性。机械特性将决定电动机稳定运行、启动、制动及调速的工作情况。

（一）固有机械特性

固有机械特性是指当电动机的工作电压和磁通均为额定值时，电枢电路中没有串入附

加电阻时的机械特性，其方程式为

$$n=\frac{U_N}{C_e\Phi_N}-\frac{R_a}{C_e\Phi_N}I_a$$

固有机械特性如图 1-27 中 $R=R_a$ 的曲线所示，由于 R_a 较小，故他励直流电动机的固有机械特性较硬。图中，n_0 为 $T=0$ 时的转速，称为理想空载转速。Δn_N 为额定转速降。

（二）人为机械特性

人为机械特性是指人为地改变电动机参数（U、R、Φ）而得到的机械特性，他励电动机有以下 3 种人为机械特性。

1. 电枢串接电阻的人为机械特性

此时 $U=U_N$，$\Phi=\Phi_N$，$R=R_a+R_{Pa}$。人为机械特性与固有机械特性相比，理想空载转速 n_0 不变，但转速降 Δn 相应增大，R_{Pa}越大，Δn 越大，特性越"软"，如图 1-27 中曲线 1、2 所示。可见，电枢回路串入电阻后，在同样大小的负载下，电动机的转速将下降，稳定在低速运行。

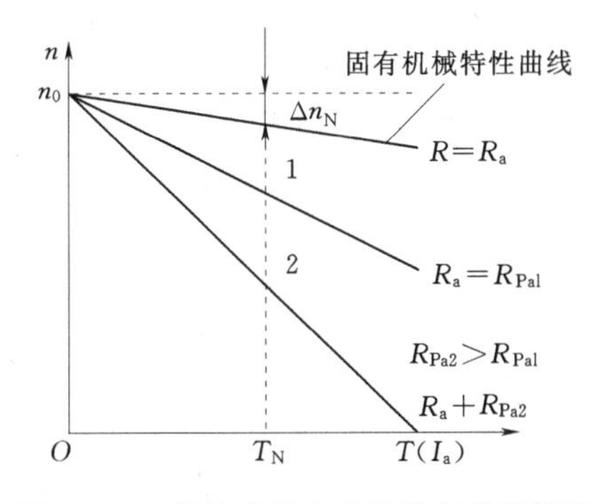

图 1-27　他励直流电动机固有机械特性及串电阻时人为机械特性

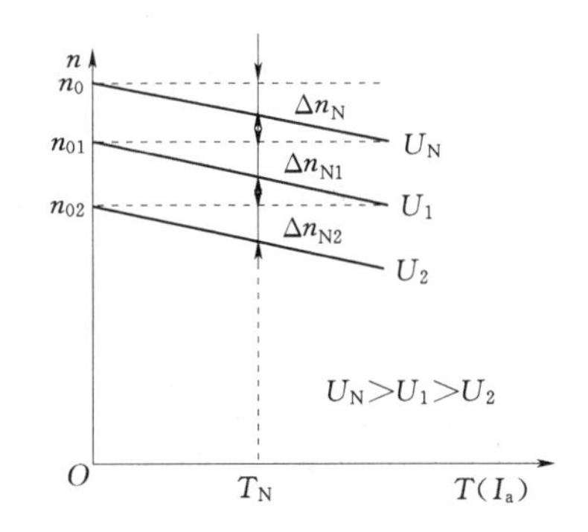

图 1-28　他励直流电动机降压时的人为机械特性

2. 改变电枢电压时的人为机械特性

此时 $R_{Pa}=0$，$\Phi=\Phi_N$。由于电动机的电枢电压一般以额定电压 U_N 为上限，因此改变电压，通常只能在低于额定电压的范围变化。

与固有机械特性相比，转速降 Δn 不变，即机械特性曲线的斜率不变，但理想空载转速 n_0 随电压成正比减小，因此降压时的人为机械特性是低于固有机械特性曲线的一组平行直线，如图 1-28 所示。

3. 减弱磁通时的人为机械特性

减弱磁通可以在励磁回路内串接电阻 R_f 或降低励磁电压 U_f，此时 $U=U_N$，$R_{Pa}=0$。因为 Φ 是变量，所以 $n=f(I_a)$ 和 $n=f(T_L)$ 必须分开表示，其特性曲线分别如图 1-29（a）、（b）所示。

当减弱磁通时，理想空载转速 n_0 增加，转速降 Δn 也增加。通常在负载不是太大的情况下，减弱磁通可使他励直流电动机的转速升高。

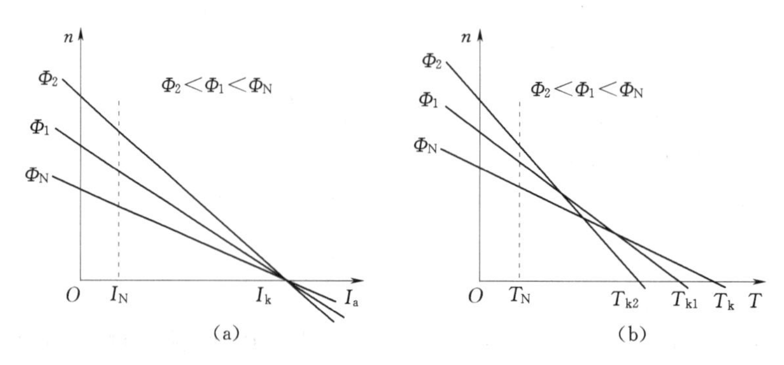

图 1-29　他励直流电动机减弱磁通时的人为机械特性

(a) $n=f(I_a)$；(b) $n=f(T)$

四、电动机的稳定运行条件

电动机带上某一负载，假设原来运行于某一转速，由于受到外界某种短时干扰，如负载的突然变化或电网的电压波动等，而使电动机的转速发生变化，离开原来的平衡状态，如果系统在新的条件下仍能达到新的平衡或者当外界干扰消失后，系统能自动恢复到原来的转速，就称该拖动系统能稳定运行，否则就称不能稳定运行。不能稳定运行时，即使外界干扰已经消失，系统的速度也会一直上升或一直下降直到停止转动。

为了使系统能稳定运行，电动机的机械特性和负载特性必须配合得当。为了便于分析，将电动机的机械特性和负载特性画在同一坐标图上，如图 1-30 所示。

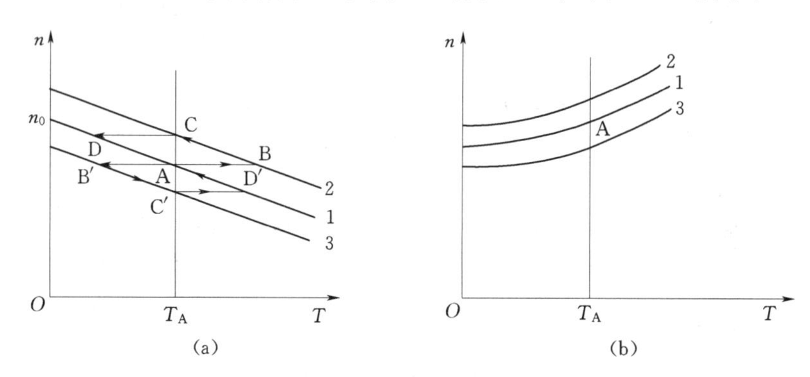

图 1-30　电动机稳定运行条件分析

设电动机原来稳定工作在 A 点，$T=T_L=T_A$。在图 1-30 (a) 所示情况下，如果电网电压突然波动，使机械特性偏高，由曲线 1 转为曲线 2，在这瞬间电动机的转速还来不及变化，而电动机的电磁转矩则增大到 B 点所对应的值，这时电磁转矩将大于负载转矩，所以转速将沿机械特性曲线 2 由 B 点上升到 C 点。随着转速的升高，电动机电磁转矩变小，最后在 C 点达到新的平衡。当干扰消失后，电动机恢复到机械特性曲线 1 运行，这时电动机的转速由 C 点过渡到 D 点，由于电磁转矩小于负载转矩，转速下降，最后又恢复到 A 点，在原工作点达到新的平衡。

反之，如果电网电压波动使机械特性偏低，由曲线 1 转为曲线 3，则电动机将经过 A→B′→C′，在 C′点取得新的平衡。扰动消失后，工作点将由 C′→D′→A，恢复到原工作点 A 运行。

图 1-30（b）所示则是一种不稳定运行的情况，分析方法与图 1-30（a）所示相同，读者可自行分析。

由于大多数负载转矩都是随转速的升高而增大或保持恒定，因此只要电动机具有下降的机械特性，就能稳定运行。而如果电动机具有上升的机械特性，一般来说不能稳定运行，除非拖动像通风机这样的特殊负载，在一定的条件下才能稳定运行。

五、他励直流电动机的调速

在现代工业中，由于生产机械在不同的工作情况下，要求有不同的运行速度，因此需要对电动机进行调速。调速可以用机械的、电气的或机电配合的方法。电气调速就是在同一负载下，人为地改变电动机的电气参数，使转速得到控制性的改变。调速是为了生产需要而人为地对电动机转速进行的一种控制，它和电动机在负载变化时而引起的转速变化是两个不同的概念。调速是通过改变电气参数，有意识地使电动机工作点由一种机械特性转换到另一种机械特性上，从而在同一负载下得到不同的转速。而因负载变化引起的转速变化则是自动进行的，电动机工作在同一种机械特性上。

当负载不变时，他励直流电动机可以通过改变 U、Φ、R 3 个参数进行调速。

1. 调速指标

直流电动机具有极可贵的调速性能，可在宽广范围内平滑而经济地调速，特别适用于调速要求较高的电气传动系统中。电动机调速性能的好坏，常用下列各项技术指标来衡量。

（1）调速范围 D。调速范围是指电动机驱动额定负载时，所能达到的最高转速与最低转速之比。不同的生产机械要求不同的调速范围，如轧钢机 $D=3\sim120$、龙门刨床 $D=10\sim140$、车床进给机构 $D=5\sim200$ 等。

（2）调速的平滑性。电动机相邻两个调速挡的转速之比称为调速的平滑性，其比值 φ 称为平滑系数。在一定的范围内，调速挡数越多，相邻级转速差越小，φ 越接近于 1，平滑性越好。$\varphi=1$ 时称为无级调速。

（3）调速的稳定性。调速的稳定性是指负载转矩发生变化时，电动机转速随之变化的程度。工程上常用静差率 δ 来衡量，它是指电动机在某一机械特性上运转时，由理想空载至额定负载时的转速降 Δn_N 对理想空载转速的百分比，$\delta=\frac{n_0-n_N}{n_0}\times100\%$。

（4）调速的经济性。调速的经济性由调速设备的投资及电动机运行时的能量消耗来决定。

（5）调速时电动机的允许输出。在电动机得到充分利用的情况下（一般是指电流为额定值），调速过程中电动机所能输出的功率和转矩。主要有恒功率调速方式和恒转矩调速方式两大类。

2. 电枢串电阻调速

如图 1-31 所示，他励直流电动机原来工作在固有特性 a 点，转速为 n_1，当电枢回路串入电阻后，工作点转移到相应的人为机械特性上，从而得到较低的运行速度。整个调速过程如下：调整开始时，在电枢回路中串入电阻 R_{Pa}，电枢总电阻 $R_1=R_a+R_{Pa}$这时因转速来不及

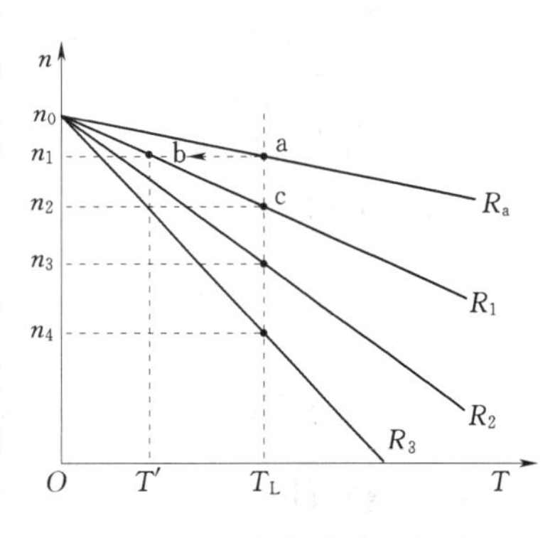

图 1-31　电枢串电阻调速

突变，电动机的工作点由 a 点平移到 b 点。此后由于 b 点的电磁转矩 $T'<T_L$，使电动机减速，随着转速 n 的降低，E_a 减小，电枢电流 I_a 和电磁转矩 T 相应增大，直到工作点移到人为机械特性 c 点时，$T=T_L$，电动机就以较低的速度 n_2 稳定运行。

电枢串入的电阻值不同，可以保持不同的稳定速度、串入的电阻值越大，最后的稳定运行速度就越低。串电阻调速时，转速只能从额定值往下调，因此 $n_{max}=n_N$。在低速时由于特性很软，调速的稳定性差，因此 n_{min} 不宜过低。另外，一般串电阻时，电阻分段串入，故属于有级调速，调速平滑性差。从调速的经济性来看，设备投资不大，但能耗较大。

需要指出的是，调速电阻应按照长期工作设计，而启动电阻是短时工作的，因此不能把启动电阻当作调速电阻使用。

3. 弱磁调速

这是一种改变电动机磁通大小来进行调速的方法。为了防止磁路饱和，一般只采用减弱磁通的方法。小容量电动机多在励磁回路中串接可调电阻，大容量电动机可采用单独的可控整流电源来实现弱磁调速。

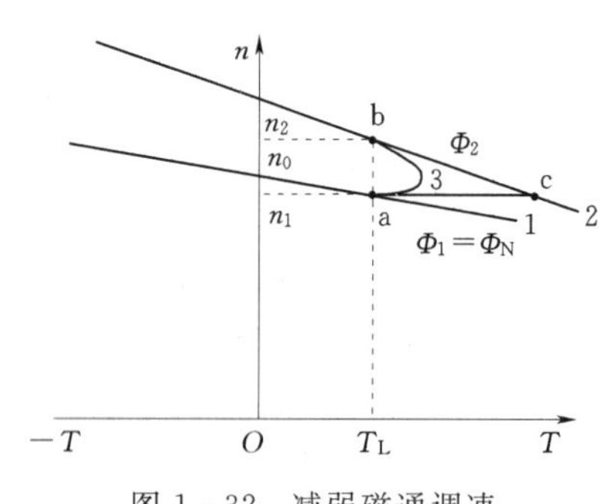

图 1-32　减弱磁通调速

图 1-32 中曲线 1 所示为电动机的固有机械特性曲线，曲线 2 为减弱磁通后的人为机械特性曲线。调速前电动机运行在 a 点，调速开始后，电动机从 a 点平移到 c 点，再沿曲线 2 上升到 b 点。考虑到励磁回路的电感较大及磁滞现象，磁通不可能突变，电磁转矩的变化实际如图 1-32 中的曲线 3 所示。

弱磁调速的速度是往上调的，以电动机的额定转速 n_N 为最低速度，最高速度受电动机的换向条件及机械强度的限制。同时若磁通过弱，电枢反应的去磁作用显著，将使电动机运行的稳定性受到破坏。

在采用弱磁调速时，由于在功率较小的励磁电路中进行调节，因此控制方便，能量损耗低，调速的经济性比较好，并且调速的平滑性也较好，可以做到无级调速。

4. 降压调速

采用这种调速方法时，电动机的工作电压不能大于额定电压。从机械特性方程式可以看出，当端电压 U 降低时，转速降 Δn 和特性曲线的斜率不变，而理想空载转速 n_0 随电压成正比例降低。降压调速的过程可参见降压时的人为机械特性曲线。

通常降压调速的调速范围可达 2.5～12。随着晶闸管技术的不断发展和广泛应用，利用晶闸管可控整流电源可以很方便地对电动机进行降压调速，而且调速性能好，可靠性高，目前正得到广泛应用。

技能训练

训练模块　直流电动机机械特性的测试及调速方法的操作

一、课题目标

（1）学会测试直流电动机的机械特性。

（2）学会直流电动机3种调速方法的接线和操作。

二、工具、仪器和设备

（1）直流电动机励磁电源和可调电枢电源。

（2）他励直流电动机一台，直流发电机一台。

（3）励磁调节电阻两个，电枢调节电阻一个，负载电阻一个。

（4）电压表一块，电流表两块，转速表一块。

（5）导线若干。

三、实训过程

1. 绘制并连接他励直流电动机的工作电路

测试他励直流电动机机械特性和调速方法的参考电路如图1-33所示。电路的接线如图1-34所示，图中他励直流电动机M的额定功率$P_N=185W$，额定电压$U_N=220V$，额定电流$I_N=1.2A$，额定转速$n_N=1600r/min$，额定励磁电流$I_{fN}<0.16A$。R_{Pf1}选用1800Ω阻值的变阻器作为他励直流电动机励磁回路串接的电阻，R_{Pa}选用180Ω阻值的变阻器作为他励直流电动机的启动电阻。直流发电机MG按他励发电机连接，作为直流电动机M的负载。直流发电机MG的励磁调节电阻R_{Pf}，选用1800Ω阻值的变阻器，负载电阻R_L选用两个900Ω并联。电枢回路电流表PA和PA3的量程均选用5A，励磁回路的电流表PA1和PA2均选用1000mA的量程。转速表选用1800r/min的量程。按图进行接线，接好线后，检查M、MG之间是否用联轴器直接连接好。

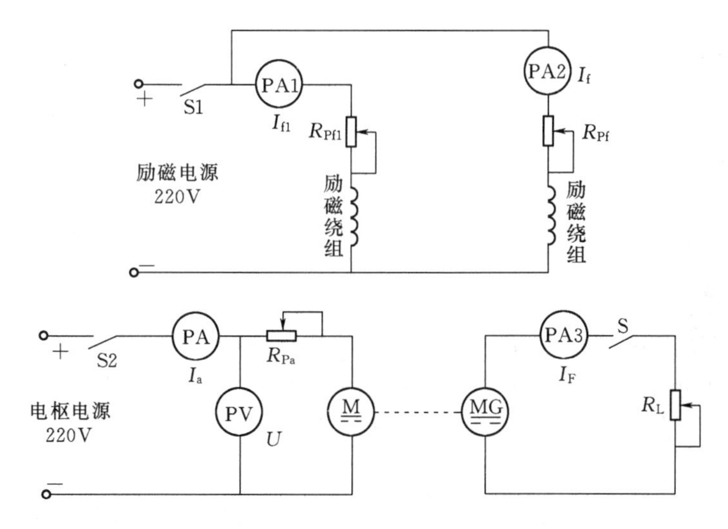

图1-33 他励直流电动机技能训练参考电路

2. 测试他励直流电动机的固有机械特性

（1）将他励直流电动机M的励磁调节电阻R_{Pf1}调至最小值，电枢串联的启动电阻R_{Pa}调至最大值。直流发电机MG的励磁调节电阻R_{Pf}调至最大值，负载电阻R_L调至最大值。先接通直流励磁电源开关S1，再接通电枢电源开关S2，启动直流电动机。其旋转方向应符合转速表正向旋转的要求。

（2）电动机M启动正常后，将其电枢串联电阻R_{Pa}调至零，调节电枢电源的电压为额

图 1-34　他励直流电动机测试电路接线图

定值 220V，调节直流发电机 MG 的励磁电流 I_f 为 100mA，闭合负载开关 S，再调节其负载电阻 R_L 和电动机的励磁调节电阻 R_{Pf1}，使电动机达到额定值：$U=U_N=220V$，$I_a=I_N=1.2A$，$n=n_N=1600r/min$。此时电动机 M 的励磁电流 I_{f1} 即为额定励磁电流 I_{fN}。

（3）保持 $U=U_N$，$I_{f1}=I_{fN}$，在 I_f 基本不变的条件下，逐渐增大发电机 MG 的负载电阻 R_L，减小电动机的负载，直至断开负载开关 S。测取发电机负载电流 I_F，电动机电枢输入电流 I_a 和转速 n 的数值，共取 7 或 8 组数据记录于表 1-6 中。

表 1-6　　他励直流电动机的转速特性记录表

I_a(A)	1.2							
n(r/min)	1600							
I_F(A)								

根据电磁转矩公式 $T=C_T\Phi I_a$ 可知，电动机中的电磁转矩 T 与电枢电流 I_a 成正比的关系。表 1-6 所示数据所反映的直流电动机的转速特性与机械特性的形状完全一样，只要将电枢电流 I_a 转换为对应的电磁转矩 T 就是该电动机的机械特性。

3. 电枢串电阻调速

（1）直流电动机 M 运行后，将电枢调节电阻 R_{Pa} 调至零，保持电枢电源电压为 220V。调节直流发电机 MG 的励磁电流 I_f 为 100mA 不变，再调节发电机负载电阻 R_L 和电动机励磁电阻 R_{Pf1}，使电动机 M 的 $U=U_N$，$I_a=0.5I_N$，$I_{f1}=I_{fN}$，记下此时发电机 MG 的电枢电流 I_F。

（2）保持发电机 MG 此时的 I_f 为 100mA 和 I_F 值不变（即 T_2 不变），保持电动机 M 的 $U=U_N$，$I_{f1}=I_{fN}$ 不变，逐次增加 R_{Pa} 的阻值，使 R_{Pa} 从零调至最大值，每次测取电动机的转速 n 和电枢电流 I_a。

（3）测取 5 组数据，记录于表 1-7 中。

表 1－7　　电枢串电阻调速记录表

R_{Pa}	0	10%	25%	50%	100%
n (r/min)					
I_a (A)					

4. 降低电枢电压调速

(1) 与电枢串电阻调速一样，先将电动机的电枢调节电阻 R_{Pa} 调至零，电枢电源电压调至 220V。调节发电机 MG 的励磁电流 $I_f=100mA$ 不变，再调节发电机负载电阻 R_L 和电动机励磁电阻 R_{Pf1}，使电动机 M 的 $U=U_N$，$I_a=0.5I_N$，$I_{f1}=I_{fN}$，记下发电机 MG 的电枢电流 I_F。

(2) 保持发电机 MG 的 $I_f=100mA$ 和 I_F 值不变（即 T_2 不变），保持电动机 $R_{Pa}=0$，$I_{f1}=I_{fN}$ 不变，逐渐降低电动机 M 的电枢电压 U，每次测取电动机的电枢电压 U、转速 n 和电枢电流 I_a。

(3) 共取 7 或 8 组数据，记录于表 1－8 中。

表 1－8　　降低电枢电压调速记录表

U (V)	220							
n (r/min)								
I_a (A)								

5. 减弱磁通调速

(1) 直流电动机正确启动后，将电动机 M 的电枢串联电阻 R_{Pa} 和励磁调节电阻 R_{Pf1} 调至零，调节电枢电源电压为额定值。再调节发电机 MG 的励磁电阻使 $I_f=100mA$，调节 MG 的负载电阻 R_L，使电动机 M 的 $U=U_N$，$I_a=0.5I_N$，记下发电机此时的 I_F 值。

(2) 保持电动机 M 的电枢电压 $U=220V$，$R_{Pa}=0$ 不变，调节负载电阻 R_L，保持发电机 MG 的 I_F 值（T_2 值）不变。逐渐增加电动机励磁调节电阻 R_{Pf1} 的阻值，直至 $n=1.3n_N$，每次测取电动机的 n、I_{f1} 和 I_a。

(3) 共取 7 或 8 组数据，记录于表 1－9 中。

表 1－9　　降低电枢电压调速记录表

I_{f1} (mA)								
n (r/min)								
I_a (A)								

四、注意事项

(1) 每次启动直流电动机时，都要将励磁调节电阻 R_{Pf1} 调至最小，电枢调节电阻 R_{Pa} 调至最大；先接通励磁电源，再接通电枢电源；启动后将 R_{Pa} 调至最小。

(2) 直流电动机停机时，必须先切断电枢电源，再断开励磁电源。

(3) 调节直流电动机励磁回路电阻 R_{Pf1} 时，动作要慢，防止励磁电流 I_{f1} 过小引起电动机"飞车"。

(4) 测试前注意仪表的种类、量程、极性及其接法是否正确。

五、技能训练考核评分记录表（见表1-10）

表1-10　　技能训练考核评分记录表

序号	考核内容	考　核　要　求	配分	得分
1	技能训练的准备	预习技能训练的内容	10	
2	仪器、仪表的使用	正确使用万用表、转速表、实验台等设备	10	
3	直流电动机的接线	电路绘制正确、简洁，接线速度快	20	
4	直流电动机的机械特性	通电调试一次成功，操作规范，数据测量正确	30	
5	直流电动机的调速	操作规范，数据测量正确	30	
6	合计得分			
7	否定项	发生重大责任事故、严重违反教学纪律者得0分		
8	指导教师签名		日期	

六、技能训练报告

（1）技能训练模块名称。

（2）技能训练的课题目标。

（3）技能训练所用的工具、仪器和设备。

（4）绘制他励直流电动机的测试电路。

（5）机械特性和3种调速方法的测试数据表。

（6）在同一坐标中画出固有机械特性和3种人为机械特性（转速特性）的曲线。

（7）绘出他励直流电动机的调速特性曲线$n=f(R_{Pa})$、$n=f(U)$、$n=f(I_{f1})$。分析在恒转矩负载时3种调速方法的电枢电流变化规律以及各种调速方法的优、缺点。

（8）小结、体会和建议。

思考与练习

（1）电气传动系统一般由哪几部分组成？

（2）生产机械按照性能特点可以分为哪几类典型的负载特性？

（3）直流电动机的机械特性指的是什么？

（4）何谓固有机械特性？什么叫人为机械特性？

（5）他励直流电动机有哪几种调速方法？各有什么特点？电枢回路串电阻调速和弱磁调速分别属于哪种调速方式？

（6）改变磁通调速的机械特性为什么在固有机械特性上方？改变电枢电压调速的机械特性为什么在固有机械特性下方？

（7）他励直流电动机的机械特性$n=f(T)$为什么是略微下降的？是否会出现上翘现象？为什么？上翘的机械特性对电动机运行有何影响？

（8）当直流电动机的负载转矩和励磁电流不变时，减小电枢电压，为什么会引起电动机转速降低？

（9）当直流电动机的负载转矩和电枢电压不变时，减小励磁电流，为什么会引起转速的升高？

课题三　直流电动机的启动、反转和制动

学习目标

（1）了解直流电动机启动时存在的问题。

（2）掌握直流电动机常用的启动方法。

（3）掌握直流电动机的反转方法。

（4）熟悉直流电动机的制动方法。

（5）学会直流电动机常用启动、反转和制动方法的操作。

课题分析

使用一台电动机时，首先碰到的问题是怎样把它启动起来。要使电动机启动的过程达到最优，主要应考虑以下几个方面的问题：启动电流 I_{st} 的大小；启动转矩 T_{st} 的大小；启动设备是否简单等。电动机驱动的生产机械，常常需要改变运动方向，如起重机、刨床、轧钢机等，这就需要电动机能快速地正、反转。某些生产机械除了需要电动机提供驱动力矩外，还要电动机在必要时，提供制动的力矩，以便限制转速或快速停车。例如，电车下坡和刹车时，起重机下放重物时，机床反向运动开始时，都需要电动机进行制动。因此，掌握直流电动机启动、反转和制动的方法，对电气技术人员是很重要的。

相关知识

一、直流电动机的启动

直流电动机从接入电源开始，转速由零上升到某一稳定转速为止的过程，称为启动过程或启动。

（一）启动条件

当电动机启动瞬间，$n=0$，$E_a=0$，此时电动机中流过的电流叫启动电流 I_{st}，对应的电磁转矩叫启动转矩 T_{st}。为了使电动机的转速从零逐步加速到稳定的运行速度，在启动时电动机必须产生足够大的电磁转矩。如果不采取任何措施，直接把电动机加上额定电压进行启动，这种启动方法叫直接启动。直接启动时，启动电流 $I_{st}=U_N/R_a$，将升到很大的数值，同时启动转矩也很大，过大的电流及转矩，对电动机及电网可能会造成一定的危害，所以一般启动时要对 I_{st} 加以限制。总之，电动机启动时，一要有足够大的启动转矩 T_{st}；二要启动电流 I_{st} 不能太大。另外，启动设备要尽量简单、可靠。

一般小容量直流电动机因其额定电流小，可以采用直接启动，而较大容量的直流电动机不允许直接启动。

（二）启动方法

他励直流电动机常用的启动方法有电枢串电阻启动和降压启动两种。不论采用哪种方法，启动时都应该保证电动机的磁通达到最大值，从而保证产生足够大的启动转矩。

1. 电枢回路串电阻启动

启动时在电枢回路中串入启动电阻 R_{st} 进行限流，电动机加上额定电压，R_{st} 的数值应使 I_{st} 不大于允许值。

为使电动机转速能均匀上升，启动后应把与电枢串联的电阻平滑均匀切除。但这样做比较困难，实际中只能将电阻分段切除，通常利用接触器的触点来分段短接启动电阻。由于每段电阻的切除都需要有一个接触器控制，因此启动级数不宜过多，一般为 2～5 级。

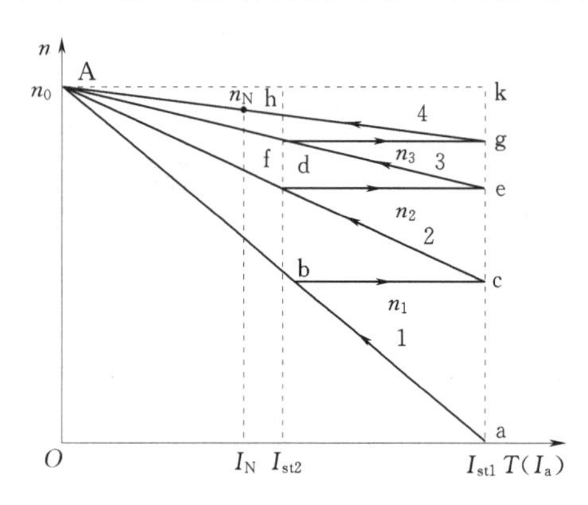

图 1－35　他励直流电动机串电阻启动时机械特性

在启动过程中，通常限制最大启动电流 $I_{st1}=(1.5～2.5)I_N$；$I_{st2}=(1.1～1.2)I_N$，并尽量在切除电阻时，使启动电流能从 I_{st2} 回升到 I_{st1}。图 1－35 所示为他励直流电动机串电阻 3 级启动时的机械特性。

启动时依次切除启动电阻 R_{st1}、R_{st2}、R_{st3}，相应的电动机工作点从 a 点到 b 点、c 点、d 点、……最后稳定在 h 点运行，启动结束。

2. 降压启动

降压启动只能在电动机有专用电源时才能采用。启动时，通过降低电枢电压来达到限制启动电流的目的。为保证足够大的启动转矩，应保持磁通不变，待电动机启动后，随着转速的上升、反电动势的增加，再逐步提高其电枢电压，直至将电压恢复到额定值，电动机在全压下稳定运行。

降压启动虽然需要专用电源，设备投资大，但它启动电流小，升速平滑，并且启动过程中能量消耗也较少，因而得到广泛应用。

二、直流电动机的反转

在有些电力拖动设备中，由于生产的需要，常常需要改变电动机的转向。电动机中的电磁转矩是动力转矩，因此改变电磁转矩 T 的方向就能改变电动机的转向。根据公式 $T=C_T\Phi I_a$ 可知，只要改变磁通 Φ 或电枢电流 I_a 这两个量中一个量的方向，就能改变 T 的方向。因此，直流电动机的反转方法有两种：一种是改变磁通（Φ）的方向；另一种是改变电枢电流的方向。由于磁滞及励磁回路电感等原因，反向磁场的建立过程缓慢，反转过程不能很快实现，故一般多采用后一种方法。

三、直流电动机的制动

电动机的制动是指在电动机轴上加一个与旋转方向相反的转矩，以达到快速停车、减速或稳速。制动可以采用机械方法和电气方法，常用的电气方法有三种：能耗制动、反接制动和回馈制动。判断电动机是否处于电气制动状态的条件是：电磁转矩 T 的方向和转速 n 的方向是否相反。是，则为制动状态，其工作点应位于第Ⅱ或第Ⅳ象限；否，则为电动状态。

在电动机的制动过程中，要求迅速、平滑、可靠、能量损耗小，并且制动电流应小于限值。

（一）能耗制动

能耗制动对应的机械特性如图 1－36 所示。电动机原来工作于电动运行状态，制动时保持励磁电流不变，将电枢两端从电网断开；并立即接到一个制动电阻 R_z 上。这时从机械特性上看，电动机工作点从 A 点切换到 B 点，在 B 点因为 $U=0$，所以 $I_a=-E_a/(R_a+R_z)$，电枢电流为负值，由此产生的电磁转矩 T 也随之反向，由原来与 n 同方向变为与 n 反方向，进入制动状态，起到制动作用，使电动机减速，工作点沿特性曲线下降，由 B 点移至 O 点。当 $n=0$，$T=0$ 时，若是反抗性负载，则电动机停转。在这一过程中，电动机由生产机械的惯性作用拖动，输入机械能而发电，发出的能量消耗在电阻 R_a+R_z 上，直到电动机停止转动，故称为能耗制动。

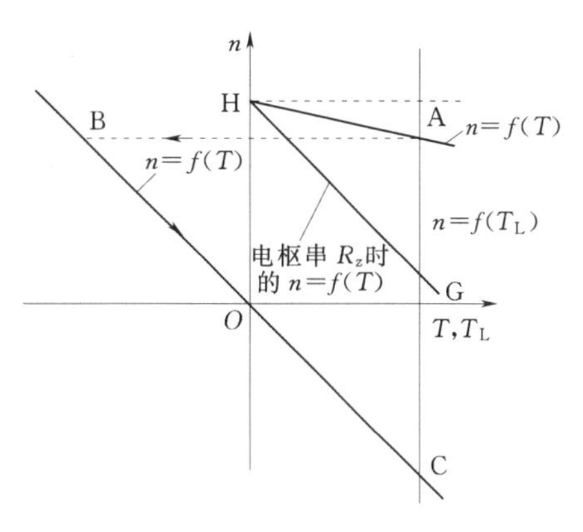

图 1－36　他励直流电动机能耗制动

为了避免过大的制动电流对系统带来不利影响，应合理选择 R_z，通常限制最大制动电流不超过额定电流的 2～2.5 倍。

$$R_a+R_z\geqslant\frac{E_a}{(2-2.5)I_N}\approx\frac{U_N}{(2-2.5)I_N}$$

如果能耗制动时拖动的是位能性负载，电动机可能被拖向反转，工作点从 O 点移至 C 点才能稳定运行。能耗制动操作简单，制动平稳，但在低速时制动转矩变小。若为了使电动机更快地停转，可以在转速降到较低时，再加上机械制动相配合。

（二）反接制动

反接制动分为倒拉反接制动和电枢电源反接制动两种。

1. 倒拉反接制动

如图 1－37 所示，电动机原先提升重物，工作于 a 点，若在电枢回路中串接足够大的电阻，特性变得很软，转速下降，当 $n=0$ 时（c 点），电动机的 T 仍然小于 T_L，在位能性负载倒拉作用下，电动机继续减速进入反转，最终稳定地运行在 d 点。此时 $n<0$，T 方向不变，即进入制动状态，工作点位于第Ⅳ象限，E_a 方向变为与 U 相同。倒拉反接制动的机械特性方程和电枢串电阻电动运行状态时相同。

倒拉反接制动时，电动机从电源及负载处吸收电功率和机械功率，全部消耗在电枢回路电阻 R_a+R_z 上。倒拉反接制动常用于起重机低速下放重物，电动机串入的电阻越大，最后稳定的转速越高。

2. 电枢电源反接制动

电动机原来工作于电动状态下，为使电动机迅速停车，现维持励磁电流不变，突然改变电枢两端外加电压 U 的极性，此时 n、E_a 的方向还没有变化，电枢电流 I_a 为负值，由其产生的电磁转矩的方向也随之改变，进入制动状态。由于加在电枢回路的电压为－（$U+E_a$）≈$-2U$，因此，在电源反接的同时，必须串接较大的制动电阻 R_z，R_z 的大小应使反接制动时电枢电流 $I_a\leqslant 2.5I_N$。

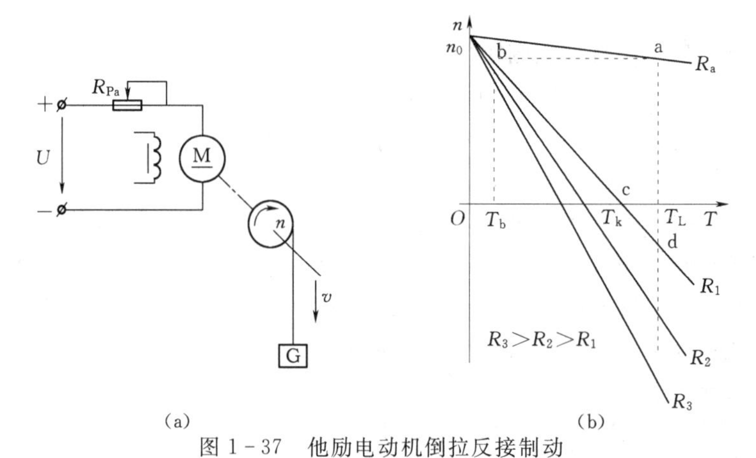

图 1-37　他励电动机倒拉反接制动

(a) 倒拉反接制动示意图；(b) 倒拉反接制动机械特性曲线

机械特性曲线见图 1-38 中的直线 bc。从图 1-38 中可以看出，反接制动时电动机由原来的工作点，沿水平方向移到 b 点，并随着转速的下降，沿直线 bc 下降。通常在 c 点处若不切除电源，电动机很可能反向启动，加速到 d 点。

所以电枢反接制动停车时，一般情况下，当电动机转速 n 接近于零时，必须立即切断电源，否则电动机反转。

电枢反接制动效果强烈，电网供给的能量和生产机械的动能都消耗在电阻 R_a+R_z 上。

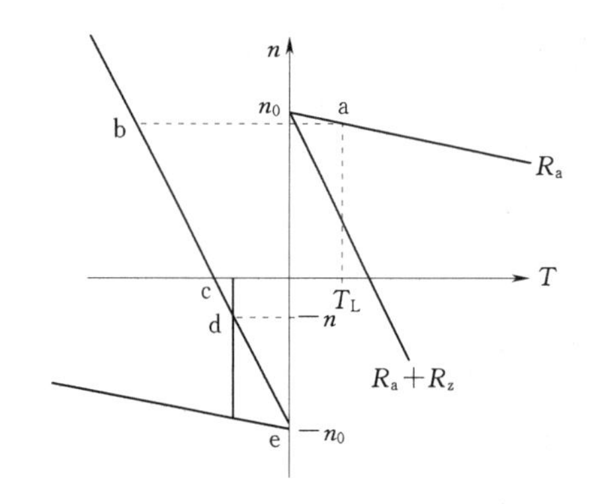

图 1-38　他励电动机的电枢反接制动

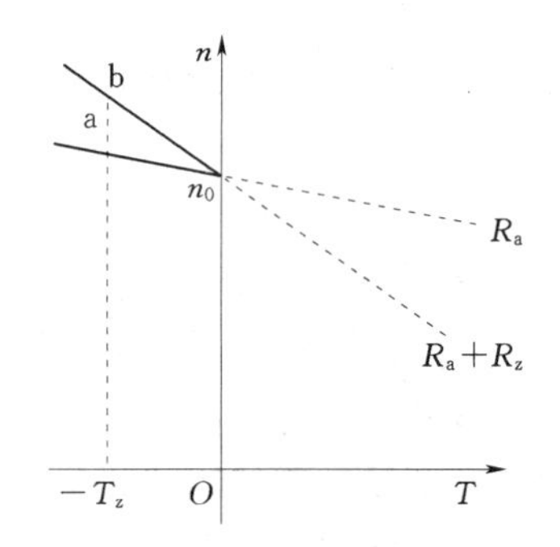

图 1-39　他励电动机的回馈制动

（三）回馈制动（再生制动）

若电动机在电动状态运行中，由于某种因素（如电动机车下坡）而使电动机的转速高于理想空载转速时，电动机便处于回馈制动状态。$n>n_0$ 是回馈制动的一个重要标志。因为当 $n>n_0$ 时，电枢电流 I_a 与原来 $n<n_0$ 时的方向相反，因磁通 Φ 不变，所以电磁转矩随 I_a 反向而反向，对电动机起制动作用。电动状态时电枢电流由电网的正端流向电动机，而在回馈制动时，电流由电枢流向电网的正端，这时电动机将机车下坡时的位能转变为电能回送给电网，因而称为回馈制动。

回馈制动的机械特性方程式和电动状态时完全一样，由于 I_a 为负值，所以在第Ⅱ象限，如图 1-39 所示。电枢电路若串入电阻，可使特性曲线的斜率增加。

技能训练

训练模块　直流电动机启动、反转和制动方法的操作

一、课题目标

（1）学会直流电动机电枢串电阻启动、降压启动的接线和操作。

（2）学会直流电动机反转电路的接线和操作。

（3）学会直流电动机能耗制动、反接制动的接线和操作。

二、工具、仪器和设备

（1）直流电机励磁电源和可调电枢电源。

（2）直流他励电动机一台。

（3）励磁调节电阻器一个，电枢调节电阻器一个。

（4）直流电流表一块，转速表一块。

（5）倒顺开关一个。

（6）导线若干。

三、实训过程

1. 绘制并连接他励直流电动机的工作电路

他励直流电动机电枢串电阻启动、降压启动、改变转向、电枢反接制动的参考电路如图 1－40 所示。电路的接线如图 1－41 所示。图中他励直流电动机 M 的额定功率 $P_N=185W$，额定电压 $U_N=220V$，额定电流 $I_N=1.2A$，额定转速 $n_N=1600r/min$，额定励磁电流 $I_{fN}<0.16A$。励磁回路串接的电阻 R_{Pf} 选用 1800Ω 阻值的变阻器，他励直流电动机的启动电阻 R_{Pa} 选用 180Ω 阻值的变阻器。电枢回路电流表 PA 量程选用 5A，转速表选用 1800r/min 的量程。按图进行接线，接好线后，检查联轴器是否连接好。

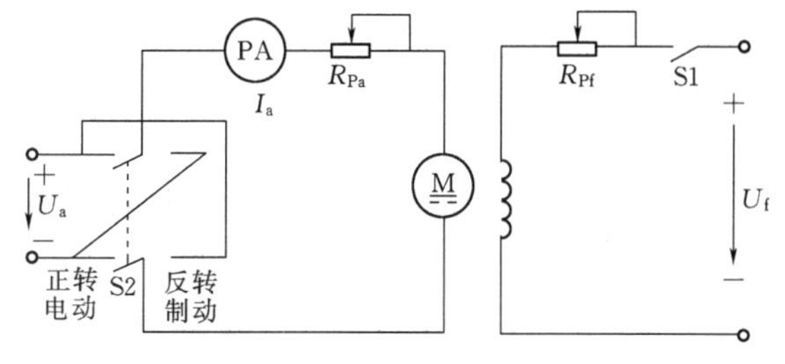

图 1－40　他励直流电动机启动的反转的工作电路

2. 直流电动机电枢串电阻启动和降压启动

（1）将他励直流电动机 M 的励磁调节电阻 R_{Pf} 的阻值调至最小值，电枢串联变阻器 R_{Pa} 的阻值调至最大值，电枢电源输出调到最小值。先接通直流励磁电源开关 S1，再将倒顺开关 S2 合向正转电动位置，接通电枢电源，启动直流电动机。

（2）逐渐升高电枢电压，直至额定电压 $U_N=220V$，观察直流电动机降压启动过程中转速和电流的变化情况。

（3）再逐渐减小电枢串联电阻器 R_{Pa} 的阻值直至为零，观察直流电动机电枢串电阻启动过程中转速和电流的变化情况。

3. 直流电动机的反转

（1）记录下直流电动机当前的转向，先断开电枢回路开关 S2，再断开励磁回路电源

图 1－41　他励直流电动机启动和反转电路的接线

开关 S1，使电动机停机。将电枢绕组两头反接，重复前面步骤，正确启动电动机，观察电动机的转向是否改变。

（2）再次断开电枢回路开关 S2 和励磁回路电源开关 S1，使电动机停机。将励磁绕组两头反接，重复前面步骤，正确启动电动机，观察电动机的转向是否又改变了。

（3）在电动机断电的情况下，同时将电枢绕组和励磁绕组反接，在重新启动电动机的过程中观察转向是否改变？

4．直流电动机的反接制动

（1）正确启动直流电动机后，调节电枢电压到额定值，电枢串联电阻器 R_{Pa} 的阻值调到最大，断开电枢回路开关 S2，观察并记录下自由停车的时间 t_0。

（2）重新合上开关 S2 启动直流电动机后，将电枢串联电阻器 R_{Pa} 调到最大值位置，将电枢回路开关 S2 迅速合向反转制动位置，仔细观察并记录下反接制动到转速为零的时间 t_1，马上断开开关 S2。

（3）直流电动机重新启动后，将电枢串联电阻器 R_{Pa} 调到中间值位置，将电枢回路开关 S2 迅速合向反转制动位置，观察并记录下反接制动到转速为零的时间 t_2。

5．直流电动机的能耗制动

（1）改变直流电动机的电路接线，能耗制动的参考电路如图 1－42 所示。电路的接线如图 1－43 所示。

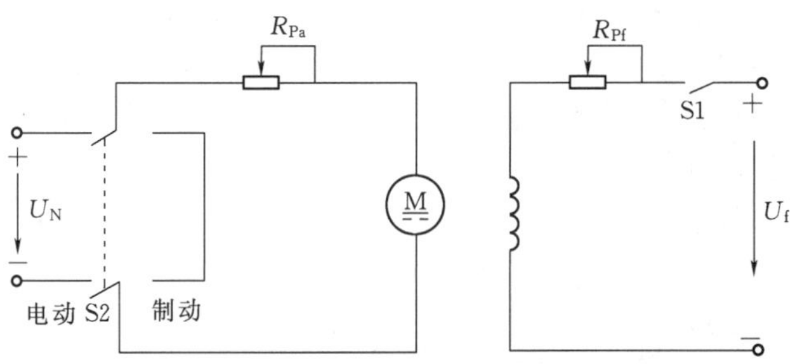

图 1－42　他励直流电动机能耗制动工作电路

图 1-43　他励直流电动机能耗制动接线

(2) 将他励直流电动机 M 的励磁调节电阻器 R_{Pf} 调至最小阻值，电枢串联电阻器 R_{Pa} 调至最大阻值。先接通励磁电源开关 S1，再将倒顺开关 S2 合向电动位置，启动直流电动机。

(3) 电动机运转正常后，断开电枢回路开关 S2，观察并记录下自由停车的时间 t_0。

(4) 重新启动电动机，将电枢串联电阻器 R_{Pa} 调到最大值位置，将电枢回路开关 S2 迅速合向制动位置，观察并记录下能耗制动到转速为零的时间 t_1。

(5) 将电枢回路开关 S2 再次合向电动位置，启动直流电动机，将电枢串联电阻器 R_{Pa} 调到中间值位置，再次将电枢回路开关 S2 迅速合向制动位置，观察并记录下能耗制动到转速为零的时间 t_2。

四、注意事项

(1) 本次技能训练过程中，电动机要多次启动和停止，注意每次启动直流电动机时，都要将励磁调节电阻器 R_{Pf} 调至最小阻值，电枢调节电阻器 R_{Pa} 调至最大阻值，先接通励磁电源开关 S1，再接通电枢电源开关 S2。

(2) 直流电动机停机时，必须先切断电枢电源，再断开励磁电源。

(3) 电枢回路所接的倒顺开关 S2 的位置，要记清哪边是电动，哪边是制动；哪边是正转，哪边是反转。

(4) 制动的时间很短，但是要分清哪一次快，哪一次慢。

五、技能训练考核评分记录表（见表 1-11）

表 1-11　　技能训练考核评分记录表

序号	考核内容	考　核　要　求	配分	得分
1	技能训练的准备	预习技能训练的内容	10	
2	仪器、仪表的使用	正确使用万用表、转速表、实验台等设备	10	
3	直流电动机的接线	电路绘制正确、简洁，接线速度快	20	
4	操作电动机的启动和反转	通电调试一次成功，操作规范，数据测量正确	30	

续表

序号	考核内容	考　核　要　求	配分	得分
5	直流电动机的制动	操作规范，数据测量正确	30	
6	合计得分			
7	否定项	发生重大责任事故、严重违反教学纪律者得0分		
8	指导教师签名		日期	

六、技能训练报告

（1）技能训练模块名称。

（2）技能训练的课题目标。

（3）技能训练所用的工具、仪器和设备。

（4）绘制他励直流电动机启动、反转和制动的工作电路。

（5）电枢绕组和励磁绕组中，改变任意一个绕组的两头，电动机是否反转？同时改变两个绕组的两头，电动机是否反转？

（6）自由停车与制动停车，在时间上有什么区别？制动时间与制动电阻的阻值有什么关系？反接制动与能耗制动有什么区别？

（7）小结、体会和建议。

思考与练习

（1）直流电动机为什么不允许直接启动？

（2）他励直流电动机有哪些启动方法？哪一种启动方法性能较好？

（3）一台他励直流电动机 $P_N=10kW$，$U_N=220V$，$I_N=50A$，$n_N=1600r/min$，$R_a=0.5\Omega$，最大启动电流 $I_{st}=2I_N$，计算：

1）电枢回路串电阻启动时，串入的总电阻 R_{st}；

2）降压启动时的初始启动电压 U_{st}。

（4）直流电动机有哪几种改变转向的方法？一般采用哪一种方法？

（5）直流电动机有哪几种电气制动方法？分别应用于什么场合？

（6）题（3）中的电动机，最大制动电流 $I_a=2I_N$，估算：

1）能耗制动应该串入的电阻 R_{z1}；

2）电枢反接制动应该串入的电阻 R_{z2}。

课题四　直流电动机的使用和维护

学习目标

（1）了解直流电动机启动前的准备工作和启动、运行时应注意的事项。

（2）熟悉直流电动机的定期检修内容和注意事项。

（3）了解直流电动机日常保养的相关知识。

（4）了解直流电动机的常见故障及处理方法。

课题分析

直流电动机经常性的维护和监视工作，是保证电动机正常运行的重要条件。除经常保持电动机清洁、不积尘土、油垢外，必须注意监视电动机运行中的换向火花、转速、电流、温升等的变化是否正常。因为直流电动机的故障都会反映在换向恶化和运行性能的异常变化上。做好直流电动机的维护及检修工作，对提高生产效率、预防事故的发生具有非常重要的意义。

相关知识

一、直流电动机的使用

1．直流电动机的启动准备

直流电动机在安装后投入运行前或长期搁置而重新投入运行前，需做下列启动准备工作。

（1）用压缩空气吹净附着于电机内部的灰尘，对于新电动机应去掉在风窗处的包装纸。检查轴承润滑脂是否洁净、适量，润滑脂占轴承室的2/3为宜。

（2）用柔软、干燥而无绒毛的布块擦拭换向器表面，并检视其是否光洁，如有油污，则可蘸少许汽油擦拭干净。

（3）检查电刷压力是否正常均匀，电刷间压力差不超过10%，刷握的固定是否可靠，电刷在刷握内是否太紧或太松，电刷与换向器的接触是否良好。

（4）检查刷杆座上是否标有电刷位置的记号。

（5）用手转动电枢，检查是否阻塞或在转动时是否有撞击或摩擦之声。

（6）接地装置是否良好。

（7）用500V兆欧表测量绕组对机壳的绝缘电阻，如小于1MΩ则必须进行干燥处理。

（8）电动机引出线与励磁电阻、启动器等连接是否正确，接触是否良好。

2．直流电动机的启动

（1）检查线路情况（包括电源、控制器、接线及测量仪表的连接等），启动器的弹簧是否灵活，接触是否良好。

（2）在恒压电源供电时，需用启动器启动。闭合电源开关，在电动机负载下，转动启动器，在每个触点上停留约2s，直至最后一点，转动臂被电磁铁吸住为止。

（3）电动机在单独的可调电源供电时，先将励磁绕组通电，并将电源电压降低至最小，然后闭合电枢回路接触器，逐渐升高电压，达额定值或所需转速。

（4）电动机与生产机械的联轴器分别连接，输入小于10%的额定电枢电压，确定电机与生产机械转速方向是否一致，一致时表示接线正确。

（5）电动机换向器端装有测速发电机时，电动机启动后，应检查测速发电机输出特性，该极性与控制屏极性应一致。

（6）电动机启动完毕后，应观察换向器上有无火花，火花等级是否超标。

3. 直流电动机的调速

恒功率弱磁向上调速，可调节励磁电阻，直至转速达到所需要的值，但不得超过技术条件所允许的最高转速。恒转矩负载可以采用降压或电枢串电阻向下调速。

4. 直流电动机的停机

（1）如为变速电动机，先将转速降到最低值。

（2）去掉电动机负载（除串励电动机外）后切断电源开关。

（3）切断励磁回路，励磁绕组不允许在停车后长期通额定电流。

二、直流电动机的维护

电动机在使用过程中定期进行检查时应特别注意下列事项。

1. 电动机的清洁

电动机周围应保持干燥，其内、外部均不应放置其他物件。电动机的清洁工作每月不得少于一次，清洁时应以压缩空气吹净内部的灰尘，特别是换向器、线圈连接线和引线部分。

2. 换向器的保养

（1）换向器应是呈正圆柱形光洁的表面，不应有机械损伤和烧焦的痕迹。

（2）换向器在负载下经长期无火花运转后，在表面产生一层褐色有光泽的坚硬薄膜，这是正常现象，它能保护换向器的磨损，这层薄膜必须加以保护，不能用砂布摩擦。

（3）若换向器表面出现粗糙、烧焦等现象时，可用0号砂布在旋转着的换向器表面进行细致研磨。若换向器表面出现过于粗糙不平、不圆或有部分凹进现象时，应将换向器进行车削，车削速度不大于1.5m/s，车削深度及每转进刀量均不大于0.1mm，车削时换向器不应有轴向位移。

（4）换向器表面磨损很多时，或经车削后，发现云母片有凸出现象，应以铣刀将云母片铣成1～1.5mm的凹槽。

（5）换向器车削或云母片下刻时，须防止铜屑、灰尘侵入电枢内部，因而要将电枢线圈端部及接头片覆盖。加工完毕后用压缩空气作清洁处理。

3. 电刷的使用

（1）电刷与换向器的工作面应有良好的接触，电刷压力正常。电刷在刷握内应能滑动自如。电刷磨损或损坏时，应用牌号及尺寸与原来相同的电刷更替，并且用0号砂布进行研磨，砂布面向电刷，背面紧贴换向器，研磨时随换向器作来回移动。

（2）电刷研磨后用压缩空气作清洁处理，再使电动机作空载运转，然后以轻负载（为额定负载的1/4～1/3）运转1h，使电刷在换向器上得到良好的接触面（每块电刷的接触面积不小于其总面积的75%）。

4. 轴承的保养

（1）轴承在运转时温度太高，或发出有害杂音时，说明可能损坏或有外物侵入，应拆下轴承清洗检查，当发现钢珠或滑圈有裂纹损坏或轴承经清洗后使用情况仍未改变时，必须更换新轴承。轴承工作2000～2500h后应更换新的润滑脂，但每年不得少于一次。

（2）轴承在运转时须防止灰尘及潮气侵入，并严禁对轴承内圈或外圈的任何冲击。

5. 绝缘电阻

(1) 应当经常检查电动机的绝缘电阻，如果绝缘电阻小于 1MΩ 时，应仔细清除绝缘表面的污物和灰尘，并用汽油、甲苯或四氯化碳清除之，待其干燥后再涂绝缘漆。

(2) 必要时可采用热空气干燥法，用通风机将热空气（80℃）送入电动机进行干燥，开始绝缘电阻降低，然后升高，最后趋于稳定。

6. 通风系统

应经常检查定子温升，判断通风系统是否正常，风量是否足够，如果温升超过允许值，应立即停车检查通风系统。

三、直流电动机的保养

(1) 电动机未使用前应放置在通风干燥的仓库中，下面垫块干燥的木板更佳；电动机应远离有腐蚀性的物质，电动机的轴伸端应涂防锈油。

(2) 从仓库中取出电动机后，应用吹风机吹去表面的灰尘和杂物。

(3) 若是新电动机，要先打开风扇盖，撕去粘在风扇盖内的防尘纸；取去包在换向器刷架上的覆盖纸。

(4) 检查换向器表面是否有油污等，若有，可用棉纱蘸酒精擦净。

(5) 仔细检查每个电刷在刷握中松紧是否合适，刷握是否有松动，检查刷握与换向器表面之间的距离是否合适。

(6) 检查电刷的受压大小是否合适，应逐之调整。

(7) 用手转动电动机轴，检查电枢转动是否灵活，有无异常响声。

(8) 用 500V 的兆欧表（摇表）摇测每个绕组对地的绝缘阻值；摇测各绕组之间的绝缘阻值；若低于 0.5MΩ，则应送烘箱烘干。

四、直流电动机的常见故障及检修方法（见表 1-12～表 1-15）

表 1-12　直流电动机不能启动的原因和检修方法

故障现象	故障原因	检修方法
电动机不能启动	电网停电	用万用表或电笔检查，待来电后使用
	熔断器熔断	更换熔断器
	电源线在电动机接线端上接错线	按图纸重新接线
	负载太大，启动不了	减小机械负载
	启动电压太低	通常应在 50V 时启动
	电刷位置不对	重新校正电刷中性线位置
	定子与转子间有异物卡住	清除异物
	轴承严重损坏、卡死	更换轴承
	主磁极或换向极固定螺钉未拧紧，致使卡住电枢	拆开电动机重新紧固
	电刷提起后未放下	将电刷安放在刷握中
	换向器表面污垢太多	清除污垢

表 1-13　　直流电动机过热故障原因及检修方法

故障现象	故障原因	检修方法
直流电动机过热	电动机过载	减小机械负载或解决引起过载的机械故障
	电枢绕组短路	用前面所述的方法找到故障点，并处理
	新做的绕组中有部分线圈接反	按正确的图纸重新接线
	换向极接反	拆开电动机，用前面所述的方法找到故障点，重新接线
	换向片有短路	用前面所述的方法找到故障点，并处理
	定子与转子铁心相擦	拆开电动机，检查定子磁极固定螺钉是否松动或极下垫片是否比原来多，重新紧固或调整
	电动机的气隙有大有小	调整定子绕组极下的垫片，使气隙均匀
	风道堵塞	清理风道
	风扇装反	重装风扇
	电动机长时间低压、低速运行	应适当提高电压，以接近额定转速为佳
	电动机轴承损坏	更换同型号的轴承
	联轴器安装不当或皮带太紧	重新调整

表 1-14　　直流电动机火花故障及检修方法

故障现象	故障原因	检修方法
直流电动机电刷下有火花	电刷与换向器接触不良	重新研磨电刷
	电刷上的弹簧太松或太紧	适当调整弹簧压力，准确地说，应保持在 1.5～2.5N/cm^2，通常凭手感来调整
	刷握松动	紧固刷握螺钉，刷握要与换向器垂直
	电刷与刷握尺寸相配	若电刷在刷握中过紧，可用 00 号砂纸砂去少许，使电刷能在刷握中自由滑动；若过松则更换与刷握相配的新电刷
	电刷太短，上面的弹簧已压不住电刷	当电刷磨损 2/3 时或电刷低于刷握时，应及时更换同型号的电刷
	电刷表面有油污粘住电刷粉	用棉纱蘸酒精擦净
	电刷偏离中性线位置	按前述方法重新调整刷架，使电刷处于中性线位置
	换向片有灼痕，表面高低不平	轻微时，用 00 号细砂纸按前面所述的方法砂换向器，若严重则须上车床车去一层，并按前述方法处理
	换向器片间云母未刻净或云母凸出	用刻刀按要求下刻云母
	电动机长期过载	应将机械负载减小到额定值以下
	换向极接错	按前面所述的方法检查处理
	换向极线圈短路	按前面所述的方法检查处理，尽量局部修复，否则重绕
	电枢绕组有线圈断路	按前面所述的方法查找、修复或做短接处理
	电枢绕组有短路	按前面所述的方法查找修复
	换向器片间短路	按前面所述的方法查找修复
	电枢绕组与换向片脱焊	换向器云母槽中有烧黑现象，按前面所述的方法修复
	重绕的电枢绕组有线圈接反	按正确的接线重接
	电源电压过高	电源电压应降到额定电压值以内

表 1-15　　直流电动机其他常见故障及检修方法

故障现象	故　障　原　因	检　修　方　法
电动机漏电	电刷粉末太多	用吹风机消除电刷粉末或用棉花蘸酒精擦除
	电线头碰壳	各种电线接头都要接牢或做好绝缘
	电动机长期不用又受潮	进行干燥处理
	使用年份太久或长期过热，电动机绝缘老化	应拆除绝缘老化的绕组或更换新电动机
电动机振动大	电枢转轴变形	重新校正或更换整个电枢
	地脚螺栓松动	紧固地脚螺栓
	风叶装错或变形	重新安装或校正
	联轴器未装好	重新校正联轴器
电动机接线柱发热	电源线或绕组引出线未接牢	应重新接牢
电动机响声很大	风叶变形碰壳	校正风叶
	轴承缺油或损坏	拆开电动机，将轴承清洗加油，或更换同型号的轴承
	电动机定子与转子相摩擦（拖底）	轴承损坏则更换轴承，或调整定子磁极下的垫片

模块二　认识与使用单相变压器

课题一　认识与使用单相变压器

学习目标

（1）认识单相变压器的基本结构。

（2）了解变压器的用途和分类。

（3）理解单相变压器的工作原理。

（4）了解变压器铭牌中型号和额定值的含义，掌握额定值的简单计算。

（5）熟悉单相变压器的空载试验和短路试验。

课题分析

变压器是通过电磁感应原理制成的静止电气设备，能将一种等级（电压、电流、相数）的交流电，变换为同频率的另一种等级的交流电。

变压器在许多领域得到广泛的应用。例如，在电力系统中，电力变压器起着重要的升压或降压作用；在测量系统和自动控制系统中使用的互感器，可以将大电流变为小电流，高电压变为低电压；在实验室的调压变压器，可以任意调节电压；用于电弧焊接的电焊变压器，具有陡降的输出特性；用于电子扩音电路的变压器，可进行阻抗匹配；脉冲变压器可以传送脉冲波。

本课题从单相变压器的基本结构入手，利用电磁感应原理分析其工作原理，并进行简单的计算。介绍单相变压器的铭牌、检测、接线和操作。

相关知识

一、单相变压器的基本结构

变压器的基本结构主要由两部分组成：①铁心——变压器的磁路；②绕组——变压器的电路。对于不同种类的变压器，还装有其他附件，其结构也各不相同。

1. 铁心

铁心是变压器的磁路部分，同时作为变压器的机械骨架。铁心由铁心柱和铁轭两部分组成，铁心柱上套装变压器绕组，铁轭起连接铁心柱使磁路闭合的作用。对铁心的要求是导磁性能要好，磁滞损耗及涡流损耗要尽量小，因此均采用 0.35mm 厚的硅钢片制作。

根据铁心的结构形式，变压器可分为壳式变压器和心式变压器两大类。壳式变压器是铁轭包围绕组的顶面、底面和侧面，在中间的铁心柱上放置绕组，形成铁心包围绕组的形状，如图 2-1 所示。图 2-1（a）所示为单相壳式变压器，图 2-1（b）所示为三相壳式变压器。心式变压器是在铁心的铁心柱上放置绕组，形成绕组包围铁心的形状，而铁轭只靠着绕组的顶面和底面，如图 2-2 所示。图 2-2（a）所示为单相心式变压器，图 2-2（b）所示为三相心式变压器。壳式结构的铁心机械强度较高，但制造工艺复杂，用材较多。通常用于低电压、大电流的变压器或小容量的电信变压器。心式结构比较简单，绕组的装配及绝缘也较容易，国产电力变压器均采用心式结构。

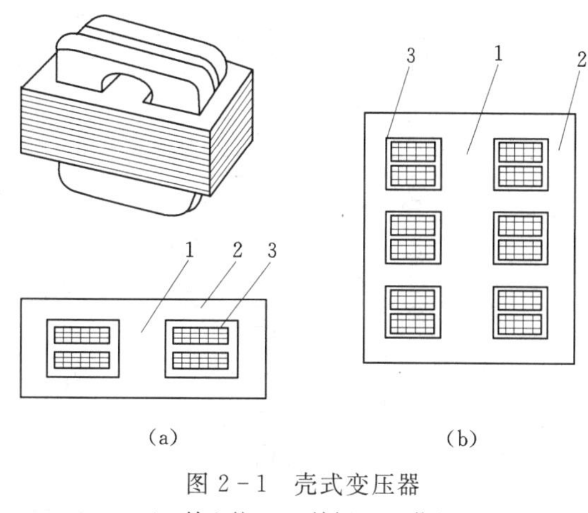

图 2-1　壳式变压器

1—铁心柱；2—铁轭；3—绕组

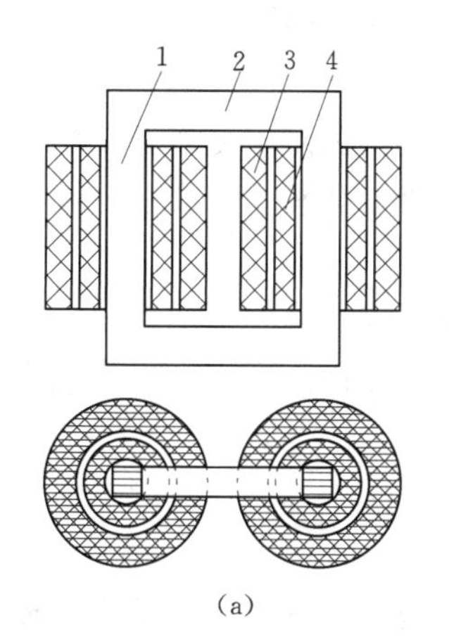

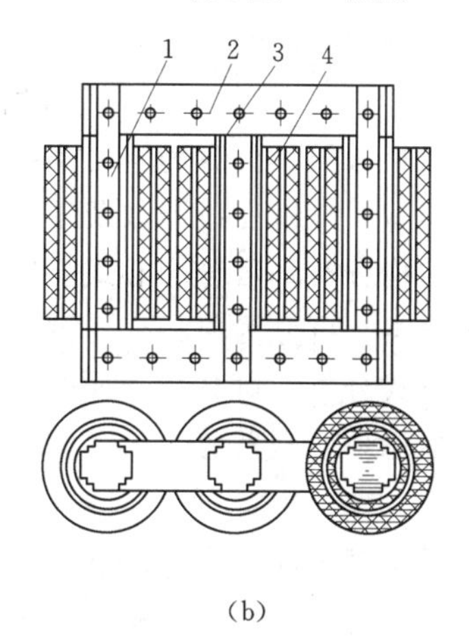

图 2-2　心式变压器

1—铁心柱；2—铁轭；3—高压绕组；4—低压绕组

2. 绕组

绕组是变压器的电路部分，绕组的作用是作为电流的载体，产生磁通和感应电动势，它一般是用具有绝缘的漆包圆铜线、扁铜线或扁铝线绕制而成。接于高压电网的绕组称为高压绕组；接于低压电网的绕组称为低压绕组。根据高、低压绕组的相对位置，绕组可分为同心式和交叠式两种类型。

同心式绕组的高、低压绕组同心地套在铁心柱上，如图 2-2 所示。为便于绝缘，一般低压绕组套在里面，但对大容量的低压、大电流变压器，由于低压绕组引出线的工艺困难，往往把低压绕组套在高压绕组外面。高、低压绕组与铁心柱之间都留有一定的绝缘间隙，并以绝缘纸筒隔开。同心式绕组结构简单，制造方便。

交叠式绕组是将高压绕组及低压绕组分为若干个线饼，交替地套在铁心柱上，为了便于绝缘靠近上、下铁轭的两端，一般都放置低压绕组，如图 2-3 所示，又称为饼式绕组。高、低压绕组之间的间隙较多，绝缘比较复杂，主要用于特种变压器中。这种绕组漏抗小，机械强度高，但高、低压绕组之间的绝缘比较复杂。一般用于电炉变压器、电焊变压

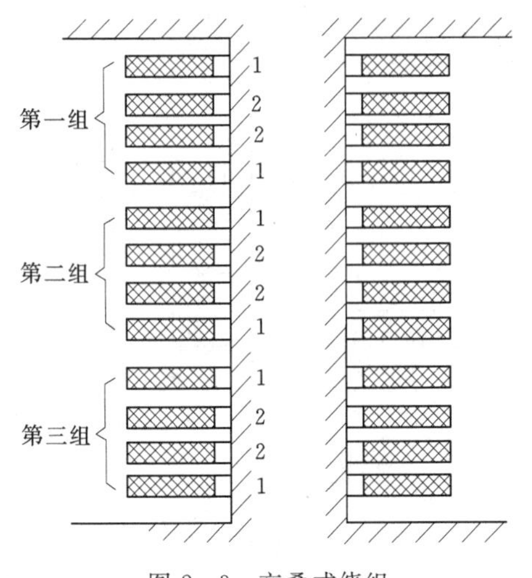

图 2-3　交叠式绕组
1—低压绕组；2—高压绕组

器等低电压、大电流的变压器上。

二、变压器的分类和用途

1. 分类

变压器种类很多，通常可按其用途、绕组数目、铁心结构、相数和冷却方式等进行分类。

(1) 按用途分类。有用于电力系统升、降压的电力变压器；有以大电流和恒流为特征的变压器，如电焊变压器、电炉变压器和整流变压器等；有以传递信息和供测量用的变压器，如电磁传感器、电压互感器和电流互感器等；在实验室的调压变压器，可以任意调节电压；在电子扩音电路进行阻抗匹配的输入、输出变压器；在自控系统中，还有脉冲变压器、变频变压器等多音频和其他特殊变压器。

(2) 按绕组数目分类。可分为电力系统中最常用的两绕组变压器、用以连接 3 种不同电压输电线的大容量 3 绕组变压器以及用在电压等级变化较小场合的自耦变压器等。

(3) 按铁心结构分类。可分为心式变压器、壳式变压器。

(4) 按相数分类。可分为单相变压器、三相变压器和多相变压器等。

(5) 按冷却方式分类。可分为干式变压器、油浸自冷变压器、油浸风冷变压器、充气式变压器和强迫油循环变压器等。

2. 用途

各种变压器各有其不同的用途。

(1) 电力变压器主要用于电力系统升高或降低电压。在电力系统中，输电线路上的电压越高，则流过输电线路中的电流就越小。这不仅可以减小输电线路导线的截面积，节约导体材料，同时还可减小输电线路上的功率损耗。因此，电能的输送与分配方面都朝建立高电压、大功率的电力网系统方向发展，以便集中输送、统一调度与分配电能。这就促使输电线路的电压由高压（110～220kV）向超高压（330～750kV）和特高压（750kV 以上）不断升级。目前我国高压输电的电压等级有 110kV、220kV、330kV 及 500kV 等多种。发电机本身由于其结构及所用绝缘材料的限制，不可能直接发出这样的高压，因此在输电时必须首先通过升压变电站，利用变压器将电压升高，再进行输送。

高压电能输送到用电区后，为了保证用电安全和符合用电设备的电压等级要求，还必须经过各级降压变电站，通过变压器进行降压。例如，工厂输、配电线路，高压有 35kV 及 10kV 等电压等级，低压有 380V、220V、110V 等电压等级。因此变压器在输、配电系统中起着非常重要的作用。

(2) 仪用变压器一般指电流互感器和电压互感器，可以将大电流变为小电流，高电压变为低电压后通过一般测量仪表进行测量。

(3) 调压变压器可用来调节电压，实验室常用。

(4) 电焊变压器具有陡降的输出特性，用于电弧焊接。

（5）在电子电路中，变压器常用来变换阻抗。

（6 在自动控制系统中，变压器还可用来变换极性、传输脉冲等。

三、单相变压器的工作原理

单相变压器是指接在单相交流电源上用来改变单相交流电压的变压器，其容量一般都比较小，主要用作控制及照明。它是利用电磁感应原理，将能量从一个绕组传输到另一个绕组而进行工作的。下面分别讨论单相变压器的两种不同工作情况。

（一）变压器的空载运行

变压器的一次绕组接在额定电压的交流电源上，而二次绕组开路时的运行状态称为变压器的空载运行。图 2－4 是单相变压器空载运行的示意图。图中 u_1 为一次绕组电压，u_{02} 为二次绕组空载电压，N_1 和 N_2 分别为一次、二次绕组的匝数。

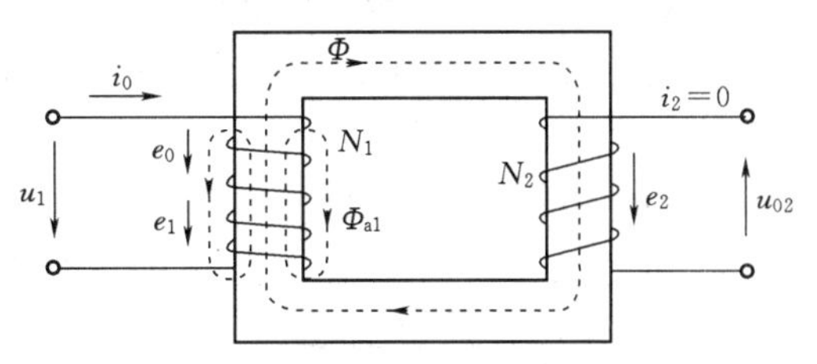

图 2－4　单相变压器的空载运行原理

1. 变压器空载运行时各物理量的关系式

当变压器的一次绕组加上交流电压 u_1 时，一次绕组内便有一个交变电流 i_0 流过。由于二次绕组是开路的，二次绕组中没有电流。此时一次绕组中的电流 i_0 称为空载电流。同时在铁心中产生交变磁通 Φ，其同时穿过变压器的一次、二次绕组，因此又称其为交变主磁通。

设
$$\Phi=\Phi_m \sin\omega t \tag{2-1}$$

则变压器一次绕组的感应电动势为

$$e_1=-N_1\frac{d\Phi}{dt}=N_1\Phi_m\omega\sin\left(\omega t-\frac{\pi}{2}\right)=2\pi f\Phi_m N_1\sin\left(\omega t-\frac{\pi}{2}\right) \tag{2-2}$$

把 E_{1m} 除以$\sqrt{2}$，则可求出变压器一次绕组感应电动势的有效值为

$$E_1=4.44f\Phi_m N_1 \tag{2-3}$$

同理，变压器二次绕组感应电动势的有效值为

$$E_2=4.44f\Phi_m N_2 \tag{2-4}$$

若忽略一次绕组中的组抗不计，则外加电压几乎全部用来平衡反电动势，即

$$\dot{U}_1\approx-\dot{E}_1 \tag{2-5}$$

在数值上，则有

$$U_1\approx E_1 \tag{2-6}$$

变压器空载时，其二次绕组是开路的，没有电流流过，二次绕组的端电压 U_{02}、感应电动势 E_2 相等，则空载运行时二次侧电路电压平衡方程为

$$\dot{U}_{02}=\dot{E}_2 \tag{2-7}$$

在数值上，则有

$$U_{02}=E_2 \tag{2-8}$$

2. 变压器的电压变换

由式（2－3）和式（2－4）可见，由于变压器一次、二次绕组的匝数 N_1 和 N_2 不相

等，因而 E_1 和 E_2 大小是不相等的，变压器输入电压 U_1 和变压器二次侧电压 U_2 的大小也不相等。

变压器一次、二次绕组电压之比为

$$\frac{U_1}{U_{02}}=\frac{E_1}{E_2}=\frac{N_1}{N_2}=K_u=K \tag{2-9}$$

式中　K_u——变压器的电压比，或称变压比，也可用 K 来表示。

由式（2－9）可见，变压器一次、二次绕组的电压与一次、二次绕组的匝数成正比，也即变压器有变换电压的作用。

由式（2－3）对某台变压器而言，f 及 N_1 均为常数，因此当加在变压器上的交流电压有效值 U_1 恒定时，则变压器铁心中的磁通 Φ_m 基本保持不变。

（二）变压器的负载运行

当变压器的二次绕组接上负载阻抗 Z_L，如图 2－5 所示，则变压器投入负载运行。这时二次侧绕组中就有电流 I_2 流过，I_2 随负载的大小而变化，同时一次侧电流 I_1 也随之改变。变压器负载运行时的工作情况与空载运行时将发生显著变化。

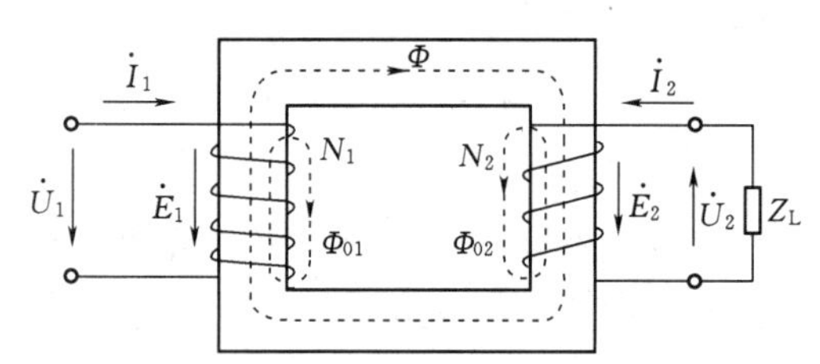

图 2－5　单相变压器的负载运行原理

1. 变压器负载运行时的磁动势平衡方程

二次绕组接上负载后，电动势 E_2 将在二次绕组中产生电流 I_2，同时一次绕组的电流从空载电流 I_0 相应地增大为电流 I_1。I_2 越大 I_1 也越大。

从能量转换角度来看，二次绕组接上负载后，产生电流 I_2，二次绕组向负载输出电能。这些电能只能由一次绕组从电源吸取通过主磁通 Φ 传递给二次绕组。二次绕组输出的电能越多，一次绕组吸取的电能也就越多。

因此，二次侧电流变化时，一次侧电流也会相应地变化。

从电磁关系的角度来看，二次绕组产生电流 I_2，二次侧的磁动势 N_2I_2 也要在铁心中产生磁通，即这时铁心中的主磁通是由一次、二次绕组共同产生的。N_2I_2 的出现，将有改变铁心中原有主磁通的趋势。但是，在一次绕组的外加电压 U_1 及频率 f 不变的情况下，由式（2－5）和式（2－8）可知，主磁通基本上保持不变。因而一次绕组的电流由 I_0 变到 I_1，使一次绕组磁动势由 N_1I_0 变成 N_1I_1，以抵消 N_2I_2。由此可知，变压器负载运行时的总磁动势应与空载运行时的总磁动势基本相等，都为 N_1I_0，即

$$N_1\dot{I}_1+N_2\dot{I}_2=N_1\dot{I}_0$$

或

$$N_1\dot{I}_1=N_1\dot{I}_0-N_2\dot{I}_2 \tag{2-10}$$

式（2－10）称为变压器负载运行时的磁动势平衡方程。它说明，有载时一次绕组建立的 $N_1\dot{I}_1$ 分为两部分，其一是 $N_1\dot{I}_1$ 用来产生主磁通 Φ；其二是 $N_1\dot{I}_1$（或$-N_2\dot{I}_2$）来抵偿 $N_2\dot{I}_2$，从而保持磁通 Φ 基本不变。

2. 变压器的电流变换

由于变压器的空载电流 $\dot{I}_0$ 很小，特别是在变压器接近满载时，$N_1\dot{I}_0$ 相对于 $N_1\dot{I}_1$ 或

$N_2\dot{I}_2$ 而言基本上可以忽略不计，于是可得变压器一次、二次绕组磁动势的有效值关系为

$$N_1I_1 \approx N_2I_2$$

即

$$\frac{I_1}{I_2} \approx \frac{N_2}{N_1} = \frac{1}{K_u} = K_i \tag{2-11}$$

式中　K_i——变压器的电流比，或称变流比。

由式（2-11）表明，变压器一次、二次绕组中的电流与一次、二次绕组的匝数成反比，即变压器也有变换电流的作用，且电流的大小与匝数成反比。因此，变压器的高压绕组匝数多，而通过的电流小，因此绕组所用的导线较细；反之低压绕组匝数少，通过的电流大，所用的导线较粗。

（三）变压器的匹配运行

变压器不但能具有电压变换和电流变换的作用，还具有阻抗变换的作用，如图 2-6 所示。

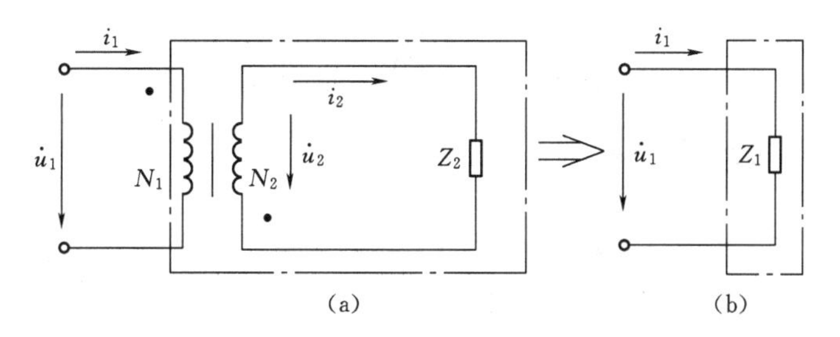

图 2-6　单相变压器的阻抗变换

变压器的阻抗变换是通过改变变压器的电压比 K_u 来实现的。当变压器二次绕组接上阻抗为 Z 的负载后，根据图 2-6 所示，阻抗 Z_1 为

$$Z_1 = \frac{U_1}{I_1} \tag{2-12}$$

从变压器的二次侧来看，阻抗 Z_2 为

$$Z_2 = \frac{U_2}{I_2} \tag{2-13}$$

由此可得，变压器一次、二次侧的阻抗比为

$$\frac{Z_1}{Z_2} = \frac{U_1}{I_1}\frac{I_2}{U_2} = \frac{U_1}{U_2}\frac{I_2}{I_1} = K_u^2 = \left(\frac{N_1}{N_2}\right)^2 \tag{2-14}$$

由式（2-14）可知：

（1）只要改变变压器一次、二次绕组的匝数比，就可以改变变压器一次、二次侧的阻抗比，从而获得所需的阻抗匹配。

（2）接在变压器二次侧的负载阻抗 Z_2 对变压器一次侧的影响，可以用一个接在变压器一次侧的等效阻抗 $Z_1=K_u^2Z_2$ 来代替，代替后变压器一次侧的电流 I_1 不变。

在电子线路中，为了获得较大的功率输出，往往对输出电路的输出阻抗与所接的负载阻抗之间有一定的要求。例如，对音响设备来讲，为了能在扬声器中获得最好的音响效果（获得最大的功率输出），要求音响设备输出的阻抗与扬声器的阻抗尽量相等。但在实际上扬声器的阻抗往往只有几欧到十几欧，而音响设备等信号的输出阻抗往往很大，达到几百欧、甚至几千欧以上，因此通常在两者之间加接一个变压器（称为输出变压器、线接变压器）来达到阻抗匹配的目的。

例 2-1　已知某音响设备输出电路的输出阻抗为 320Ω，接去的扬声器阻抗为 5Ω，现在需要接一输出变压器，使两者实现阻抗匹配，试求：

（1）该变压器的变压比 K。

（2）若该变压器一次绕组匝数为 480 匝，问二次绕组匝数为多少？

解　（1）根据已知条件，输出变压器一次绕组的阻抗 $Z_1=320\Omega$，二次绕组的阻抗 $Z_2=5\Omega$。由式（2-14）得变压器的变压比

$$K=\sqrt{\frac{Z_1}{Z_2}}=\sqrt{\frac{320}{5}}=8$$

（2）由式（2-11）得

$$K=\frac{N_1}{N_2}$$

则变压器二次绕组匝数为

$$N_2=\frac{N_1}{K}=\frac{480}{8}=60\text{（匝）}$$

四、变压器的铭牌数据和特性

（一）铭牌数据

为保证变压器的正确使用，保证其正常工作，在每台变压器的外壳上都附有铭牌，标志其型号和主要参数。变压器的铭牌数据主要如下。

1. 额定容量 S_N

在铭牌上所规定的额定状态下变压器输出能力（视在功率）的保证值，称为变压器的额定容量。单位以 VA、kVA 或 MVA 表示。对三相变压器，额定容量是指三相容量之和。

对于单相变压器：　$S_N=U_{2N}I_{2N}$

对于三相变压器：　$S_N=\sqrt{3}U_{2N}I_{2N}$

2. 额定电压 U_N

标志在铭牌上的各绕组在空载额定分接下端电压的保证值，单位以 V 或 kV 表示。对三相变压器，额定电压是指线电压。

3. 额定电流 I_N

根据额定容量和额定电压计算出的线电流称为额定电流，单位以 A 表示。

对单相变压器，一次、二次绕组的额定电流为

$$\left.\begin{aligned}I_{N1}=\frac{S_N}{U_{N1}}\\I_{N2}=\frac{S_N}{U_{N2}}\end{aligned}\right\}\tag{2-15}$$

对三相变压器，一次、二次绕组的额定电流为

$$\left.\begin{aligned}I_{N1}=\frac{S_N}{\sqrt{3}U_{N1}}\\I_{N2}=\frac{S_N}{\sqrt{3}U_{N2}}\end{aligned}\right\}\tag{2-16}$$

4. 额定频率 f_N

我国规定标准工业用电的频率为 50Hz，有些国家规定为 60Hz。

此外，额定运行时变压器的效率、温升等数据均为额定值。除额定值外，铭牌上还标有变压器的相数、连接方式与组别、运行方式（长期运行或短时运行）及冷却方式等。

（二）变压器的电压调整率

变压器负载运行时，由于变压器内部存在电阻和漏抗，故当二次绕组中流过负载电流时，变压器的二次绕组将产生阻抗压降，使二次侧端电压随负载电流的变化而变化。另外，由于一次绕组电流随二次绕组电流的变化而变化，故使一次绕组漏阻抗上的压降也相应改变，一次绕组电动势和二次绕组电动势也会有所改变，这也会影响二次绕组输出电压的大小。

变压器的负载一般多为感性负载，因此当负载增大时，变压器的二次绕组电压总是下降的，其下降的程度常用电压调整率来描述。

电压调整率是指：当变压器的一次侧接在额定频率额定电压的电网上，负载的功率因数为常数时，变压器空载与负载时二次侧端电压变化的相对值，用 ΔU 来表示，即

$$\Delta U = \frac{U_{2N} - U_2}{U_{2N}} \times 100\% \qquad (2-17)$$

式中　U_{2N}——变压器空载时二次绕组的额定电压；

U_2——二次绕组输出额定电流时的电压。

电压调整率反映了供电电压的稳定性，是变压器的一个重要性能指标。ΔU 越小，说明变压器二次绕组输出的电压越稳定，因此要求变压器的 ΔU 越小越好。常用的电力变压器从空载到满载，电压变化率为 3%～5%。

（三）变压器的损耗与效率

变压器在能量传递过程中会产生损耗。变压器的损耗是指从电源输入的有功功率 P_1 与向负载输出的有功功率 P_2 二者之差，即

$$\Delta P_{损耗} = P_1 - P_2 \qquad (2-18)$$

损耗主要包括铜损耗和铁损耗两部分。

1. 铜损耗 P_{Cu}

变压器原、副绕组都有一定的电阻，当电流流过绕组时，就要消耗电能而发热，这就是铜损耗。

铜损耗与负载电流的平方成正比，因此铜损耗又称为“可变损耗”。铜损耗可用短路试验获得。

2. 铁损耗 P_{Fe}

当变压器铁心中的磁通交变时，在铁心中产生磁滞损耗和涡流损耗，这两项通称为铁损耗。具体表现为铁心的发热。

变压器的铁损耗与铁心的材料和结构有关，而与负载电流大小无关。当电源电压一定时，铁损耗基本不变，因此铁损耗又称为“不变损耗”。

变压器空载运行时，空载电流和原绕组电阻都很小，绕组电阻上损耗的电能很小，变压器的空载损耗基本上等于变压器的铁损耗，变压器的铁损耗可以由空载试验获得。

3. 效率

变压器的效率 η 是指变压器的输出功率 P_2 与输入功率 P_1 之比，用百分数表示，即

$$\eta = \frac{P_2}{P_1} \times 100\% \qquad (2-19)$$

由于变压器没有旋转的部件，不像电机存在有机械损耗，因此变压器的效率一般都比较高。一般中、小型变压器满载时的效率为 80%～90%，大型变压器满载时的效率可达 98%～99%。

技能训练

训练模块　单相变压器的空载和短路试验

一、课题目标

（1）学习并掌握单相变压器参数的试验测定方法。

（2）根据单相变压器的空载和短路试验数据，计算其等值参数。

二、工具、仪器和设备

（1）单相变压器一台。

（2）单相自耦变压器一台。

（3）电流表一块。

（4）万用表一块。

（5）低功率因数瓦特表一块。

（6）闸刀开关、导线若干。

三、实训过程

1. 空载试验

（1）按图 2-7 所示接好试验线路。

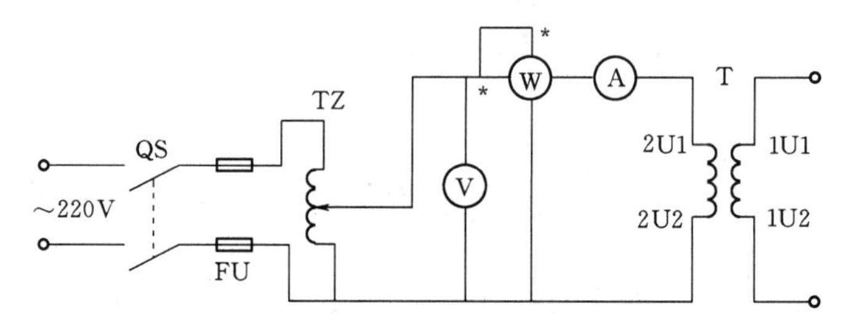

图 2-7　单相变压器空载试验原理

（2）调节调压器，使变压器一次侧电压为零，然后合上开关 QS。

（3）调节调压器，使变压器一次侧电压逐步升高到额定值。

（4）测出变压器的原边电压、原边电流、副边电压、空载损耗等数据填入表 2-1 中。

表 2-1　　空载试验数据记录表

试验次数	原边电压（V）	原边电流（A）（空载电流）	副边电压（V）	空载损耗（W）（铁损）	变压比	励磁阻抗（Ω）
1						
2						
3						

（5）根据测量数据，计算变压器的变压比、励磁阻抗、铁损。

2. 短路试验

（1）按图 2-8 所示接好试验线路。

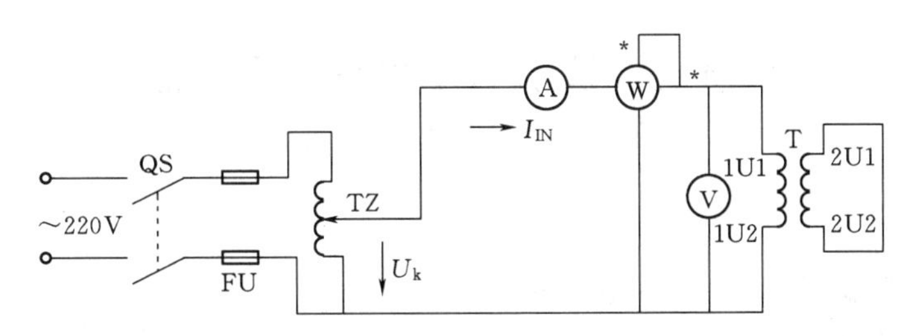

图 2-8　单相变压器短路试验原理

（2）调节调压器，使变压器一次侧电压为零，然后合上开关 QS。

（3）调节调压器，使变压器一次侧电压逐步升高，同时仔细观察变压器一次侧电流，当一次侧电流达额定电流时，停止调压。

（4）测出变压器的原边电压、原边电流、副边电压、短路损耗等数据，并填入表 2-2 中。

表 2-2　　短路试验数据记录表

试验次数	原边电压（V）（短路电压）	原边电流（A）	短路损耗（W）（铜损）	短路阻抗（Ω）
1				
2				
3				

（5）根据测量数据，确定变压器的短路电压、额定铜损，计算变压器的短路阻抗。

四、技能训练考核评分记录表（见表 2-3）

表 2-3　　技能训练考核评分记录表

序号	考核内容	考核要求	配分	得分
1	技能训练的准备	预习技能训练的内容	10	
2	仪器、仪表的使用	正确使用万用表、单相自耦变压器、实验台等设备	10	
3	观察和记录等设备的技术数据	记录结果正确、观察速度快	20	
4	试验电路的接线	电路绘制正确、简洁，接线速度快，通电调试一次成功	30	
5	电路的调试、参数的计算	正确使用调压器，正确计算出结果	30	
6	合计得分			
7	否定项	发生重大责任事故、严重违反教学纪律者得 0 分		

五、技能训练报告

（1）技能训练模块名称。

（2）技能训练的课题目标。

（3）技能训练所用的工具、仪器和设备。

（4）绘制实训的电路图。

（5）记录并分析实训的过程、现象和数据结果。

（6）小结、体会和注意事项。

课题二　认识与使用特种变压器

学习目标

（1）了解自耦变压器的特点和应用场合。

（2）熟悉电压互感器和电流互感器的用途和使用注意事项。

（3）了解电焊变压器的性能和结构特点。

课题分析

特种变压器一般用于特别的场合，具有特殊的用途。因此，具有特别的结构。了解不同变压器的结构有利于了解其原理及用途。使用特种变压器时，一定要了解其特点，正确、安全地使用特种变压器。

相关知识

在电力系统中，除大量采用双绕组变压器以外，还有其他多种特殊用途的变压器，涉及面广，种类繁多。本主课题简单介绍常用的自耦变压器、电压互感器、电流互感器、电焊变压器的工作原理及特点。

一、自耦变压器

1. 自耦变压器的结构及原理

普通双绕组变压器其一次、二次绕组之间互相绝缘，各绕组之间只有磁的耦合而没有电的直接联系。

自耦变压器是将一次、二次绕组合成一个绕组，其中一次绕组的一部分兼作二次绕组，它的一次、二次绕组之间不仅有磁耦合，而且还有电的直接联系，如图 2－9 所示。其中 N_1 为自耦变压器一次绕组的匝数，N_2 为自耦变压器二次绕组的匝数。

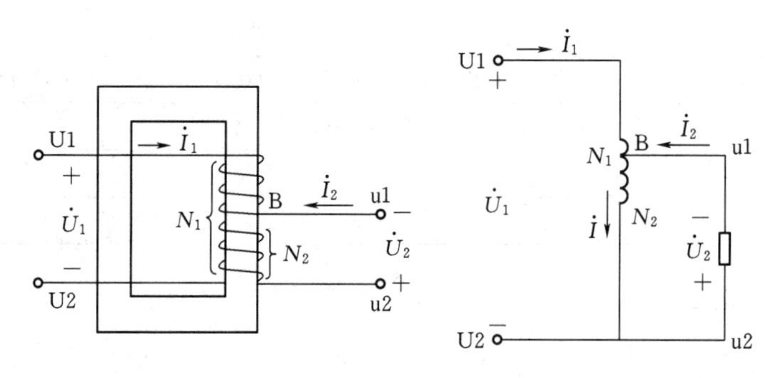

图 2－9　自耦变压器工作原理

自耦变压器与前面介绍的变压器一样，也是利用电磁感应原理来进行工作。当在自耦变压器的一次绕组 U_1、U_2 两端加上交变电压 U_1 后，将会在变压器的铁心中产生交变的磁通，同时在自耦变压器的一次、二次绕组中产生感应电动势 E_1、E_2。

$$U_1 \approx E_1 = 4.44 f N_1 \Phi_m \tag{2-20}$$

$$U_2 \approx E_2 = 4.44 f N_2 \Phi_m \tag{2-21}$$

由此可得，自耦变压器的电压比 K 为

$$K = \frac{E_1}{E_2} = \frac{N_1}{N_2} \approx \frac{U_1}{U_2} \tag{2-22}$$

由式（2－22）可知，只要改变自耦变压器的匝数 N_2，则可调节其输出电压的大小。

2. 自耦变压器的特点

自耦变压器具有结构简单、节省用铜量、其效率比一般变压器高等优点。其缺点是一次侧、二次侧电路中有电的联系，可能发生把高电压引入低压绕组的危险事故。因此自耦变压器在使用时必须正确接线，且外壳必须接地。并且不能作为安全的隔离变压器使用，也不允许作为照明变压器使用。

3. 变相调压

如将单相自耦变压器的输入和输出公共端焊在中心 110V 抽头处，如图 2－10 所示。动触点调到输入、输出公共端的上段或下段，虽然都能进行调压，但电压相位相反，彼此相差 180°。用这种方法作为伺服电动机的控制电压调节，非常方便。变压器的动触点由中心点向上调节时，伺服电动机正转；动触点由中心点向下调节时，伺服电动机反转。不用倒向开关或变换控制绕组接线，伺服电动机就可以正、反转。

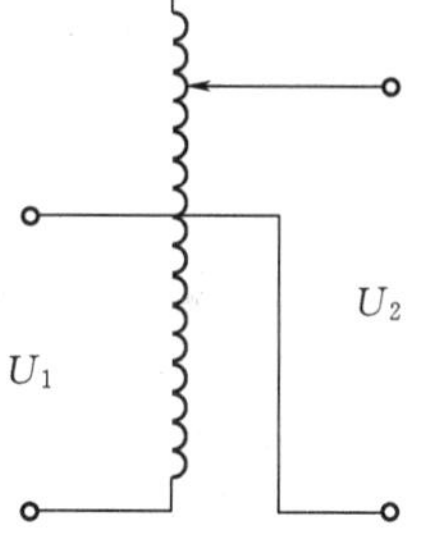

图 2－10 变相调压

4. 自耦调压器

低压小容量的自耦变压器，其二次绕组的接头 C 常做成沿线圈自由滑动的触头，它可以平滑地调节自耦变压器的二次绕组电压，这种自耦变压器称为自耦调压器。为了使滑动接触可靠，这种自耦变压器的铁心做成圆环形，在铁心上绕组均匀分布，其滑动触点由炭刷构成，调节滑动触点的位置即可改变输出电压的大小。自耦调压器的外形和电路原理如图 2－11 所示。

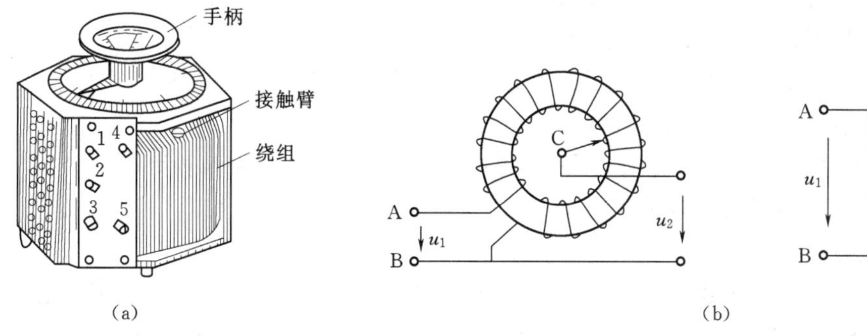

图 2－11 自耦调压器

（a）外形；（b）电路原理

二、电压互感器

电压互感器属于仪用互感器的范畴。主要用来与仪表和继电器等低压电器组成二次回路，对一次回路进行测量、控制、调节和保护。在电工测量中，主要用来按比例变换交流电压。

电压互感器的结构形式与工作原理和单相降压变压器基本相同，如图 2-12 所示。

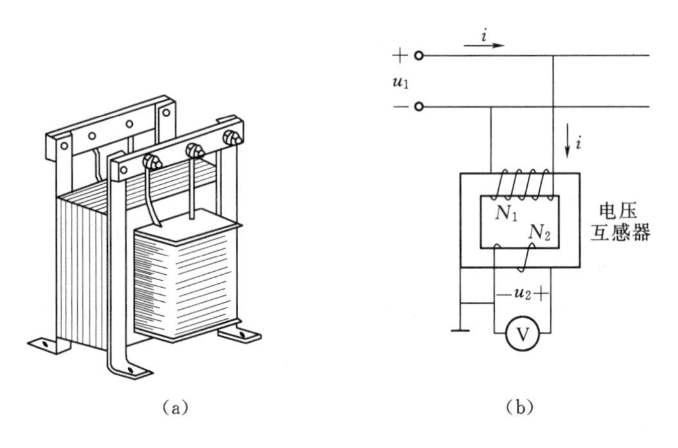

图 2-12　电压互感器

(a) 外形；(b) 电路原理

电压互感器的一次绕组匝数为 N_1，其绕组匝数较多，与被测电路进行并联；电压互感器的二次绕组匝数为 N_2，其绕组匝数较少，与电压表进行并联。其电压比为

$$\frac{U_1}{U_2}=\frac{N_1}{N_2}=K_u \tag{2-23}$$

K_u 一般标在电压互感器的铭牌上，只要读出电压互感器二次侧电压表的读数 U_2，则被测电压为

$$U_1=K_uU_2 \tag{2-24}$$

通常电压互感器二次绕组的额定电压均选用 100V。为读数方便，仪表按一次绕组额定值刻度，这样可直接读出被测电压值。电压互感器的额定电压等级为 6000/100V、10000/100V 等。

使用电压互感器时，应注意以下几点：

(1) 电压互感器在运行时二次绕组绝不允许短路，否则短路电流很大将互感器烧坏。为此在电压互感器二次侧电路中应串联熔断器作短路保护。

(2) 电压互感器的铁心和二次绕组的一端必须可靠接地，以防高压绕组绝缘损坏时，铁心和二次绕组上带上高电压而触电。

(3) 电压互感器有一定的额定容量，使用时不宜接过多的仪表，否则超过电压互感器的定额，使电压互感器内部阻抗压降增大，影响测量的精确度。

三、电流互感器

电流互感器也属于仪用互感器的范畴。同样用来与仪表和继电器等低压电器组成二次回路，对一次回路进行测量、控制、调节和保护。在电工测量中主要用来按比例变换交流电流。

电流互感器的基本结构与工作原理和单相变压器相类似，如图 2-13 所示。

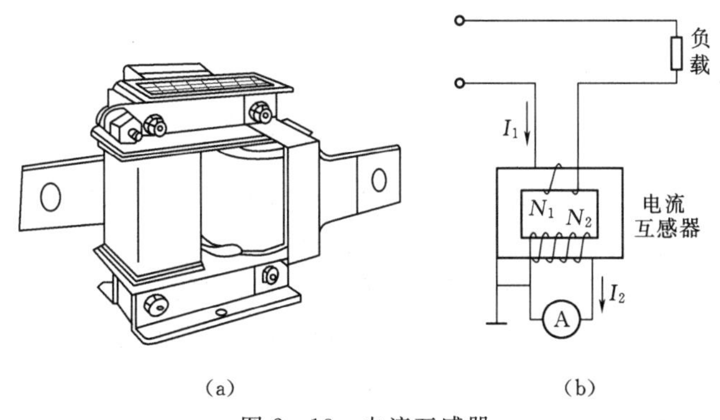

图 2－13　电流互感器

(a) 外形；(b) 电路原理

电流互感器的一次绕组 N_1 串联在被测的交流电路中，导线粗，匝数少；电流互感器的二次绕组 N_2 导线细，匝数多，一般与电流表、电度表或功率表的电流线圈串联构成闭合回路。根据变压器的工作原理，可得

$$\frac{I_1}{I_2}=\frac{N_2}{N_1}=\frac{1}{K_u}=K_i \qquad (2-25)$$

式中 K_i 为电流互感器的额定电流比，一般标在电流互感器的铭牌上，如果测得电流互感器二次绕组的电流表读数 I_2，则一次电路的被测电流为

$$I_1=K_iI_2 \qquad (2-26)$$

通常电流互感器二次绕组的额定电流均选用 5A。当与测量仪表配套使用时，电流表按一次侧的电流值标出，即从电流表上直接读出被测电流值。电流互感器额定电流等级有 100/5A、500/5A、2000/5A 等，读作“一百比五”或读作“一百过五”。

使用电流互感器时，应注意以下几点：

(1) 电流互感器运行时，二次绕组绝不许开路。电流互感器的二次绕组电路中绝不允许装熔断器。在运行中若要拆下电流表，应先将二次绕组短路后再进行。

(2) 电流互感器的铁心和二次绕组的一端必须可靠接地，以免绝缘损坏时高压侧电压传到低压侧，危及仪表及人身安全。

(3) 电流表内阻抗应很小，否则影响测量精度。

四、电焊变压器

交流弧焊机具有结构简单、使用年限长、维护方便、效率高、节省电能和材料、焊接时不产生磁偏吹等优点，因此得到广泛应用。交流弧焊机从结构上来看，本质上就是一台特殊的降压变压器，通称为电焊变压器。为了保证电焊的质量和电弧的稳定燃烧，对电弧变压器有以下几点要求。

(1) 电焊变压器应具有 60～75V 的空载电压，以保证容易起弧，为了操作者的安全，电压一般不超过 85V。

(2) 电焊变压器应具有迅速下降的外特性，以适应电弧特性的要求。

(3) 为了适应不同的焊件和不同的焊条，还要求能够调节焊接电流的大小。

(4) 短路电流不应过大，一般不超过额定电流的两倍，在工作中电流要比较稳定，以免损坏电焊机。

为了满足上述要求，电焊变压器必须具有较大的阻抗，而且可以进行调节。电焊变压器的一次、二次绕组一般分装在两个铁心柱上，使绕组的漏抗比较大。改变漏抗的方法很多，常用的有磁分路法和串联可变电抗法。

目前国内生产的交流弧焊机品种很多，其结构多种多样，但基本原理大致相同，下面以 BX1 系列交流弧焊机为例介绍其基本结构及工作原理。

BX1 系列交流弧焊机为单相磁分路式降压变压器。如图 2－14（a）所示，中间为可动铁心，两边为固定铁心，铁心窗口高而宽，以增大变压器的漏抗。一次侧为筒形绕组装在一个铁心柱上，二次绕组分成两部分，一部分装在一次绕组外面，另一部分兼作电抗线圈，装在另一侧固定铁心柱上。

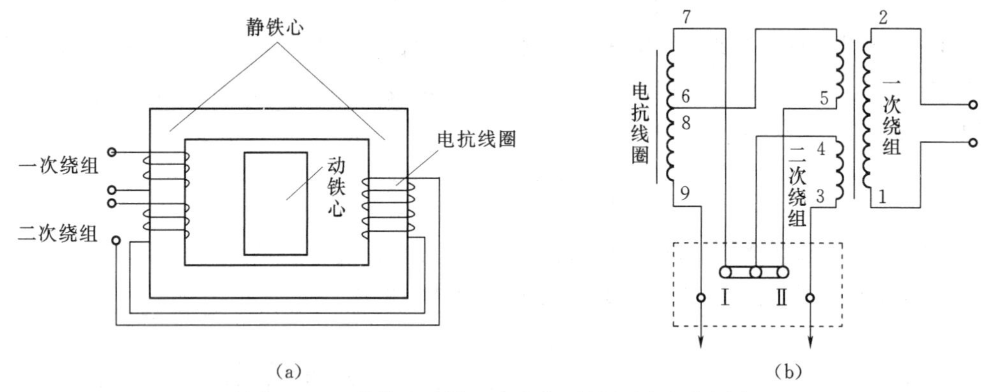

图 2－14　磁分路动铁心式交流弧焊机原理示意图

（a）结构示意图；（b）电路接线

BX1 系列交流弧焊机电路接线如图 2－14（b）所示。交流电焊机空载时，由于无焊接电流通过，电抗线圈不产生电压降，故形成较高的空载电压，便于引弧。焊接时，二次绕组有焊接电流通过，同时在铁心内产生磁通，该磁通经过可动铁心又回到二次绕组构成回路，该磁通成为漏磁通，可动铁心成为漏磁通的闭合回路。由于铁心磁阻很小，因此漏磁通很大。因漏磁通在二次绕组内感应出一个反电动势，所以电压就下降。短路时，二次电压几乎全部被反电动势抵消，这样就限制了短路电流，获得下降的外特性。

BX1 系列交流弧焊机两侧装有接线板，其中焊机一侧为一次侧接线板，而另一侧为二次侧接线板。焊接电流的调节有粗调和细调两种。粗调是靠更换二次侧接线板的连接片位置，从而改变二次绕组和电抗线圈的匝数来实现的。细调则是通过转动交流电焊机中部的手柄，从而改变动铁心的位置，即改变漏磁分路的大小。当可动铁心远离固定铁心时，漏磁减小，焊接电流增加；反之，当可动铁心靠近固定铁心时，漏磁增大，焊接电流减小。

技能训练

训练模块　交流弧焊机线圈短路的修理

一、课题目标

（1）了解交流弧焊机线圈短路或绝缘不良的处理方法。

(2) 会测量交流弧焊机的绝缘电阻。

(3) 会进行交流弧焊机的空载试验、负载试验和耐压试验。

二、工具、仪器和设备

(1) 万用表、绝缘电阻表。

(2) 常用电工工具。

(3) 云母片或环氧树脂片等绝缘材料。

三、实训过程

交流弧焊机在使用过程中发现有冒烟现象，很可能是焊机线圈匝间短路引起，可按下列步骤进行检查、修复、检测。

(1) 拆下焊机外壳，检查短路点。交流弧焊机线圈匝数较少，导线较粗，短路点一般较易发现。

(2) 短路点找到后，把短路的线圈与其他线圈之间断开，然后用低压大电流等绝缘软化后，把短路点相邻的导体撬开一些，用黄蜡绸对短路点进行包扎。

(3) 绝缘处理完毕后，将线圈回位。

(4) 检查绝缘电阻。

1) 用绝缘电阻表测量一次线圈对外壳的绝缘电阻应大于 1MΩ。

2) 用绝缘电阻表测量一次、二次线圈的绝缘电阻应大于 1MΩ。

3) 用绝缘电阻表测量二次线圈对外壳的绝缘电阻应大于 0.5MΩ。

(5) 对焊机进行空载试验。空载试验是在一次加额定电压，二次开路时，测量焊机的空载电流应小于该调节位置额定电流的 10%。同时在整个焊接电流调节范围内，二次空载电压均不能超过 80V。

(6) 对焊机进行负载试验。负载试验是在一次加额定电压，二次进行焊接，测量焊接电流和二次工作电压。

(7) 对焊机进行耐压试验。耐压试验是在线圈和机壳之间加规定电压，持续 1min，应无闪烁和击穿现象。一次电压为 220V 的焊机采用 1500V 试验电压，一次电压为 380V 的焊机采用 2000V 试验电压。

四、技能训练考核评分记录表（见表 2-4）

表 2-4　　技能训练考核评分记录表

序号	考核内容	考核要求	配分	得分
1	技能训练的准备	预习技能训练的内容	10	
2	仪器、仪表的使用	正确使用万用表、单相自耦变压器、实验台等设备	10	
3	观察和记录等设备的技术数据	记录结果正确、观察速度快	20	
4	试验电路的接线	电路绘制正确、简洁，接线速度快，通电调试一次成功	30	
5	电路的调试、参数的计算	正确使用调压器，正确计算出结果	30	
6	合计得分			
7	否定项	发生重大责任事故、严重违反教学纪律者得 0 分		

五、技能训练报告

（1）技能训练模块名称。

（2）技能训练的课题目标。

（3）技能训练所用的工具、仪器和设备。

（4）绘制实训的电路图。

（5）记录并分析实训的过程、现象和数据结果。

（6）小结、体会和注意事项。

模块三　认识与使用三相异步电动机

课题一　认识三相异步电动机

学习目标

（1）了解三相异步电动机的特点、用途和分类。

（2）认识三相异步电动机的外形和内部结构，熟悉各部件的作用。

（3）了解三相异步电动机铭牌中型号和额定值的含义，掌握额定值的简单计算。

（4）熟悉三相异步电动机的工作原理。

（5）学会三相异步电动机的检测、接线和简单操作。

课题分析

现代各种生产机械都广泛使用电动机来驱动。三相异步电动机是所有电动机中应用最广泛的一种。据有关资料统计，现在电网中的电能 2/3 以上是由三相异步电动机消耗的，而且工业越发达，现代化程度越高，其比例也越大，本课题主要介绍常用三相异步电动机的性能特点、基本结构、铭牌数据和工作原理。学会三相异步电动机的接线方法和简单操作技能。其外形如图 3－1 所示。

图 3－1　三相异步电动机的外形

相关知识

一、交流电机分类

根据产生或使用电能种类的不同，旋转的电磁机械可分为直流电机和交流电机两大类。交流电机可分为异步电机和同步电机两种。异步电动机主要作为电动机使用。异步电动机又有单相和三相两种，而三相异步电动机又分笼型和绕线式。

二、三相异步电动机的特点和用途

三相异步电动机具有结构简单、工作可靠、价格低廉、维修方便、效率较高、体积小、重量轻等一系列优点。与同容量的直流电动机相比，三相异步电动机的重量和价格约为直流电动机的1/3，所以应用最为广泛，如普通机床、起重机、生产线、鼓风机、水泵以及各种农副产品的加工机械等，如图3－2所示。三相异步电动机的缺点是功率因数较低，启动和调速性能不如直流电动机。因此，在调速性能要求较高的场合，不得不让位于直流电动机。但由于现代电子技术迅猛发展，采用由晶闸管组成的变频电源装置，三相异步电动机的调速性能得到改善，应用更加广泛。

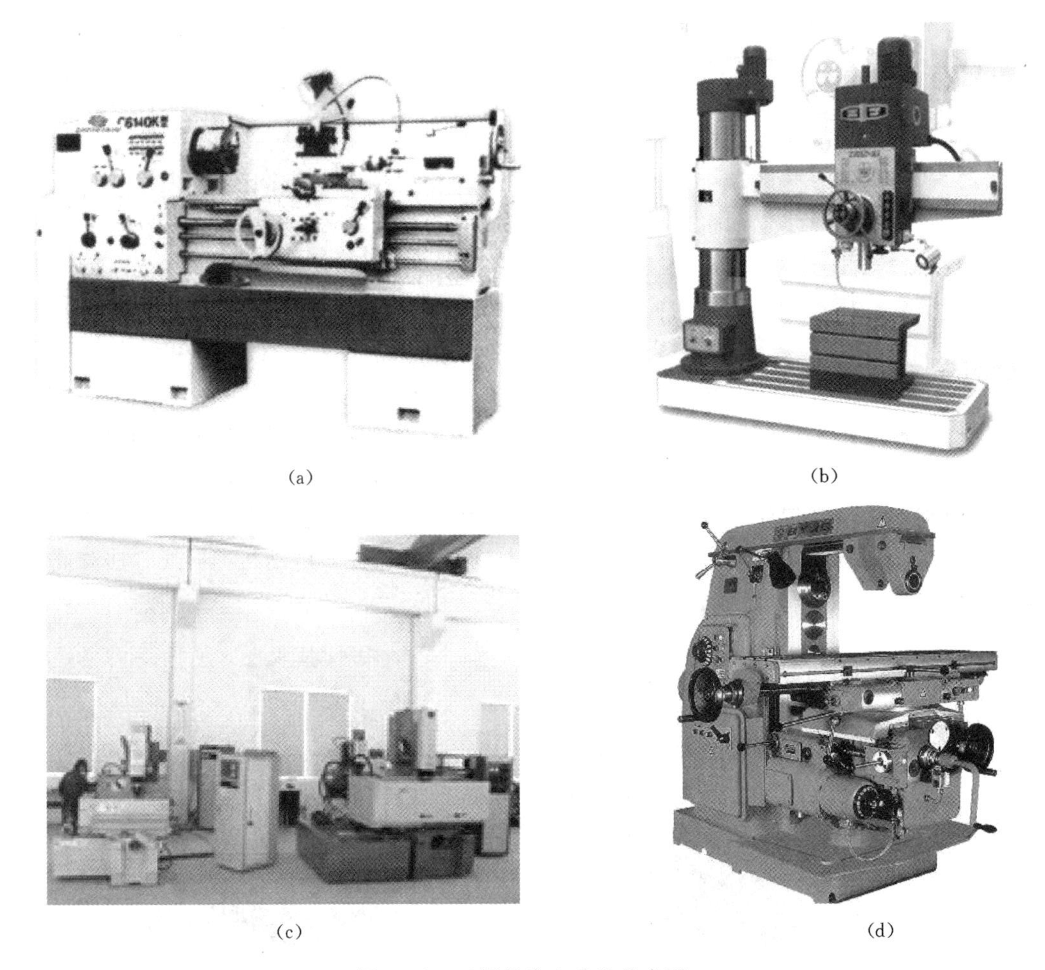
(a)　(b)　(c)　(d)

图3－2　三相异步电动机的应用

(a) 普通车床；(b) 摇臂钻床；(c) 自动生产线；(d) 万能铣床

三、异步电动机的基本工作原理

如图3－3所示，N、S是一对可以旋转的磁极，在磁极的内膛里装有一个转子，在转子的铁心槽中，嵌进短路的线圈。当设法使磁极在空间旋转起来，于是磁场与转子间存在相对运动，线圈导体切割了磁通，在导体中就产生了感应电动势和感应电流，它的方向由右手定则决定，如图3－3所示。这个电流在磁场中受到电磁力作用，它的方向由左手定则决定，

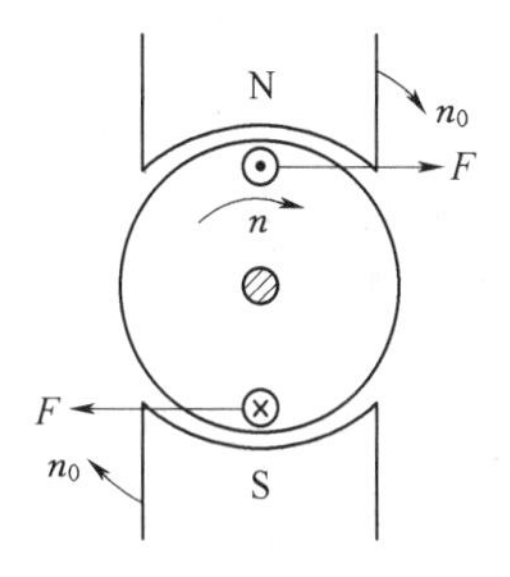

图 3-3 旋转磁场对短路导体的作用

它使得转子随着旋转的磁场转动的方向而转动。这就是异步电动机的旋转原理。不过必须指出，如果用机械的方法使磁场旋转，再令转子跟着旋转，这样的电动机没有什么实用价值。实际上，异步电动机的旋转磁场是由装设在定子铁心上的三相绕组，通以对称的三相交流电流产生的。在后面将专门分析旋转磁场的问题。

由于转子和旋转磁场的旋转方向是一致的，如果转子的转速等于旋转磁场的转速，那么它们之间不再有相对运动，转子导体不再切割旋转磁场的磁力线，也就不能产生感应电动势、电流和转矩。所以异步电动机转子的速度一定不等于旋转磁场的转速。旋转磁场的转速叫同步转速，异步电动机运行一般情况都小于同步转速，这就是异步电动机名称的由来。

四、三相异步电动机的结构

三相异步电动机由两个基本部分组成：固定部分——定子；转动部分——转子。图3-4所示为三相异步电动机的结构分解。

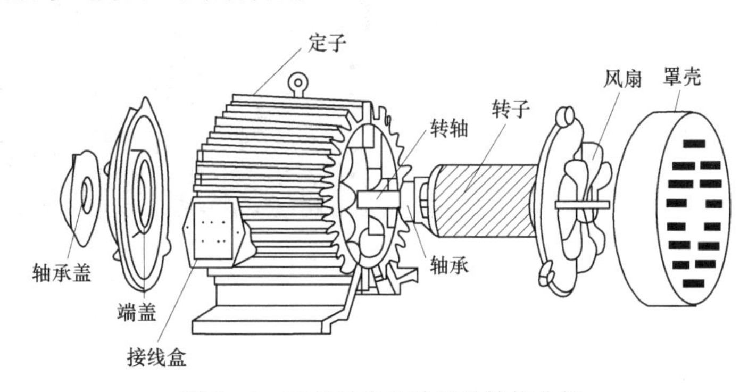

图 3-4 三相异步电动机的结构分解

（一）定子

定子主要有机座、定子铁心和定子绕组三部分，如图 3-5（a）所示。

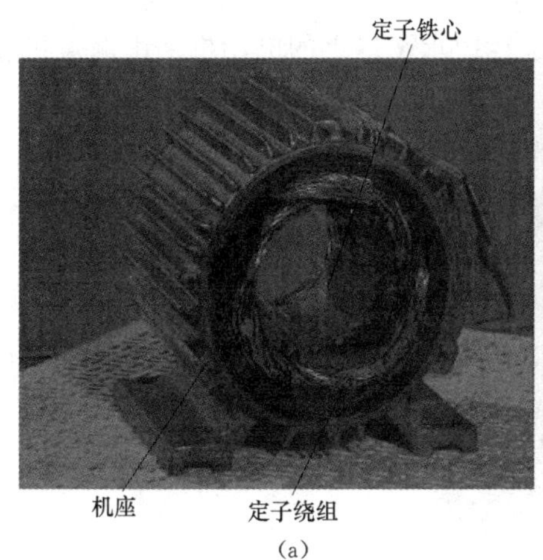

(a)

(b)

图 3-5 定子

(a) 定子；(b) 定子铁心

机座是由铸铁或铸钢铸造的外壳，用以固定定子铁心，机座前后两端有端盖，装有轴承，用以支承旋转的转子轴。

定子铁心［图 3－5（b)］由相互绝缘的硅钢片叠成，铁心的内表面开有均匀分布的槽，并在其上放置定子绕组。

定子绕组是由嵌在铁心槽内线圈按一定的规律组成。三相异步电动机的三相绕组必须是对称的绕组，即 3 套完全一样的绕组，它们在空间相差 120°电角。许多异步电动机的三相绕组的始端和末端被引出到电动机机座的接线盒里，以便根据需要接成三角形或星形，如图 3－6 所示。

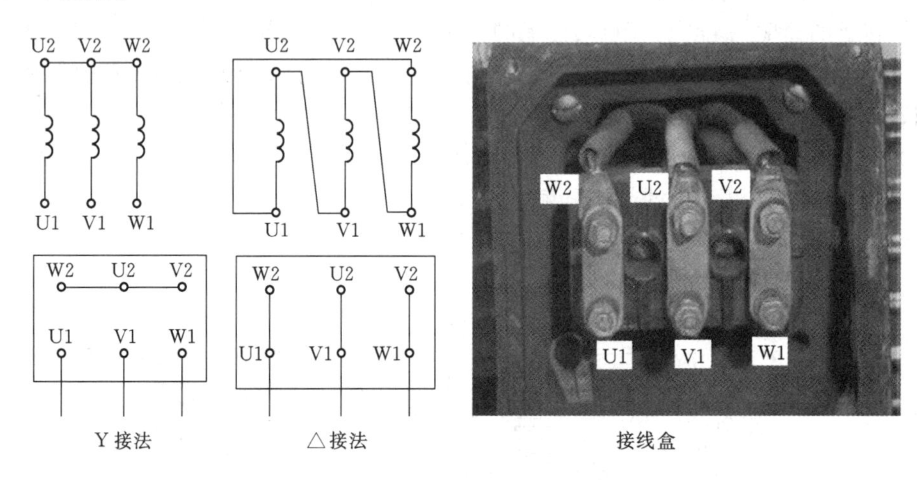

图 3－6　定子绕组接法

（二）转子

转子主要部分为转子铁心和转子绕组及转轴。

转子铁心也是由冲成槽的硅钢片叠成，硅钢片外圆冲有均匀分布的孔，用来安置转子绕组。转字绕组根据构造的不同，分为鼠笼式转子和绕线式转子。

鼠笼式转子若去掉转子铁心，整个绕组的外形像一个鼠笼，故称笼型绕组［图 3－7（b)］。小型笼型电动机采用铸铝转子绕组，对于 100kW 以上的电动机采用铜条和铜端环焊

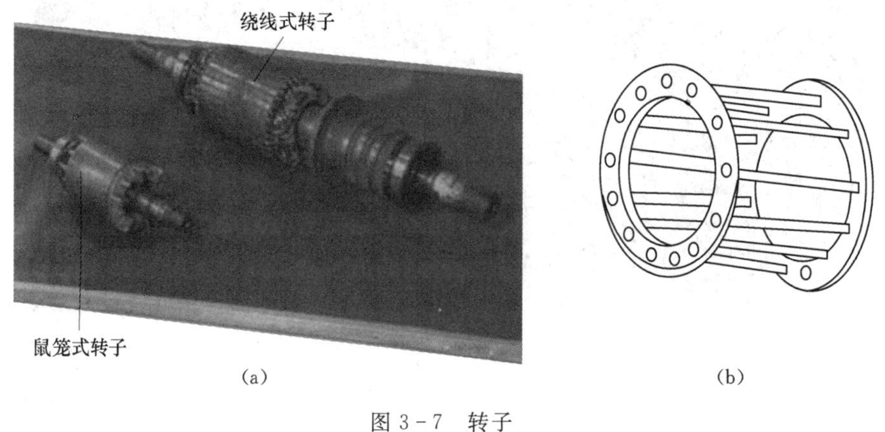

(a)　(b)

图 3－7　转子

接而成。绕线转子绕组与定子绕组相似，也是一个对称的三相绕组，一般接成星形，3个出线头接到转轴的3个集电环（滑环）上，再通过电刷与外电路连接，如图3-8所示。

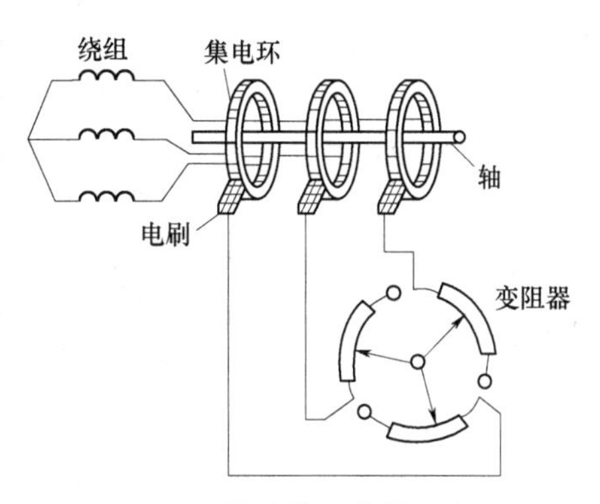

图3-8　绕线转子结构示意图

三相异步电动机只有定子绕组与交流电源连接，定子、转子则是自行闭合的。当定子绕组通入三相对称电流，将产生旋转磁场，闭合的转子绕组切割磁力线产生感应电流，有了电的转子绕组在磁场中受电磁转矩而跟着磁场方向转动，从而输出机械转矩。虽然定子绕组和转子绕组在电路上是相互分开的，但两者却在同一磁路上，它们依靠磁场作为媒介，将电能转化成了机械能。

五、三相异步电动机的铭牌

在异步电动机的机座上都装有一块铭牌，如图3-9所示。铭牌上标出了该电动机的一些数据，要正确使用电动机，必须看懂铭牌，下面以Y112M—4型电动机为例来说明铭牌数据的含义。

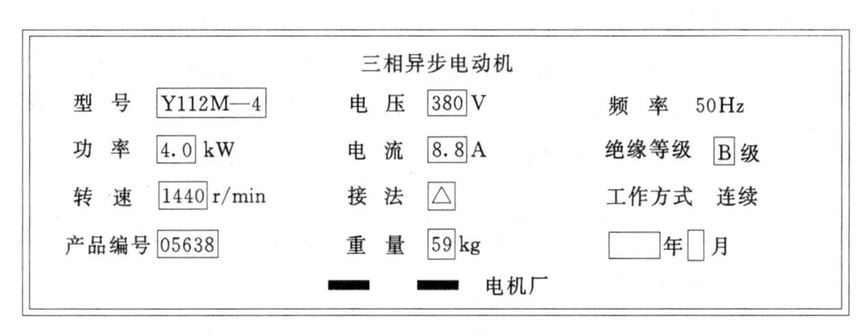

图3-9　三相异步电动机的铭牌

Y系列电动机是我国20世纪80年代设计的封闭型笼型三相异步电动机，是取代JO_2系列的更新换代产品。这一系列的电动机高效、节能、启动转矩大、振动小、噪声低、运行安全可靠，适用于对启动和调速等无特殊要求的一般生产机械，如切削机床、鼓风机、水泵等。

1. 型号

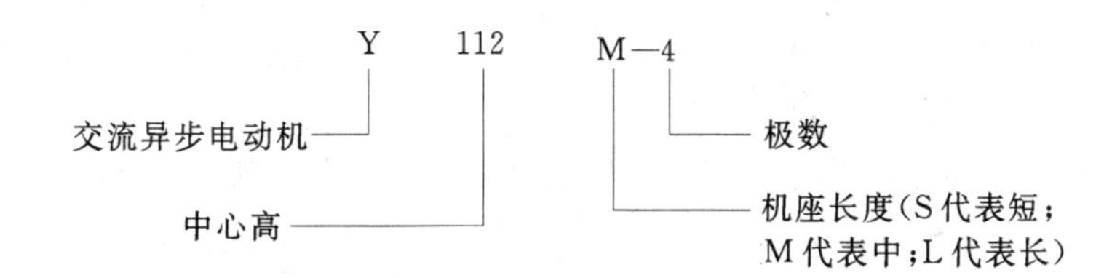

2. 额定频率

额定频率是指加在电动机定子绕组上的允许频率，国产异步电动机的额定频率为50Hz。

3. 额定电压

额定电压是指定子三相绕组规定应加的线电压值。一般应为380V。

以下各项都是指电动机在额定频率和额定电压条件下的有关额定值。

4. 额定功率

额定功率是电动机在额定转速下长期持续工作时，电动机不过热，轴上所能输出的机械功率。根据电动机额定功率，可求出电动机的额定转矩为

$$T_N = 9550\frac{P_N}{n_N} \tag{3-1}$$

式中　T_N——额定转矩，N·m；

P_N——额定功率，kW；

n_N——额定转速，r/min。

5. 额定电流

额定电流是当电动机轴上输出额定功率时，定子电路取用的线电流。

6. 额定转速

额定转速是指电动机在额定负载时的转子转速。

7. 绝缘等级

绝缘等级是指电动机定子绕组所用的绝缘材料的等级。绝缘材料按耐热性能可分为7个等级，见表3-1。采用哪种绝缘等级的材料，决定于电动机的最高允许温度，如环境温度规定为40℃，电动机的温度为90℃，则最高允许温度为130℃，这就需要采用B级的绝缘材料。国产电机使用的绝缘材料等级一般为B、F、H、C这4个等级。

表3-1　　绝缘材料耐热性能等级

绝缘等级	Y	A	E	B	F	H	C
最高允许温度（℃）	90	105	120	130	155	180	大于180

8. 接法

接法指电动机定子三相绕组与交流电源的连接方法。

例3-1　电源线电压为380V，现有两台电动机，其铭牌数据如下，试选择定子绕组的连接方式。

（1）型号Y90S—4，功率1.1kW，电压220/380V，接法△/Y，电流4.67/2.7A，转速1400r/min，功率因数0.79。

（2）型号Y112M—4，功率4.0kW，电压380/660V，接法△/Y，电流8.8/5.1A，转速1440r/min，功率因数0.82。

解　Y90S—4型电动机应接成星形（Y），如图3-10（a）所示。

Y112M－4型电动机应接成三角形（△），如图3-10（b）所示。

六、旋转磁场的产生

三相异步电动机的定子绕组是一个空间位置对称的三相绕组，如果在定子绕组中通入三相对称交流电，就会在电动机内部建立起一个恒速旋转的磁场，称为旋转磁场，它是异步电动机工作的基本条件。因此，有必要说明一下旋转磁场是如何产生的，有什么特性，

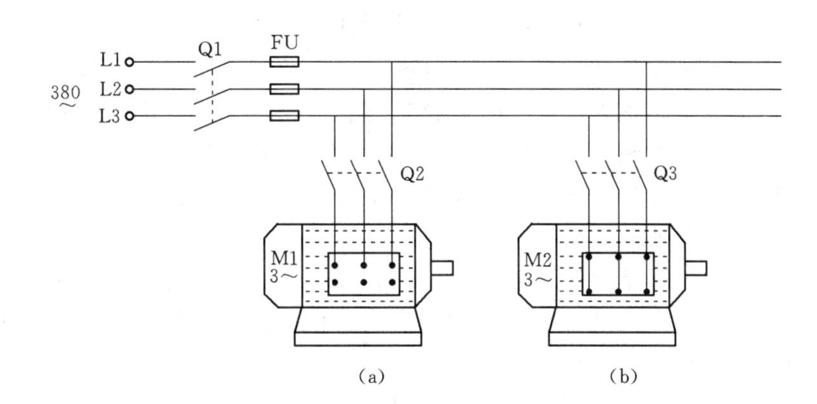

图 3-10 电动机定子绕组的接法

(a) 星形接法；(b) 三角形接法

便于进一步理解三相异步电动机的工作原理。

1. 二极旋转磁场的产生

图 3-11 所示为最简单的三相异步电动机的定子绕组，每相绕组只有一个线圈，3 个相同的线圈 U1－U2、V1－V2、W1－W2 在空间的位置彼此互差 120°，分别放在定子铁心槽中。

当把三相线圈接成星形，并接通三相对称电源后，那么在定子绕组中便产生 3 个对称电流，即

$$i_U = I_m \sin\omega t$$

$$i_V = I_m \sin(\omega t - 120°)$$

$$i_W = I_m \sin(\omega t - 240°)$$

其波形如图 3-12 所示。

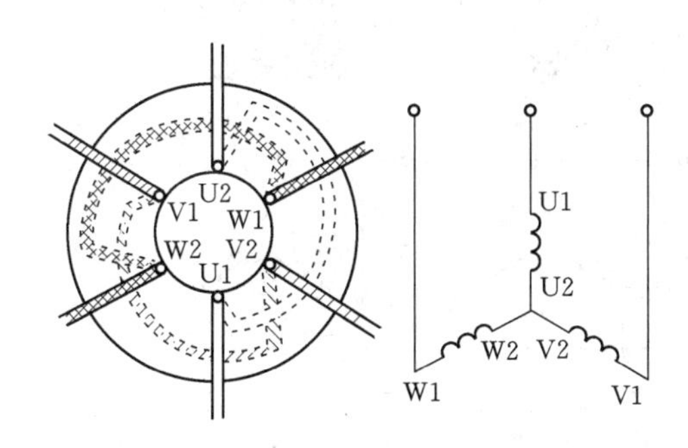

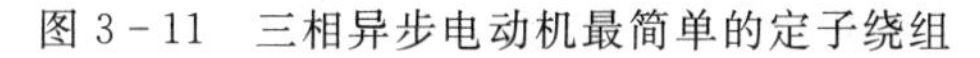

图 3-11 三相异步电动机最简单的定子绕组

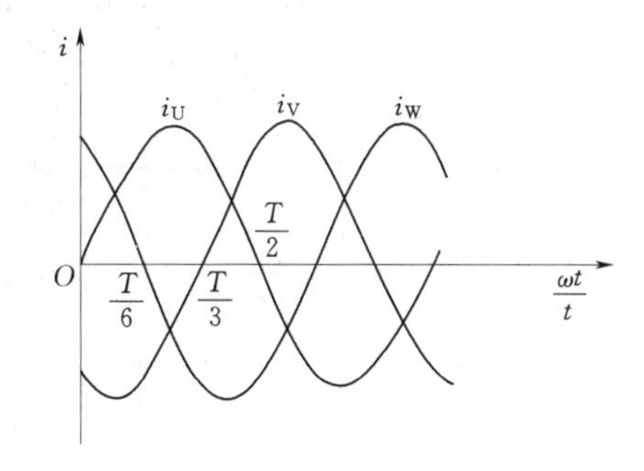

图 3-12 三相电流的波形

电流通过每个线圈要产生磁场，而现在通入定子绕组的三相交流电流的大小及方向均随时间而变化，那么 3 个线圈所产生的合成磁场是怎样的呢？这可由每个线圈在同一时刻各自产生的磁场进行叠加而得到。

假定电流由线圈的始端流入，末端流出为正，反之则为负。电流流进端用“⊗”表示，流出端用“⊙”表示。下面就分别取 $t=0$、$T/6$、$T/3$、$T/2$ 这 4 个时刻所产生的合

成磁场作定性的分析（其中 T 为三相电流变化的周期）。

当 $t=0$ 时，由三相电流的波形可见，电流瞬时值 $i_U=0$，i_V 为负值，i_W 为正值。这表示 U 相无电流，V 相电流是从线圈的末端 V2 流向首端 Vl，W 相电流是从线圈的首端 Wl 流向末端 W2，这一时刻由 3 个线圈电流所产生的合成磁场如图 3－13（a）所示。它在空间形成二极磁场，上为 S 极，下为 N 极（对定子而言）。设此时 N、S 极的轴线（即合成磁场的轴线）为零度。

当 $t=T/6$ 时，U 相电流为正，由 Ul 端流向 U2 端，V 相电流为负，由 V2 端流向 Vl 端，W 相电流为零。其合成磁场如图 3－13（b）所示，也是一个两极磁场，但 N、S 极的轴线在空间顺时针方向转了 60°。

当 $t=T/3$ 时，U 相电流为正，由 Ul 端流向 U2 端，V 相电流为零，W 相电流为负，由 W2 端流向 Wl 端，其合成磁场比上一时刻又向前转过了 60°，如图 3－13（c）所示。

用同样的方法可得出当 $t=T/2$ 时，合成磁场比上一时刻又转过了 60°空间角。由此可见，图 3－13 产生的是一对磁极的旋转磁场。当电流经过一个周期的变化时，磁场也沿着顺时针方向旋转一周，即在空间旋转的角度为 360°（一转）。若电流的频率为 f_1，即电流每秒变化 f_1 周，旋转磁场的转速也为 f_1。通常转速是以每分钟的转数来计算的，若以 n_0 表示旋转磁场的转速，又称同步转速，则 $n_0=60f_1$（r/min）。

从以上分析中可以看到，磁场是按顺时针方向旋转的，这是因为三相绕组 U1U2、V1V2、W1W2 接入电源是按相序 U、V、W 通入的，即 U1U2 绕组的电流先达到最大值，其次是 V1V2 绕组，再次是 W1W2 绕组，故磁场的旋转方向与通入的三相电流相序一致。如果将 3 根电源线中任意两根对调（如 W、U），即图 3－13 中 W1W2 绕组通入 U 相电流，U1U2 绕组通入 W 相电流，磁场将会逆时针方向旋转，读者可自己绘图证明。

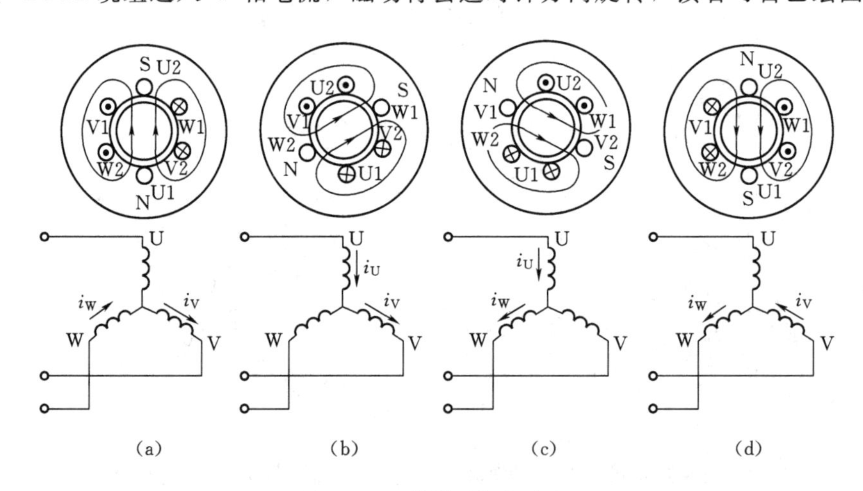

图 3－13　旋转磁场的产生

（a）$t=0$；（b）$t=T/6$；（c）$t=T/3$；（d）$t=T/2$

2. 旋转磁场的特点

根据以上分析可得到下面的结论。

（1）在对称的三相绕组中，通入三相电流，可以产生在空间旋转的合成磁场。

（2）旋转磁场的转向是由三相电流的相序决定的。

（3）旋转磁场的转速（即同步转速）与电流频率有关，改变电流的频率可以改变旋转磁场的转速。对两极磁场而言，旋转磁场的转速 $n_0=60f_1$(r/min)。

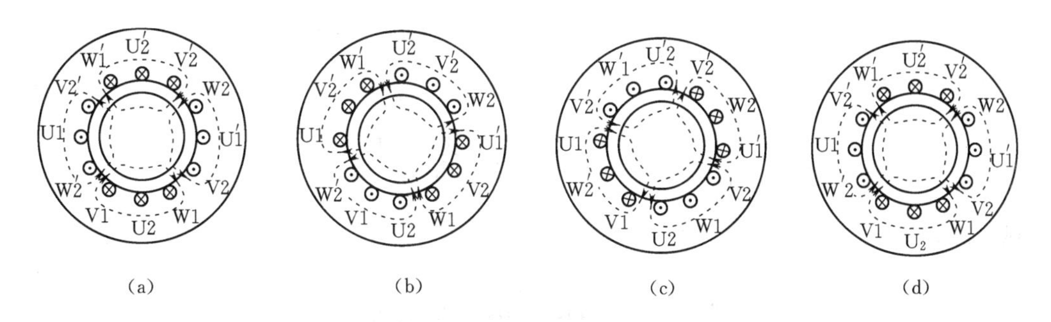

图 3-14　4 极旋转磁场示意图

(a) $\omega t=0$；(b) $\omega t=120°$；(c) $\omega t=240°$；(d) $\omega t=360°$

3. 极数与转差率

三相异步电动机的极数就是旋转磁场的极数。上面讨论了旋转磁场具有一对磁极，即 $p=1$（p 是磁极对数）的情况。如果将定子绕组在空间的安排加以改变，即每相绕组有两个线圈串联，它们分别是 U1U2U′1U′2，V1V2V′1V′2，W1W2W′1W′2；每个绕组的始、末端之间相差 60°空间角，则产生的旋转磁场就如图 3-14 所示具有两对磁极，即 $p=2$。同理，如果要产生 3 对磁极，则每相绕组必须有均匀安排在空间的 3 个绕组，绕组的始、末端之间相差 40°空间角。

进一步研究两对磁极（$p=2$）情况下的旋转磁场，如图 3-14 所示，就会发现，旋转磁场的转速除了与三相电流的频率有关外，与旋转磁场的磁极数也有着密切的关系；随着磁极数增加一倍，旋转磁场的转速减慢了一半。也就是说，三相电流变化一周，磁场仅旋转了半转。如果继续研究 3 对磁极情况下的旋转磁场，则会发现三相电流变化一周，磁场仅旋转了 1/3 周。由此可以得出以下公式

$$n_0=\frac{60f}{p} \tag{3-2}$$

由于旋转磁场的同步转速直接影响到三相异步电动机转子的转速，改变同步转速 n_0 的大小即可改变电动机的速度，所以，可以通过改变极对数 p 或电源频率 f 来调节同步转速 n_0 和电动机实际输出的转子转速。

电动机的同步转速 n_0 与转子转速 n 之差称为转差，转差与同步转速 n_0 的比值称为转差率，用 s 表示，即

$$s=\frac{n_0-n}{n_0}\times 100\% \tag{3-3}$$

转差率是分析异步电动机运行情况的一个重要参数。在电动机启动时 $n=0$，$s=1$；当 $n=n_0$ 时（理想空载运行），$s=0$；稳定运行时，n 接近 n_0，s 很小，一般 s 在 2%～8% 范围内。

例 3-2　有一台 4 极感应电动机，电压频率为 50Hz，转速为 1440r/min，试求这台

感应电动机的转差率。

解　已知 $p=2$ 对，$f=50\text{Hz}$，$n=1440\text{r/min}$

旋转磁场的转速 n_0 为

$$n_0=\frac{60f}{p}=\frac{60\times50}{2}=1500(\text{r/min})$$

转差率 s 为

$$s=\frac{n_0-n}{n_0}\times100\%=\frac{1500\text{r/min}-1440\text{r/min}}{1500\text{r/min}}\times100\%=4\%$$

技能训练

训练模块　三相异步电动机的基本操作

一、课题目标

（1）认识并检测三相异步电动机。

（2）学会三相异步电动机的 Y 形和△形接线，并比较同一电压下两种接线电流的关系。

（3）学会三相异步电动机的反转操作。

二、工具、仪器和设备

（1）三相电源开关一个。

（2）380V/△三相笼型转子异步电动机一台。

（3）摇表、钳形电流表、万用表各一个。

（4）交流电压表和电流表各一块。

（5）导线若干。

三、实训过程

（1）读取并解释三相异步电动机的铭牌。

$P=$________，$U_N=$________，$I_N=$________，接法________。

（2）使用万用表检测接线盒中每相绕组的首、末端。

1）同一相绕组的首、末端在接线盒中是否上下对齐？

2）用万用表电阻 $R\times1\text{k}$ 挡估测每相绕组的电阻值。$R_U=$________Ω，$R_V=$________Ω，$R_W=$________Ω。

（3）用摇表测量任一接线端与电动机外壳之间的绝缘电阻（如果小于 0.5MΩ，说明绝缘不佳）。

（4）将三相异步电动机接成 Y 形，用万用表电阻挡测量相间电阻，判断是否对称（如不对称说明有故障）。$R_{UV}=$________Ω，$R_{UV}=$________Ω，$R_{VW}=$________Ω。

（5）加入 380V 三相线电压，观察电动机的运行，待稳定运行后，用钳形电流表测量电动机的线电流，记录电流值，$I=$________A。

（6）断开电源后，电动机改接成△形，加入 380V 三相线电压，观察电动机的运行，待稳定运行后，用钳形电流表测量电动机的线电流，记录电流值，$I=$________A。并将

该电流与Y形连接时电流对比 $I_{\triangle}=$ ________ I_{Y}。

（7）断开电源后，调换电动机接线盒中的任意两根电源线，加入380V三相线电压，观察异步电动机是否反转？

四、注意事项

（1）电动机通电前要检查接线是否准确。

（2）电动机启动后，若发现振动或噪声过大，要迅速断电，查明原因。

五、技能训练考核评分记录表（见表3-2）

表3-2　　技能训练考核评分记录表

序号	考核内容	考　核　要　求	配分	得分
1	技能训练的准备	预习技能训练的内容	10	
2	仪器、仪表的使用	正确使用万用表、摇表、钳形电流表	10	
3	观察和记录交流电动机等设备的技术数据	记录结果正确，观察速度快	20	
4	异步电动机的接线	接线正确速度快，通电调试一次成功	30	
5	交流电动机的启动和反转	通电运行一次成功，操作规范，数据测量正确，正确改变接线使电动机反转	30	
6	合计得分			
7	否定项	发生重大责任事故、严重违反教学纪律者得0分		
8	指导教师签名		日期	

六、技能训练报告内容

（1）技能训练模块名称。

（2）技能训练的课题目标。

（3）技能训练所用的工具、仪器和设备。

（4）实训中记录的数据和结果。

（5）小结、体会和建议。

思考与练习

（1）三相异步电动机由哪些部分组成？每部分有什么作用？

（2）电机的铁心为什么要用硅钢片叠成？

（3）三相异步电动机有什么特点？

（4）简述三相异步电动机的工作原理。

（5）说明三相异步电动机名称中“异步”和“感应”的含义。

（6）产生旋转磁场的条件是什么？旋转磁场的转向和转速由哪些因素决定？

（7）有一台三相四极异步电动机，电源频率为50Hz，带额定负载运行时的转差率 $s_N=0.03$，求电动机的同步转速 n_0 和额定转速 n_N。

（8）两台三相异步电动机的电源频率为50Hz，额定转速分别为1440r/min和2910r/min，试问它们的磁极数分别是多少？额定转差率分别是多少？

课题二　三相异步电动机的运行及测试

学习目标

（1）了解三相异步电动机运行时的电磁关系。

（2）熟悉三相异步电动机的机械特性。

（3）熟悉三相异步电动机的负载运行和空载运行情况。

（4）了解三相异步电动机的三种运行状态。

（5）学会测试三相异步电动机工作特性。

课题分析

对于一台普通的三相异步电动机来说，一旦制造出厂，它通电后产生的旋转磁场的速度是固定的，但是转子的转速会随着转轴上的负载变化而变化。电动机带不同负载时，三相异步电动机的转差率、转矩、功率因数、电流、效率等参数均不同，为了高效经济地利用电动机，需要掌握分析异步电动机性能的方法。异步电动机的工作特性是用好电动机的依据，因此熟悉异步电动机的运行性能，掌握常用的测试方法是很有必要的。

相关知识

三相异步电动机的运行特性主要是指三相异步电动机在运行时，电动机的功率、转矩、转速相互之间的关系。

一、电磁转矩

电磁转矩即是电动机由于电磁感应作用，转子转轴所受到的作用力矩。它是衡量三相异步电动机带负载能力的一个重要指标。

为了更好地使用三相异步电动机，必须要首先弄清楚电磁转矩同哪些物理量有关。由于电动机的转子是通过旋转磁场与转子绕组之间的电磁感应作用而带动的，因此电磁转矩必然与旋转磁场的每极磁通 Φ 和转子绕组的感应电流 I_2 的乘积有关。此外，它还受到转子绕组功率因数 $\cos\varphi_2$ 的影响。根据理论分析，电磁转矩 T 可用式（3－4）确定，即

$$T = C_T \Phi I_2 \cos\varphi_2 \tag{3-4}$$

式中　C_T——异步电动机的转矩常数，它与电动机的结构有关；

Φ——旋转磁场的每极磁通［量］，Wb；

I_2——转子电流的有效值，A；

$\cos\varphi_2$——转子电路的功率因数。

式（3－4）没有反映电磁转矩的一些外部条件，如电源电压 U_1、转子转速 n_2 以及转子电路参数之间的关系，对使用者来说，应用式（3－4）不够方便。为了直接反映这些因素对电磁转矩的影响，可以对式（3－4）进一步推导（过程略），最后得出

$$T = K \frac{sR_2 U_1^2}{R_2^2 + (sX_{20})^2} \tag{3-5}$$

式中　K——与电机结构有关的常数；

R_2——转子电阻；

X_{20}——电动机转速 $n=0$ 时转子的感抗（此时转子中电流的频率为 f_1）。

由式（3-5）可知，电磁转矩与定子每相电压 U_1 的平方成正比，电源电压的波动对转矩影响较大。同时，电磁转矩 T 还受到转子电阻 R_2 的影响。

二、空载运行与负载运行

空载运行是指在额定电压和额定频率下，三相异步电动机的轴上没有任何机械负载的运行状态。在空载运行的情况下，三相异步电动机所产生的电磁转矩仅克服了电动机的机械摩擦、风阻的阻转矩，所以是很小的。因为电动机所受到的阻转矩很小，所以电动机的转速非常接近旋转磁场的同步转速 n_0，即 $n \approx n_0$。在这种情况下，可以认为旋转磁场不切割转子绕组，转子绕组中的感应电动势和感应电流接近为 0，转子电路相当于开路。受其影响，定子绕组中的电流 I_1 也较小，并且 I_1 在相位上滞后定子外加电压 U_1 接近 90°，此时，电动机定子电路的功率因数较低（一般在 0.2 左右），消耗的有功功率较少，电网提供的能量不能得到很好地利用。根据式（3-4）可知，电磁转矩也很小，稳定运行时，$T=T_0$（T_0 为电动机空载时所受到的阻转矩，称为空载转矩）。

当三相异步电动机轴上带有机械负载以后，电动机处于负载运行状态。在负载运行状态下，电动机除了要克服机械摩擦、风阻的阻转矩以外，还要克服外加负载在电动机轴上所产生的阻转矩，此时，电动机的转速 n 要下降，以同步转速 n_0 旋转的旋转磁场与转子绕组之间的相对转速增大，于是转子绕组中的感应电动势和感应电流都增大了。受其影响，电动机定子电流 I_1 也要随着转子电流的增加而增大，定子电路的功率因数得以提高，电网输送给电动机的有功功率也随之增加，电能得到了较好地利用。根据式（3-4）可知，电磁转矩也很小，稳定运行时，$T=T_0+T_L$（T_L 为负载在电动机轴上所产生的阻转矩）。

三相异步电动机轴上带有机械负载稳定运行过程中，如果机械负载增大或减小，转子转速、电流、功率因数、电磁转矩也会作出相应的变化，使电动机达到新的平衡状态。

如把电动机的负载增大（即加大转子轴上的负载转矩），则在开始增大的一瞬间，转子所产生电磁转矩小于轴上的负载转矩，因而转子减速。但定子的电流频率 f_1 和极对数 p 通常均为定值，故旋转磁场的同步转速不变。随着转子转速的逐步下降，转子与旋转磁场的同步速差逐渐增大，于是，转子导线中的感应电动势和电流及其产生的电磁转矩也就随之而增大；最后当 $T=T_L$ 时，转子就不再减速，而是在较低的转速下又作等速运转。如把电动机的负载减少，则转子的转速便上升，其过程与上述情况相反。

三相异步电动机在其额定负载的 70%～100%运行时，其功率因数和效率都比较高，因此应该合理选用电动机的额定功率，使它运行在满载或接近满载的状态，尽量避免或减少轻载和空载运行的时间。

三、机械特性

三相异步电动机受电磁转矩而旋转，电磁转矩与转速之间有必然的联系。

在电源电压 U_1 和转子电阻 R_2 为定值时，三相异步电动机转子转速随着电磁转矩 T 变化的关系曲线 $n=f(T)$ 称为异步电动机的机械特性。

图 3-15 示出了 $n=f(T)$ 机械特性曲线。下面通过特性曲线来对电动机的运行性能

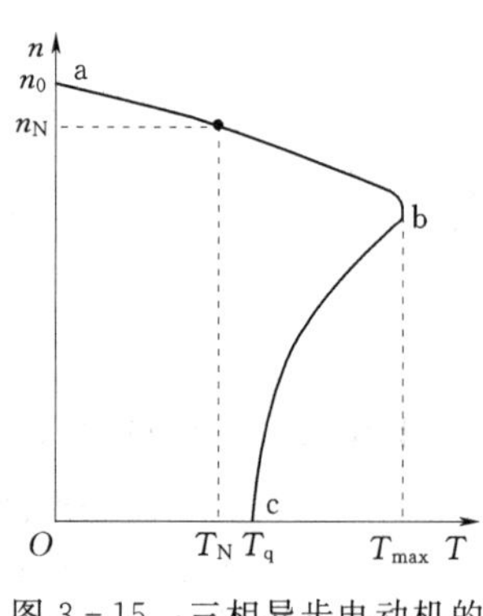

图 3-15 三相异步电动机的机械特性曲线

进行分析。

（一）启动过程和运行过程分析

电动机接通电源，尚未转动（$n=0$，$s=1$）时的转矩称为启动转矩，用 T_q 表示。只有当启动转矩 T_q 大于转轴上的阻转矩时，转子才能旋转起来并在电磁转矩作用下逐渐加速。从图 3-16 可以看出，启动后，随着电动机转速的上升，此时电磁转矩也逐渐增大（沿 cb 段上升），直到最大转矩 T_{max}。之后，随着转速的继续上升，曲线进入到 ba 段，电磁转矩反而减小。最后，当电磁转矩等于阻转矩时，电动机达到平衡状态，就以某一转速作等速旋转。

电动机一般工作在曲线 ba 段，在这段区域里，当负载转矩变化时，电动机产生的电磁转矩会作出相应变化，使电磁转矩等于阻转矩，达到新的平衡状态，以新的速度等速旋转。例如，负载增大，则因为阻转矩大于电磁转矩，电动机转速开始下降；随着转速的下降，转子与旋转磁场之间的转差增大，于是转子中的感应电动势和感应电流增大，使得电动机的电磁转矩同时在增加。当电磁转矩增加到与阻转矩相等时，电动机达到新的平衡状态。这时，电动机以较低于前一平衡状态的转速稳定运行。反之负载减小，电动机将以高于前一平衡状态的转速稳定运行。

从特性图上还可以看出，ab 段较为平坦，也就是说当负载转矩变化时，电动机的变化不大，这种特性称为电动机的硬机械特性。具有硬机械特性的三相异步电动机适用于一般的金属切削机床。

（二）三个特殊的电磁转矩

1. 启动转矩

启动转矩与额定转矩的比值 $\lambda_q=T_q/T_N$ 反映了异步电动机的启动能力。一般 $\lambda_q=0.9\sim1.8$。

如果改变电源电压 U_1 或改变转子电阻 R_2 则可以得到图 3-16 所示一组特性曲线，从图 3-16（a）中可知，当电源电压 U_1 降低时，启动转矩 T_q 会减小。而在图 3-16（b）中当转子电阻 R_2 适当增大时，启动转矩也会随着增大。绕线式三相异步电动机常采用转子串电阻的方法以获得较大的启动转矩。

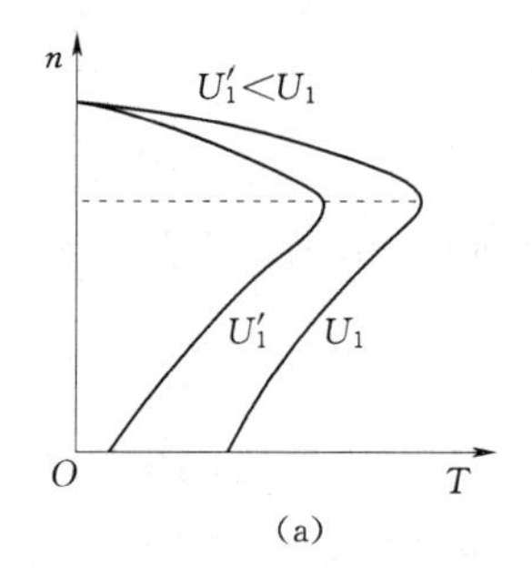

（a）

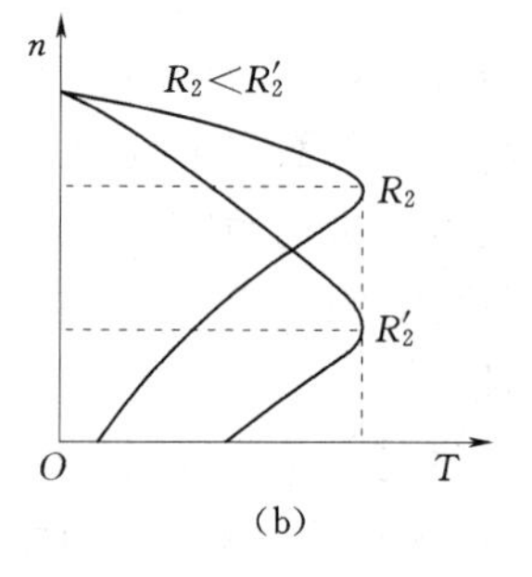

（b）

图 3-16 对应不同电源电压和转子电阻时的特性曲线
（a）转子电阻 R_2 为常数；（b）定子电压 U_1 为常数

2. 额定转矩 T_N

异步电动机长期连续运行时，转轴上所能输出的最大转矩，或者说是电动机在额定负载时的转矩，称为电动机的额定转矩，用 T_N 表示。电动机在匀速运行时，电动机的电磁转矩 T 必须与电动机负载所产生的阻转矩 T_c 相平衡。若不考虑空载损耗转矩（主要是机械摩擦和风阻所产生的阻转矩），则可以认为电磁转矩 T 应该与电动机轴上输出的机械负载转矩 T_2 相等。即

$$T \approx T_2$$

电动机的额定转矩可以根据从铭牌上的额定功率和额定转速按下式求出：

$$T_N \approx T_2 = \frac{60P_2 \times 10^3}{2\pi n_N} = 9550\,\frac{P_2}{n_N} \tag{3-6}$$

式中　P_2——电动机轴上输出的机械功率，kW；

T——电动机的电磁转矩，N·m；

n——额定转速，r/min。

例 3-3　有一 Y225M—4 型三相异步电动机，由铭牌上知 $U_N=380V$，$P_N=45kW$，$n_N=1480r/min$，启动转矩与额定转矩之比 $T_{st}/T_N=1.9$，试求：

（1）额定转差率；

（2）启动转矩；

（3）如果负载转矩为 510N·m，问在 $U_1=U_N$ 和 $U_1'=0.9U_N$ 两种情况下电动机能否启动？

解　（1）由已知额定转速 1480r/min 可推算出同步转速 $n_0=1500r/min$，所以

$$S_N = \frac{n_1 - n_N}{n_1} \times 100\% = \frac{1500 - 1480}{1500} \times 100\% = 1.3\%$$

（2）由已知条件可求额定转矩

$$T_N = 9550\,\frac{P_N}{n_N} = 9550 \times \frac{45}{1480} = 290.4(N \cdot m)$$

再计算　　$T_{st}=1.9T_N=1.9\times290.4=551.8(N\cdot m)$

（3）当 $U_1=U_N$ 时，$T_{st}=551.8N\cdot m>510N\cdot m$，可以启动。

当 $U_1=0.9U_N$ 时，$T_{st}=(0.9)^2\times551.8=447N\cdot m<510N\cdot m$，所以不能启动。

3. 最大转矩 T_{max}

从机械特性曲线上看，转矩有一个最大值，它被称为最大转矩或临界转矩 T_{max}。对应为最大转矩所对应的转差率称为临界转差率，用 s_m 表示。一旦负载转矩大于电动机的最大转矩，电动机就带不动负载，转速沿特性曲线 bc 段迅速下降到 0，发生闷车现象。此时，三相异步电动机的电流会升高 6～7 倍，电动机严重过热，时间一长就会烧毁电动机。

显然，电动机的额定转矩应该小于最大转矩，而且不能太接近最大转矩，否则电动机稍微一过载就立即闷车。三相异步电动机的短时容许过载能力是用电动机的最大转矩 T_{max} 与额定转矩 T_N 之比来表示，称之为过载系数 λ，即

$$\lambda = T_{max}/T_N \tag{3-7}$$

一般三相异步电动机的过载系数 $\lambda=1.8\sim2.5$，特殊用途（如起重、冶金）的三相异步电动机的过载系数 λ 可以达到 3.3～3.4 或更大。

从图 3－17 还能看出，三相异步电动机的最大转矩还与定子绕组的外加电压 U_1 有关，实际上它与 U_1^2 成正比。也就是说，当外加电压 U_1 由于波动变低时，最大转矩 T_{max} 将减小。但是，转子电阻 R_2 对最大转矩没有影响。

例 3－4　有一台三相异步电动机，其额定数据如下：$T_N = 40kW$，$n = 1470r/min$，$U_1 = 380V$，$\eta = 0.9$，$\cos\varphi = 0.5$，$\lambda = 2$，$\lambda_q = 1.2$。试求：

（1）额定电流；

（2）转差率；

（3）额定转矩、最大转矩，启动转矩。

解　（1）$I_N = \dfrac{P_N \times 10^3}{\sqrt{3} U_1 \cos\varphi\eta} = \dfrac{40 \times 10^3}{\sqrt{3} \times 380 \times 0.9 \times 0.9} A = 75A$

（2）由 $n = 1470r/min$，$n \approx n_0$ 可知，电动机是 4 极的，$p = 2$，$n_0 = \dfrac{60f}{p} = \dfrac{60 \times 50}{2} = 1500r/min$，所以

$$s = \frac{n_0 - n}{n} \times 100\% = \frac{1500 - 1470}{1500} \times 100\% = 0.02$$

（3）$T = 9550 \dfrac{P_2}{n} = 9550 \times \dfrac{40}{1470} = 259.9$（N·m）

$$T_{max} = \lambda T_N = 2 \times 259.9 = 519.8 \text{（N·m）}$$

$$T_q = \lambda_q T_N = 1.2 \times 259.9 = 311.9 \text{（N·m）}$$

四、电压 U_1 和转子电阻 R_2 对电动机转速的影响

最大转矩随外加电压 U_1^2 而改变，对应不同的机械特性。当负载转矩不变时，电压下降，电动机转速也将下降，所以通过改变电压 U_1 可以调速。

绕线式异步电动机转子串入不同的电阻，对应不同的机械特性。电阻越大，曲线越偏向下方。在一定的负载转矩下，电阻越大，转速越低。所以绕线式异步电动机转子串电阻不仅可以增大启动转矩，还可以调速。

五、三种运行状态

一台异步电动机既可以运行在电动状态，也可以运行在发电状态或电磁制动状态，这是由外界条件所决定的，这就是电机的可逆性。

（一）电动运行状态

如果转子顺着旋转磁场的方向转动，且 $0 < n < n_0$，也就是 $1 > s > 0$，电机处于电动状态。这时的电磁各量方向如图 3－17（a）所示。

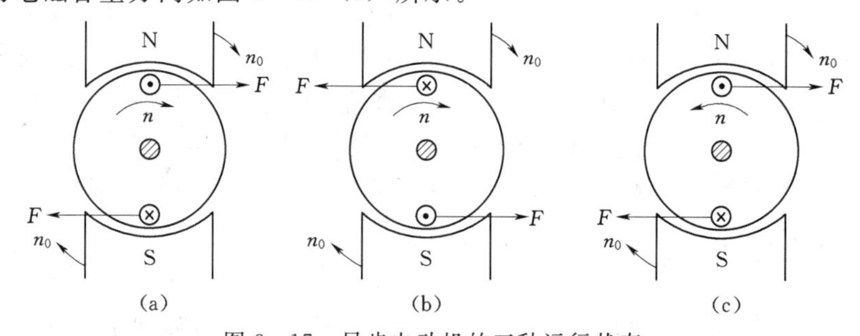

图 3－17　异步电动机的三种运行状态

（a）电动状态；（b）发电状态；（c）电磁制动状态

假设旋转磁场以顺、逆时针方向旋转，相当于转子导体逆时针切割磁力线，N 极下的转子导体中感应电流方向，由右手定则知垂直纸面向外，转子电流与旋转磁场作用形成电磁转矩，由右手定则知电磁转矩为顺时针，带动转子顺时针旋转。

（二）发电运行状态

如果原动机拖动转子顺时针方向旋转，使转子的速度高于旋转磁场的速度，即 $n>n_0$、$s<0$，异步电动机运行于发电状态，如图 3-17（b）所示。转子导体切割磁力线的方向与电动状态相反，转子电流改变了方向，所以电磁转矩也变为逆时针，与原动机拖动转子的方向相反，对原动机起制动作用，转子从原动机吸收机械功率，送出电功率，因而是发电状态。

异步电机较少用作发电机，较多的是从电动状态过渡到发电状态。例如，当吊车重物下降，转速大于同步转速时就会出现这种情况。

（三）电磁制动运行状态

假设在某种外因作用下，使转子反着磁场方向转动，即 $0>n>-\infty$，$1<s<+\infty$时，电机就运行于电磁制动状态，如图 3-17（c）所示。由于这时转子导体切割旋转磁场的方向与电动运行时相同，所以转子电流、电磁转矩方向都不变。这时的电磁转矩方向与旋转磁场的转向相同，与转子转向相反，因此起制动作用。

电磁制动用来获得制动转矩，如在起重设备中使重物徐缓下降。

技能训练

训练模块　三相异步电动机的空载和负载运行

一、课题目标

（1）三相异步电动机的空载电压、电流、功率、转速测试。

（2）三相异步电动机的负载电压、电流、转速，转速测试，并与空载比较。

（3）三相异步电动机启动冲击电流测试。

二、工具、仪器和设备

（1）三相交流电源一个，直流励磁电源一套。

（2）三相笼型转子异步电动机一台。

（3）功率表两块、万用表、钳形电流表、转速表各一块。

（4）导线若干。

三、实训过程

（1）按铭牌对三相异步电动机进行正确连接，参考图 3-18 所示连接电路，空载测试时直接与测速发电机同轴连接，负载电机 MG 不接。

（2）使电动机启动旋转，观察电动机旋转方向。如转向不符合要求，则切断电源，调整相序，使电机旋转方向符合要求。

（3）保持电动机在额定电压下空载运行数分钟，用万用表测试电动机电压，钳形电流表测试电流，读取功率表、转速表读数并记入表 3-3 中。

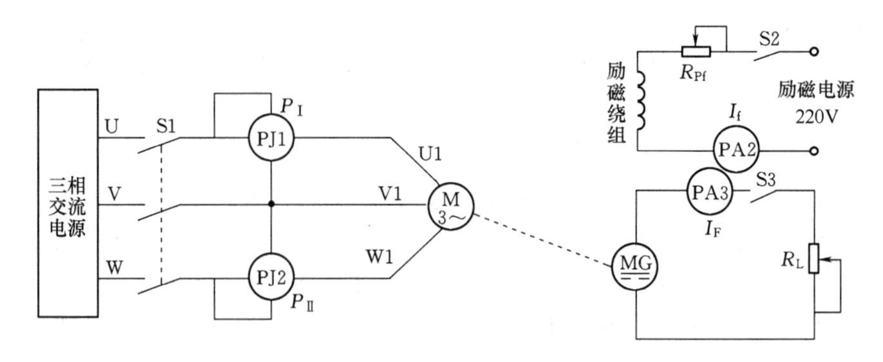

图 3-18　三相异步电动机试验参考电路

表 3-3　　功率表、转速表的读数记录

U_0 (V)	I_0 (A)	P_0 (W)	n (r/min)

(4) 断开电源，接上负载电机，测试电压、电流、功率、转速，并记入表 3-4 中。

表 3-4　　测试电压、电流、功率、转速的记录表

U (V)	I (A)	P (W)	n (r/min)

将两张表数据比较，得出结论。

(5) 断开电源，再重新启动电动机，测试启动过程中，读出电动机电流最大值并记录。

$I_{st}=$________。

四、注意事项

(1) 空载测试时异步电动机直接与测速发电机同轴连接，负载电机 MG 不接。

(2) 电动机通电前要检查接线是否准确。

(3) 电动机启动后，若发现振动或噪声过大，要迅速断电，查明原因。

五、技能训练考核评分记录表（见表 3-5）

表 3-5　　技能训练考核评分记录表

序号	考核内容	考　核　要　求	配分	得分
1	技能训练的准备	预习技能训练的内容	10	
2	仪器、仪表、电动机的使用	正确使用万用表、钳形电流表、功率表、转速表等设备	10	
3	异步电动机的接线	接线速度快，通电调试一次成功	20	
4	测取各项数据	操作规范，数据测量正确	30	
5	实验结果的合理性	结果合理，正确	30	
6	合计得分			
7	否定项	发生重大责任事故、严重违反教学纪律者得 0 分		
8	指导教师签名		日期	

六、技能训练报告内容

(1) 技能训练模块名称。

(2) 技能训练的课题目标。

(3) 技能训练所用的工具、仪器和设备。

(4) 绘制实训的电路图。

(5) 实训中记录的数据和结果。

(6) 小结、体会和建议。

思考与练习

(1) 试分析三相异步电动机的负载增加时，定子、转子电流变化趋势，定子输入电功率如何变化？简要说明原因。

(2) 异步电动机的转子因有故障已取出修理，如果误将定子绕组接上额定电压，问将会产生什么后果？为什么？

(3) 三相异步电动机的电磁转矩是否会随负载而变化？如何变化？

(4) 三相异步电动机正常运行时，如果转子突然被卡住而不能转动，试问这时电动机的电流有何改变？对电动机有何影响？

(5) 三相异步电机有哪几种工作状态？每种状态的特点是什么？

(6) 一台三相异步电动机，其电源频率为500Hz，额定转速为1430r/min，额定功率为3kW，最大转矩为40.07N·m，求电动机的过载能力λ。

(7) 有一台4极三相异步电动机，已知额定功率$P_N=3$kW，额定转差率$s_N=0.03$，过载系数$\lambda=2.5$，电源频率$f=50$Hz。求该电动机的额定转矩和最大转矩。

课题三　三相异步电动机的使用、维护和检修

学习目标

(1) 了解三相异步电动机的选择和安装。

(2) 了解三相异步电动机启动前的准备工作和启动时的注意事项。

(3) 熟悉三相异步电动机运行中的监视模块。

(4) 熟悉三相异步电动机的定期检修内容。

(5) 了解三相异步电动机的常见故障及处理方法。

课题分析

正确选择、安装电动机，并对它进行正常的巡视、维修和保养，是保证电动机稳定、可靠、经济运行的重要措施。这不仅可减少故障的发生，还能有效地延长设备使用寿命，提高使用效益。

相关知识

一、电动机的选择原则

合理选择电动机是正确使用电动机的前提。电动机品种繁多，性能各异，选择时要全面考虑电源、负载、使用环境等诸多因素。对于与电动机使用相配套的控制电器和保护电器的选择也是同样重要的。

（1）类型的选择。异步电动机有笼型和线绕式两种。笼型电动机结构简单、维修容易、价格低廉，但启动性能较差，一般空载或轻载启动的生产机械方可选用。线绕式电动机启动转矩大，启动电流小，但结构复杂，启动和维护较麻烦，只用于需要大启动转矩的场合，如起重设备等。此外，还可以用于需要适当调速的机械设备。

（2）转速的选择。异步电动机的转速接近同步转速，而同步转速（磁场转速）是以磁极对数 p 来分挡的，在两挡之间的转速是没有的。电动机转速选择的原则是使其尽可能接近生产机械的转速，以简化传动装置。

（3）容量的选择。电动机容量（功率）大小的选择，是由生产机械决定的，也就是说，由负载所需的功率决定的。例如，某台离心泵，根据它的流量、扬程、转速、水泵效率等，计算它的容量为 39.2kW，这样根据计算功率，在产品目录中找一台转速与生产机械相同的 40kW 电动机即可。

二、电动机的安装原则

若安装电动机的场所选择得不好，不但会使电动机的寿命大大缩短，也会引起故障，还会损坏周围的设备，甚至危及操作人员的生命安全，因此，必须慎重考虑安装场所。

电动机的安装应遵循以下原则。

（1）有大量尘埃、爆炸性或腐蚀性气体、环境温度 40℃以上以及水中作业等场所，应该选择具有合适防护形式的电动机。

（2）一般场所安装电动机，要注意防止潮气。不得已的情况下要抬高基础，安装换气扇排潮。

（3）通风条件要良好。环境温度过高会降低电动机的效率，甚至使电动机过热烧毁。

（4）灰尘少。灰尘过多会附着在电动机的线圈上，使电动机绝缘电阻降低、冷却效果恶化。

（5）安装地点要便于对电动机的维护、检查。

三、电动机的接地装置

电动机的绝缘如果损坏，运行中机壳就会带电。一旦机壳带电而电动机又没有良好的接地装置，当操作人员接触到机壳时，就会发生触电事故。因此，电动机的安装、使用一定要有接地保护。在电源中性点直接接地系统，采用保护接中性线，在电动机密集地区应将中性线重复接地。在电源中性点不接地系统，应采用保护接地。

接地装置包括接地极和接地线两部分。接地极通常用钢管或角钢等制成。钢管多采用 ϕ50mm，角钢采用 45mm×45mm，长度为 2.5m。接地极应垂直埋入地下，每隔 5m 打一根，其上端离地面的深度不应小于 0.5～0.8m，接地极之间用 5mm×50mm 的扁钢焊接。

接地线最好用裸铜线，截面积不小于 16mm^2。接地线一端固定在机壳上，另一端和

接地极焊牢。功率 100kW 以下的电动机保护接地，其电阻不应大于 10Ω。

下列情况可以省略接地：

（1）设备的电压在 150V 以下。

（2）设备置于干燥的木板地上或绝缘性能较好的物体上。

（3）金属体和大地之间的电阻在 100Ω 以下时。

四、开车前的检查

对新安装或停用 3 个月以上的电动机，在开车前必须按使用条件进行必要的检查，检查合格方能通电运行。应检查的模块如下。

（1）检查电动机绕组绝缘电阻。对额定电压在 380V 及以下的电动机，三相定子绕组对地绝缘电阻和相间绝缘电阻，不应小于 0、5MΩ。如果绝缘电阻偏低，应进行烘烤后再测。

（2）检查电动机的连接、所用电源电压是否与铭牌规定符合。

（3）对反向运行可能损坏设备的单相运转电动机，必须首先判断通电后的可能旋转方向。判断方法是在电动机与生产机械连接之前通电检查，并按正确转向连接电源线，此后不得再更换电源相序。

（4）检查电动机的启动、保护设备是否符合要求，检查内容包括：启动、保护设备的规格是否与电动机配套，接线是否正确；所装熔体规格是否恰当，熔断器安装是否牢固；这些设备和电动机外壳是否妥善接地。

（5）检查电动机的安装情况 检查电动机端盖螺钉、地脚螺钉、与联轴器连接的螺钉和销子是否紧固，松紧度是否合适，联轴器或带轮中心线是否校准；机组的转子是否灵活，有无非正常的摩擦、卡塞、窜动和异响等。

五、启动注意事项

（1）通电后如电动机不转或转速很低或有“嗡嗡”声，必须迅速拉闸断电，否则会导致电动机烧毁，甚至危及线路及其他设备。断电后，查明电动机不能启动的原因，排除故障后再重新试车。

（2）电动机启动后，留心观察电动机、传动机构、生产机械等的动作状态是否正常，电流表、电压表是否符合要求。如有异常，应立即停机，检查并排除故障后重新启动。

（3）注意限制启动电流次数。因为启动电流很大，若连续启动次数太多，可能损坏绕组。

（4）通过同一电网供电的几台电动机，尽可能避免同时启动，最好按容量不同，从大到小逐一启动。因同时启动的大电流将使电网电压严重下跌，不仅不利于电动机的启动，还会影响电网对其他设备的正常供电。

六、电动机运行中的检查

（1）电动机在正常运行时的温度不应超过允许的限度。运行时，值班人员应经常注意监视各部位的温升情况。

（2）监视电动机负载电流。电动机过载或发生故障时，都会引起定子电流剧增，使电动机过热。电气设备都应有电流表监视电动机负载电流，正常运行的电动机负载电流不应超过铭牌上所规定的额定电流值。

（3）监视电源电压、频率的变化和电压的不平衡度。电源电压和频率的过高或过低，三相电压的不平衡都会造成电流不平衡，都可能引起电动机过热或其他不正常现象。电流不平衡度不应超过10%。

（4）注意电动机的气味、振动和噪声。绕组因温度过高就会发出绝缘焦味。有些故障，特别是机械故障，很快会反映为振动和噪声，因此在闻到焦味或发现不正常的振动或碰擦声、特大的“嗡嗡”声或其他杂音时，应立即停电检查。

（5）经常检查轴承发热、漏油情况，定期更换润滑油，滚动轴承滑脂不宜超过轴承室容积的70%。

（6）对绕线式转子电动机，应检查电刷与集电环间的接触、电刷磨损及火花情况，如火花严重必须及时清理集电环表面，并校正电刷弹簧压力。

（7）注意保持电动机内部清洁，不允许有水滴、油污及杂物等落入电动机内部。电动机的进风口必须保持畅通无阻。

七、电动机的定期检查和保养

电动机除了在运行中应进行必要的维护外，无论是否出现故障，都应定期维修。这是消除隐患、减少和防止故障发生的重要措施。定期维修分为小修和大修两种。小修只作一般检查，对电动机和附属设备不作大的拆卸，大约每半年或更短的时间进行一次；大修则应全面解体检查，大约一年进行一次。

1. 定期小修模块

每月应该定期进行下列检查与维修：

（1）测量电动机的绝缘电阻。

（2）检查接地是否安全。

（3）检查润滑油、润滑脂的消耗程度和变质情况。

（4）检查电刷的磨损情况。

（5）检查各个紧固螺钉是否松动。

（6）是否有损坏的部件。

（7）接线有没有损伤。

（8）清除设备上的灰尘和油泥。

2. 定期大、小修模块

电动机最好每年要大修一次，大修的目的在于对电动机进行一次全面、彻底的检查、维护，发现问题，及时处理。主要工作有以下几个方面：

（1）轴承的精密度检查。

（2）电动机静止部分的检查。

（3）电动机转动部分的检查。

（4）若发现较多问题，则应该拆开电动机进行全面的修理或更换电动机。

八、三相异步电动机的常见故障及处理方法

电动机的故障有机械故障和电气故障两个方面。三相笼型转子异步电动机是所有电动机中工作最可靠、最耐用的电动机。它的转子电路发生故障的机会较少，定子电路发生故障的机会较多，但不外乎是断路或短路两种情况。下面把三相异步电动机的常见故障和检

查处理方法列于表 3－6 中，供应用时参考。

表 3－6　　　　三相异步电动机的常见故障和检查处理方法

故　　障	可 能 的 原 因	检查和处理方法
不能启动	（1）电源线路有断开处； （2）定子绕组中有断路处； （3）绕线式转子及其外部电路有断路处	（1）检查电源是否有电，熔丝是否烧断，电源开关接触是否良好，电动机接线板上的接线头是否松脱； （2）在断开电源的情况下，用万用表检查定子绕组有无断路处； （3）用万用表检查转子绕组及其外部电路，并检查各连接点的接触是否紧密
电源接通后，电动机尚未启动，熔丝即烧断	（1）定子电路中有一相对地短路； （2）熔丝过细； （3）应该 Y 连接的电动机错接成△； （4）绕线式电动机的启动变阻器手柄放在运行位置	（1）接通开关熔丝立即烧断，大多是接地或短路故障，可用兆欧表检查； （2）改用较大额定电流的熔丝； （3）改正接法； （4）把启动变阻器的手柄旋转至启动位置
空载运行正常，加上负载后转速即降低或停转	（1）应该△接法的电动机错接成 Y； （2）电动机的电压过低； （3）转子铜条有断裂处； （4）负载太大	（1）改正接法； （2）恢复电动机的电压到额定值； （3）取出转子修理； （4）适当减轻负载
电动机运行时有较大的“嗡嗡”声，且电流超过额定值较多	（1）定子绕组有一相断路； （2）定子绕组有短路处	（1）检查电动机的熔丝是否有一相断开； （2）断开电源，用兆欧表检查
电动机有不正常的振动和响声	（1）电动机的地基不平； （2）电动机的联轴器松动； （3）轴承磨损松动，造成定转子相擦	（1）改善电动机的安装情况； （2）停车检查，拧紧螺钉； （3）更换轴承
电动机的温度过高	（1）电动机过载； （2）电动机通风不好； （3）电源电压过高或过低； （4）定子绕组中有短路； （5）电动机单相运行； （6）定子、转子铁心相擦	（1）适当减小负载； （2）电动机的风扇是否脱落，通风孔道有否堵塞，电动机附近是否堆放有杂物，影响空气对流通畅； （3）改善电动机的电压； （4）、（5）、（6）可参看上面的处理方法
轴承温度过高	（1）带过紧； （2）滚动轴承的轴承室中严重缺少润滑油； （3）油质太差	（1）适当调整带的松紧程度； （2）拆下轴承盖，加黄油到 2/3 油室； （3）调换好的润滑油脂
电动机外壳带电	（1）接地不良或接地电阻太大； （2）绕组受潮； （3）绝缘损坏，引线碰壳	（1）按规定接好地线，排除接地不良故障； （2）进行烘干处理； （3）浸漆修补绝缘，重接引线

课题四　认识单相异步电动机

学习目标

（1）了解单相异步电动机的特点和用途。

（2）熟悉单相异步电动机的工作原理和机械特性。

（3）了解单相异步电动机的类型、启动方法和应用场合。

（4）学会单相异步电动机的接线和操作使用。

课题分析

单相异步电动机是指用单相交流电源供电的异步电动机。单相异步电动机具有结构简单、成本低廉、噪声小、使用方便、运行可靠等优点，因此广泛用于工业、农业、医疗和家用电器等方面，最常见于电风扇、洗衣机、电冰箱、空调等家用电器中。但是单相异步电动机与同容量的三相异步电动机相比较，体积较大，运行性能较差。因此，单相异步电动机一般只制成小容量的电动机，功率从几瓦到几千瓦。

相关知识

单相异步电动机根据运行原理的不同，可分为电容分相单相异步电动机、电阻分相单相异步电动机和单相罩极式电动机。

一、电容分相单相异步电动机

电容分相异步电动机在结构上与三相笼型电动机在结构上基本相同，也是由定子、转子、机座和端盖几大部分组成。转子多为笼型，定子绕组有所不同，它是由两套绕组组成。

如果定子只有一套单相绕组，当通过单相交流电时，所产生的只是一个变化的脉冲磁场，而不是旋转磁场。这个磁场每一瞬间在空气隙中各点的分布都按正弦规律，同时随电流在时间上也作正弦变化，所以是一个“交变脉振磁场”。理论证明，“交变脉振磁场”是由大小相等、方向相反的两个“旋转磁场”合成的，故在转子上感应产生的合成电磁转矩为零（即一种动态平衡），所以转子不能自行启动。如果通过外力使转子向某一方向转动一下，它就能沿着该方向不停地旋转下去。

为了使单相异步电动机能自行启动，电容分相单相异步电动机在定子铁心上安装两套绕组，一套是工作绕组 U1U2（或称主绕组），一套是启动绕组 Z1Z2（或称辅助绕组），这两套绕组在空间位置上相差 90°。启动绕组与一电容串联后与工作绕组并联接单相交流电源，如图 3-19 所示。

接通电源后，由于启动绕组 Z1Z2 串有电容，将使启动绕组中电流 i_2 被移相，如果电容 C 选择适当，可使 i_2 在相位上超前工作绕组电流 i_1 相位 90°，这就称“分相”。两个电流可分别表示为

$$i_1 = I_{1m}\sin\omega t$$

$$i_2 = I_{2m}\sin(\omega t + 90°)$$

它们的波形如图 3－20（a）所示。这样，在空间相差 90°的两个绕组，分别通入在相位上相差 90°的两相电流，也能产生“旋转磁场”。

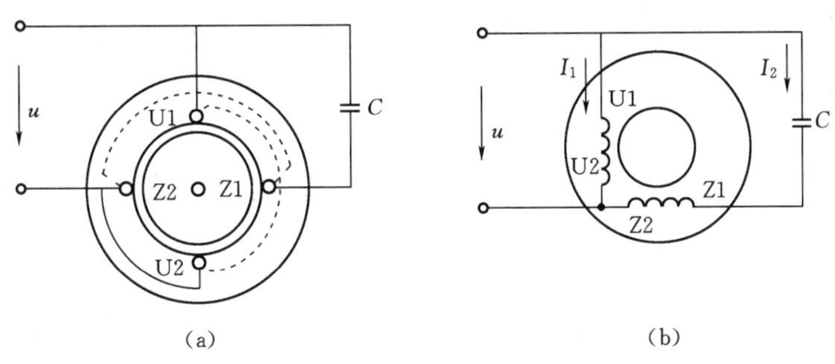

图 3－19　电容分相单相异步电动机

（a）结构示意图；（b）电路原理

仿照三相正弦电流产生旋转磁场的做法，选取图 3－20（a）中的 5 个时刻，在图 3－20（b）所示的绕组位置上绘出了磁场的分布情况。可以看到，分相后的“两相”电流产生的磁场也是在空间旋转的。转子也将会跟随磁场按同样方向旋转起来。电动机启动后电容所在的启动绕组 Z1Z2，既可以切除也可以参与运行。因此，根据启动绕组是否参与正常运行，电容分相单相异步电动机又可分为电容运行单相异步电动机（启动绕组参与正常运行）和电容启动单相异步电动机（电动机正常运行后切除启动绕组）。

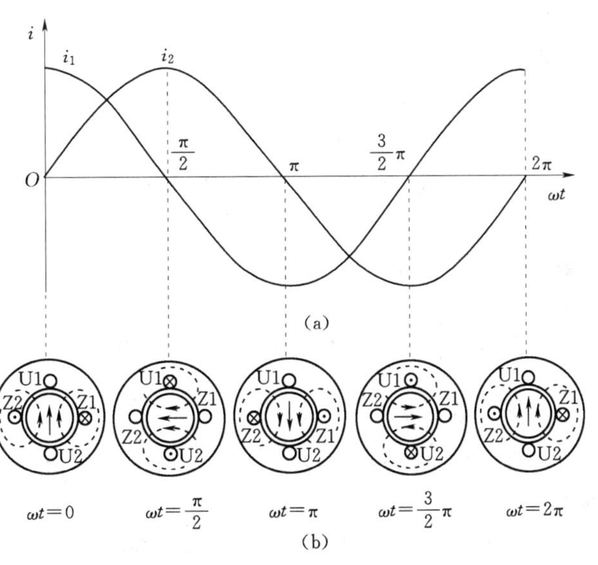

图 3－20　两相旋转磁场的产生

（a）分相电流波形；（b）两相旋转磁场

如果要改变电动机旋转方向，只要将启动绕组的两端 Z1Z2 对掉连接即可，当然也可以对掉工作绕组的两端 U1U2 来实现。需要注意的是，对掉电源两根接线是不可以改变电动机旋转方向的。

二、电阻分相单相异步电动机

如果将电容启动单相异步电动机中的电容换成电阻，就构成了电阻启动单相异步电动机，如图 3－21 所示。图中开关 S 一般采用离心开关，离心开关是由旋转部分和静止部分组成，旋转部分安装于电动机转轴上，与电动机一起旋转。而静止部分则安装在端盖或机座上。当电动机停止时，离心开关是闭合的，当电动机转动起来并达到一定转速时，离心开关断开。该开关触点的动作是依靠离心力来实现的，故称为离心开关。

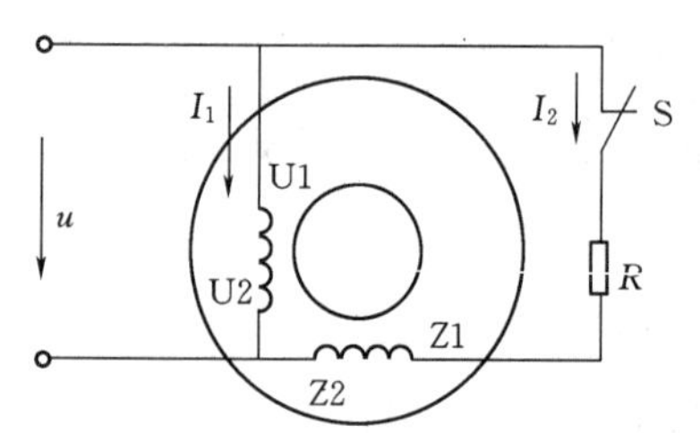

图 3－21　电阻分相单相异步电动机原理图

电阻启动电动机的启动绕组 Z1Z2 的导线比工作绕组 U1U2 的导线细，所以启动绕组的电阻比工作绕组大，另外启动绕组回路中又串入了一个电阻 R，这样在电动机接上电源后，流过启动绕组的电流与主绕组中的电流就有了一个相位差，在定子与转子气隙中产生旋转磁场，使转子获得转矩而转动，当转速达到一定数值后，离心开关 S 断开，切除启动绕组，电动机进入运行状态。这种电动机启动转矩不大，宜于空载启动。

三、单相罩极电动机

单相罩极电动机是一种结构非常简单的电动机，按照磁极形式的不同，可分为凸极式和隐极式两种，其中凸极式应用较多。图 3－22 所示为一种常见的凸极式单相罩极电动机的结构示意图。

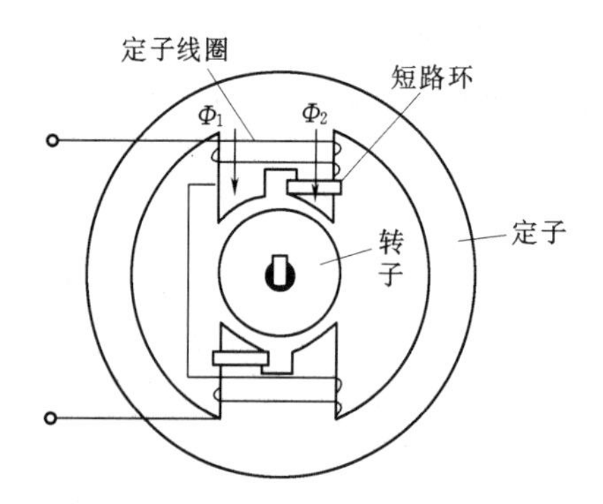

图 3－22　凸极式单相罩极电动机的结构示意图

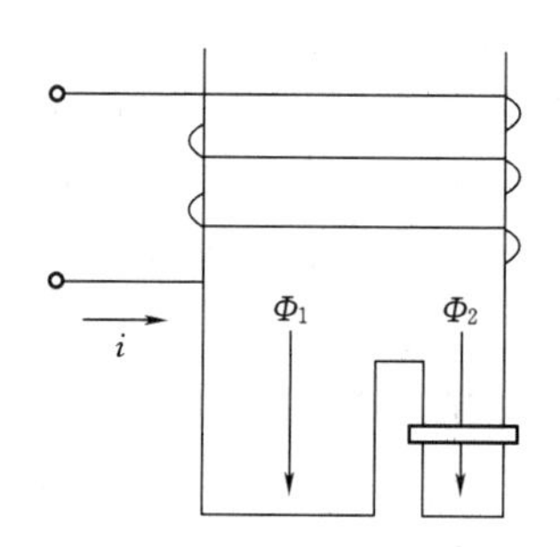

图 3－23　罩极电动机磁极中的磁通

由图 3－22 可见，定子上制有凸出的磁极，主绕组就绕在凸出的磁极上，在磁极的$\frac{1}{4}$～$\frac{1}{3}$的部分有一个凹槽，将磁极分成大小两部分，在磁极小的部分套着一个短路铜环，就像将这部分磁极罩起来一样，所以这种形式的电动机称为罩极电动机。罩极电动机的转子仍为笼型结构。

当绕组中通过单相交流电流 i 时，产生交变磁通 Φ_1，如图 3－23 所示。磁通 Φ_1 的一部分穿过短路环，将在短路环内产生感应电流，该感应电流产生的磁通 Φ_2'将阻碍原磁场的变化，这样短路环内磁极的合成磁通 Φ_2 为部分 Φ_1 与 Φ_2'的合成，Φ_2 滞后于 Φ_1。Φ_1 与 Φ_2 是两个在空间位置不一致，在时间上又有一定相位差的交变磁通，这就形成了一个旋转磁场，它便使转子产生转矩而启动。

凸极式罩极电动机的旋转方向不易改变，所以通常用于不需要改变旋转方向的电气设备中。

四、单相异步电动机的反转

三相异步电动机只要将电动机的任意两根端线与电源的接法对调，电动机就可以反转。而单相异步电动机则不行。要使单相异步电动机反转，必须使旋转磁场反转，其方法有两种。

（1）把工作绕组（或启动绕组）的首端和末端与电源的接法对调。

（2）把电容器从一组绕组中改接到另一组绕组中（只适用于电容运行单相异步电动机），则流过该绕组中的电流也从原来的超前 90°近似变为滞后 90°，旋转磁场的转向发生了改变。

以上反转方法只用于电容（电阻）式单相异步电动机。

五、单相异步电动机的调速

单相异步电动机和三相异步电动机一样，它的转速调节较困难。如采用变频调速则设备复杂，成本高。为此一般只进行有级调速，主要的调速方法如下。

1. 串电抗器调速

将电抗器与电动机定子绕组串联，通电时，利用在电抗器上产生的电压降使加到电动机定子绕组上的电压低于电源电压，从而达到降低电动机转速的目的。因此用串联电抗器调速时，电动机的转速只能由额定转速往低调。图 3－24 所示为电容电动机串电抗器调速并带有指示灯的电路。

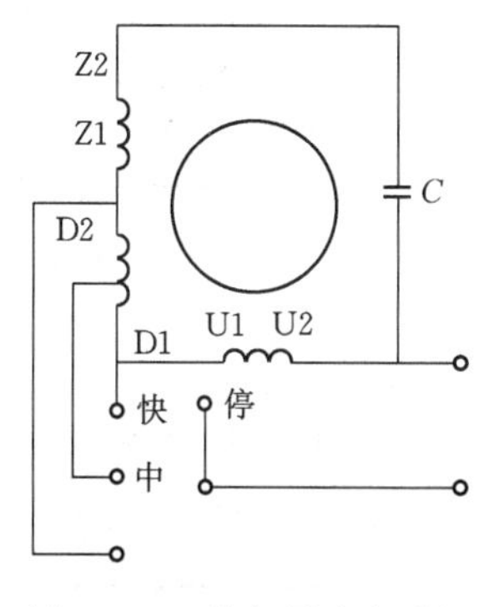

图 3－24　单相异步电动机串电抗器调速电路

这种调速方法线路简单，操作方便。缺点是电压降低后，电动机的输出转矩和功率明显降低，因此只适用于转矩及功率都允许随转速降低而降低的场合，目前主要用于吊扇及台扇上。

2. 电动机绕组内部抽头调速

这种方法省略了调速线圈，如图 3－25 所示。电容式电动机较多地采用这种方法调速，此时电动机定子铁心槽中嵌放有工作绕组 U1U2、启动绕组 Z1Z2 和中间绕组 D1D2，通过调速开关改变中间绕组与启动绕组及工作绕组的接线方法，从而达到改变电动机内部气隙磁场的大小，达到调节电动机转速的目的。

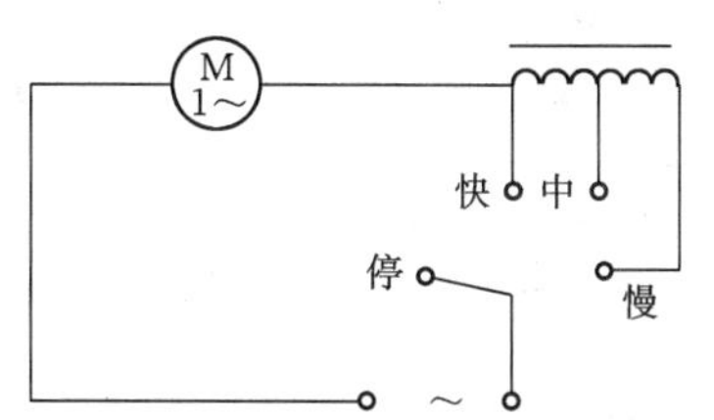

图 3－25　电容式电动机绕组抽头调速接线

与串电抗器调速比较，用绕组内部抽头调速不需电抗器，故材料省、耗电少，现在这种线路用得较多。缺点是绕组嵌线和接线比较复杂，电动机与调速开关的接线较多。

3. 交流晶闸管调速

利用改变晶闸管导通角，来实现调节加在单相电动机上的交流电压的大小，从而达到调节电动机转速的目的。本调速方法可以实现无级调速，缺点是有一些电磁干扰。

技能训练

训练模块　单相异步电动机的启动与调速

一、课题目标

（1）观察电容式单相异步电动机的启动过程。

（2）学会操作单相异步电动机的反转。

（3）电机运行中断开电容 C，观察电机能否继续旋转。

二、工具、仪器和设备

（1）单相交流电源一个。

（2）单相电容式启动异步电动机一台。

（3）导线若干。

三、实训过程

（1）参考图 3-26 所示接线，加入 220V 单相电源，观察电机的运转方向。

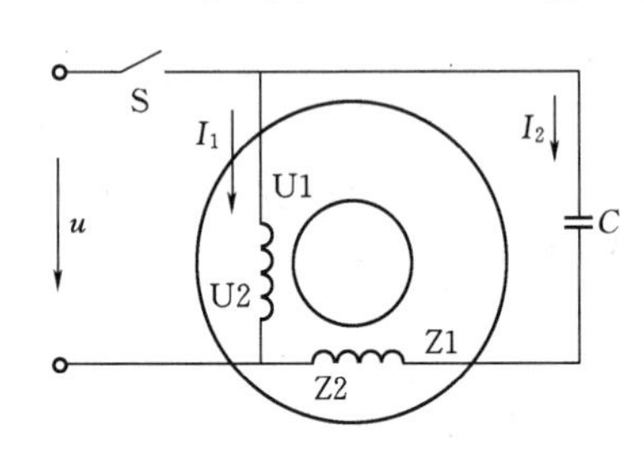

图 3-26 单相电阻启动的参考电路

（2）断电后，对换电源线，观察电机方向。

（3）断电后，任意改变一相绕组的接头，重新通电观察电机方向。

（4）电机运行中断开电容 C，观察电机能否继续旋转。

四、注意事项

（1）电动机通电前要检查接线是否准确。

（2）电动机启动后，若发现运行异常，要迅速断电，查明原因。

五、技能训练考核评分记录表（见表 3-7）

表 3-7　　技能训练考核评分记录表

序号	考核内容	考 核 要 求	配分	得分
1	技能训练的准备	预习技能训练的内容	10	
2	仪器、仪表的使用	正确使用电压表、电流表、万用表、转速表、实验台等设备	10	
3	观察单相异步电动机启动和运转方向	接线速度快，通电调试一次成功，观察速度快	20	
4	单相异步电动机的反转	接线准确，通电调试一次成功，观察速度快	30	
5	运行中断开电容	正确改变接线，操作规范	30	
6	合计得分			
7	否定项	发生重大责任事故、严重违反教学纪律者得 0 分		
8	指导教师签名		日期	

六、技能训练报告

（1）技能训练模块名称。

（2）技能训练的课题目标。

（3）技能训练所用的工具、仪器和设备。

（4）绘制单相异步电动机的测试电路。

（5）实训中记录的数据和结果。

（6）小结、体会和建议。

思考与练习

（1）单相异步电动机如何获得启动转矩？

（2）单相异步电动机可分哪些种类？分别用在什么场合？

（3）如何改变单相异步电动机的旋转方向？单相电动机两根电源线对调会反转吗？为什么？

（4）罩极式单相异步电动机的旋转方向能否改变？为什么？

（5）单相异步电动机有哪些调速方法？

（6）三相异步电动机断了一根电源线后，为什么不能启动？而在运行时断了一根电源线，为什么仍能继续转动？转动情况如何？

模块四　认识与使用特种电机

课题一　认识与使用伺服电动机

学习目标

（1）了解伺服电动机的特点、用途和分类。

（2）认识伺服电动机的结构。

（3）熟悉伺服电动机的基本工作原理和主要运行性能。

（4）了解伺服电动机的控制方式。

课题分析

伺服电动机也称执行电动机，在自动控制系统中作为执行元件，其作用是把输入的电压信号变换成转轴的角位移或角速度输出。输入的电压信号称为控制电压，改变控制电压可以改变伺服电动机的转速及转向。

自动控制系统对伺服电动机的基本要求有以下几点。

（1）要有宽广的调速范围。

（2）快速响应，灵敏度高。

（3）具有线性的机械特性和调节特性。

（4）无“自转现象”，即当控制电压为零时，电机应能迅速自动停转。

图 4-1　几种伺服电动机外形

伺服电动机可分为交流伺服电动机和直流伺服电动机两大类。直流伺服电动机通常用在功率稍大的自动控制系统中，其输出功率一般为1～600W，也有的可达数千瓦。交流伺服电动机输出功率一般为0.1～100W，其中最常用的在30W以下。伺服电动机外形如图4-1所示。

相关知识

一、直流伺服电动机

1. 基本结构

直流伺服电动机的基本结构与普通他励直流电动机一样，所不同的是直流伺服电动机的电枢电流很小，换向并不困难，因此都不装换向磁极，并且转子做得很细长，气隙较小，磁路不饱和，电枢电阻较大。

直流伺服电动机按励磁方式不同，可分为电磁式和永磁式两种，电磁式直流伺服电动机的磁场由励磁绕组产生，一般用他励式；永磁式直流伺服电动机的磁场由永久磁铁产生。为了满足自动控制系统的要求，减小转子的转动惯量，其电枢结构常用形式有无槽电枢、盘形电枢、空心杯形电枢等。

2. 工作原理及特性

直流伺服电机的工作原理与普通小型他励直流电动机相同，其转速由信号电压控制。信号电压若加在电枢绕组两端，称为电枢控制；若加在励磁绕组两端，则称为磁场控制。由于电枢控制的直流伺服电机具有机械特性线性度好、精度高、响应速度快等优点，所以在工程上多采用电枢控制方式。

直流伺服电机的机械特性方程式与他励直流电动机一样。

$$n = \frac{U}{C_e \Phi} - \frac{R_a}{C_e C_T \Phi^2} T = n_0 - \beta T$$

采用电枢控制时，U 为控制信号电压，Φ 为常数。图4-2（a）所示为电枢控制式直流伺服电机的接线原理，当电枢电压（即信号电压）U 改变时，可得一组平行的机械特性，如图4-2（b）所示，从机械特性可以看出，负载转矩一定即电磁转矩一定时，转速与控制信号电压成正比。当控制信号电压消失时，电动机工作在能耗制动状态，能迅速停转。改变电枢电压的极性，伺服电动机就反转。

直流伺服电动机的优点是具有线性的机械特性，启动转矩大，调速范围大。缺点是电

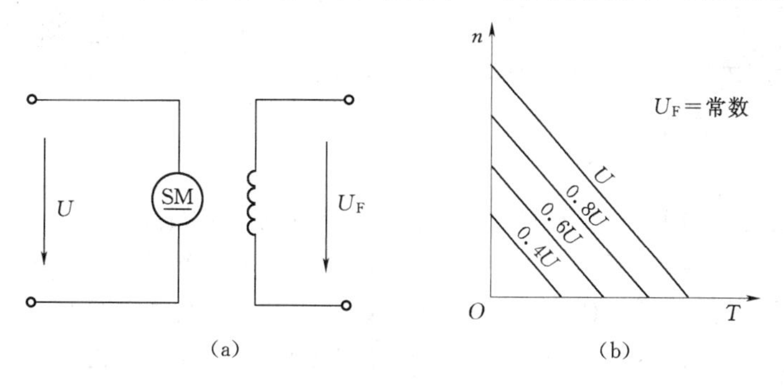

图4-2　直流伺服电动机的电路与机械特性

（a）电枢控制接线原理；（b）电枢控制机械特性

刷与换向器之间的火花会产生电磁干扰，需要定期更换电刷，维护换向器。

二、交流伺服电动机

长期以来，在要求调速性能较高的场合，一直占据主导地位的是直流调速系统。但直流电动机都存在一些固有的缺点，如电刷和换向器易磨损；换向器换向时会产生火花，结构复杂，制造成本高等。而交流电动机，特别是笼型异步电动机没有上述缺点，且转子转动惯量较直流电动机小，使得动态响应更好。随着新型大功率电力电子器件、新型变频技术、现代控制理论及微机数控等在实际应用中取得的重要进展，到了20世纪80年代，交流伺服驱动技术已取得了突破性的进展。

1. 基本结构

交流伺服电动机的基本结构与电容运转单相异步电动机相似，其定子铁心也是由冲有齿和槽的硅钢片叠压而成。定子槽中装有励磁绕组 F 和控制绕组 C，两个绕组在空间互差90°电角度，励磁绕组与交流电源 U_F 相连接，控制绕组接输入信号 U_C，如图4-3所示。

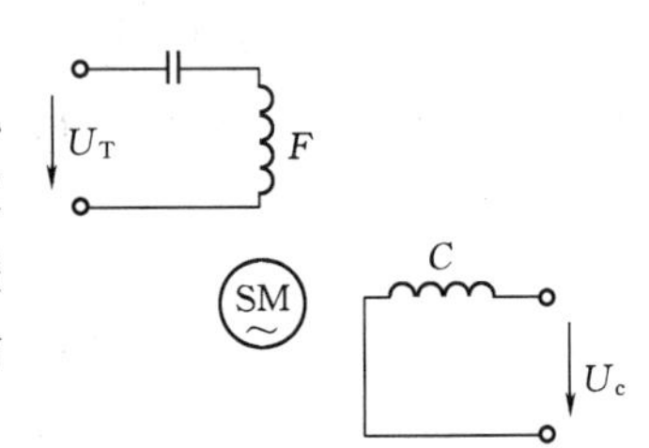

图4-3　交流伺服电动机原理

交流伺服电动机转子的结构形式有笼形转子和空心杯形转子两种。

笼形转子的结构与一般笼形异步电动机的转子类似，但转子导体的电阻比一般的异步电动机大得多，因此启动电流较小而启动转矩较大。为了使伺服电动机对输入信号有较高的灵敏度，必须尽量减小转子的转动惯量，所以转子一般做得细而长。

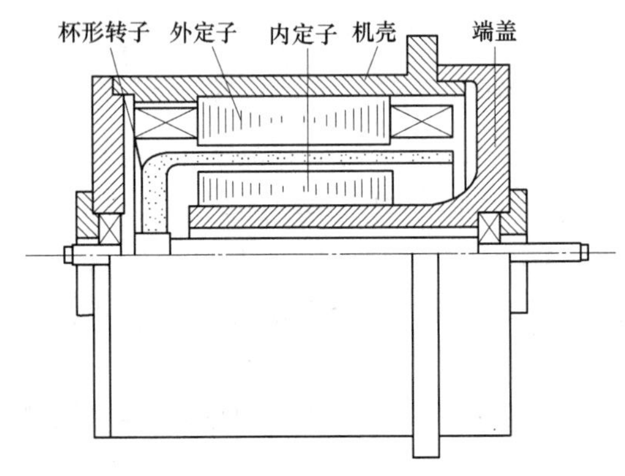

图4-4　空心杯形转子交流伺服电动机

空心杯形转子结构的交流伺服电动机，其定子分内、外两个部分，均用硅钢片叠成。在外定子上装有空间上互差90°电角度的两相绕组，而内定子铁心只用来构成闭合磁路，以减小磁阻。在内、外定子之间有一个细长的杯形转子，杯子底部固定在转轴上。杯形转子由非磁性材料（青铜或铝合金）制成，壁厚只有0.3mm左右，如图4-4所示。杯形转子的优点是转子非常轻，转动惯量很小，能非常迅速和灵敏地启动、调速和停止；缺点是气隙较大，因此空载励磁电流大，功率因数和效率较低。

2. 工作原理及特性

交流伺服电动机的工作原理与单相电容运行异步电动机相似。没有控制信号时，定子内只有励磁绕组产生的脉动磁场。电动机的电磁转矩为零，转子不动。若在控制绕组中加一个控制信号后，就会在气隙时产生一个旋转磁场，并产生电磁转矩使转子沿旋转磁场的方向转动。如果转子的参数（主要是R2）设计得与单相异步电动机一样，则当控制信号消失后，电动机继续转动，这样电动机就失去了控制，伺服电动机的这种失控而继续旋转的现象称为“自转”。“自转”现象显然不符合伺服电动机的可控性要求，必须加以克服。

克服“自转”现象的方法是增大转子电阻。

从单相异步电动机的工作原理可知，当励磁绕组单独通电时，其机械特性由正向旋转磁场产生的正向机械特性 $n=f(T^+)$ 和反向旋转磁场产生的反向机械特性 $n=f(T^-)$ 叠加而成，当转子电阻足够大时，正、反向机械特性的临界转差率均大于1，如图4-5所示，其合成机械特性 $n=f(T)$ 在第Ⅱ、第Ⅳ象限，电磁转矩是制动性质的，相当于能耗制动。因此，当控制信号消失后，只有励磁绕组单独通电时，不论原来转向如何，总会受到制动转矩的作用，使电动机迅速停转。

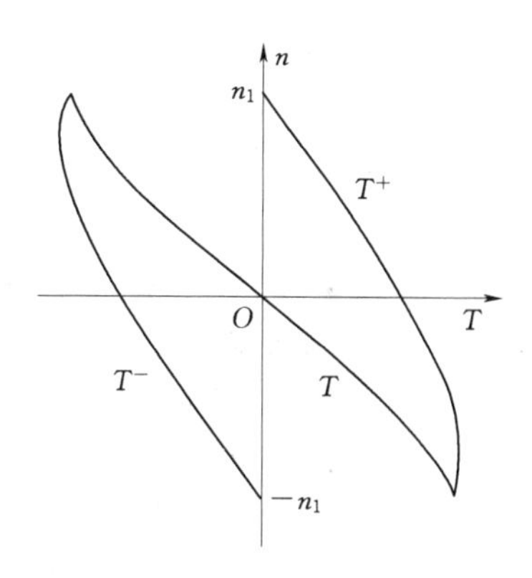

图4-5　克服“自转”的机械特性

控制绕组中加不同的信号电压时，气隙中会产生椭圆形旋转磁场，甚至圆形旋转磁场，从而得到不同的转速。

3. 控制方法

交流伺服电动机的励磁绕组通常都设计成对称的，当控制信号电压 U_C 与励磁电压 U_F 也对称时，两相绕组产生圆形旋转磁场，电动机转速最高。如果控制信号电压 U_C 与励磁电压 U_F 的幅值不等或相位差不是90°电角度，则产生椭圆形的旋转磁场。所以改变控制电压 U_C 的大小和相位就可以改变旋转磁场的椭圆度，从而控制伺服电动机的转矩和转速，具体的控制方法有3种。

（1）幅值控制。保持控制信号电压 U_C 的相位不变，始终与励磁电压 U_F 相差90°电角度，改变 U_C 的幅值来控制伺服电动机的转速。

（2）相位控制。保持控制信号电压 U_C 的幅值不变，通过移相器改变与 U_F 的相位差来控制电动机的转速。

（3）幅相控制。同时改变控制信号电压 U_C 的幅值和相位，使信号系数 α 发生变化，从而控制电动机的转速。

幅相控制的机械特性也与幅值控制时相似，但线性度要差一些。由于幅相控制不需要专门的移相设备，电路最简单，所以实际应用较多。

无论采用哪种控制方式，只要将控制信号电压的相位改变180°电角度（反相），即可改变交流伺服电动机的转向。

交流伺服电动机的输出功率一般在100W以下。电源频率为50Hz时，电压有36V、110V、220V、380V几个等级。电源频率为400Hz时，电压有20V、36V、115V几个等级。交流伺服电动机运行平稳，噪声小，但控制特性的线性度较差。由于转子电阻大，所以损耗大，效率低，因此只适合于100W以下的小功率控制系统中。

技能训练

训练模块　交流伺服电动机绕组绝缘老化的检修

一、课题目标

（1）了解伺服电动机的结构和铭牌数据的意义。

（2）学会拆装伺服电动机的方法。

（3）学会检测伺服电动机的绝缘情况。

二、工具、仪器和设备

（1）伺服电动机一台。

（2）绝缘电阻表一块。

（3）常用电工工具、活扳手、锤子、轴承拉具、绝缘材料等。

三、实训过程

（1）观察交流伺服电动机的结构，抄录其铭牌数据。

（2）用绝缘电阻表测量伺服电动机绕组的绝缘情况，发现绝缘电阻小于要求值，准备拆开伺服电动机检查处理。

（3）松开伺服电动机后端盖螺钉，取下后盖。

（4）取出编码器连接螺钉，脱开编码器和电动机轴之间的连接。

（5）松开编码器。由于编码器和电动机轴之间是锥度啮合，取编码器时一般要使用专用工具，并需特别小心。

（6）松开安装座的连接螺钉，取下安装座，露出电动机绕组。

（7）检查电动机绕组和引出线的连接部分，就发现绝缘已经老化，重新连接和处理。

（8）装好安装座，固定编码器，装上后端盖。

（9）用绝缘电阻表测量伺服电动机绕组的绝缘电阻，要符合要求。

四、技能训练报告

（1）技能训练模块名称、课题目标。

（2）技能训练所用的工具、仪器和设备。

（3）抄录伺服电动机的铭牌数据，记录并分析数据结果。

（4）简述拆装伺服电动机的步骤和注意事项。

思考与练习

（1）伺服电动机的作用是什么？自动控制系统对伺服电动机有什么要求？

（2）直流伺服电动机有哪几种控制方式？一般采用哪种控制方式？

（3）空心杯形电枢直流伺服电动机有什么特点？

（4）交流伺服电动机有哪几种控制方式？如何使其反转？

（5）什么叫“自转”现象？交流伺服电动机是如何消除“自转”现象的？

课题二　认识与使用测速发电机

学习目标

（1）了解测速发电机的功能和应用。

（2）熟悉直流测速发电机的基本结构和工作原理。

（3）熟悉交流测速发电机的基本结构和工作原理。

课题分析

测速发电机是一种反映转速的信号元件，它的作用是将输入的机械转速变换成电压信号输出，这就要求发电机的输出电压与转速成正比关系，其输出电压可用下式表示，即

$$U = K_{\mathrm{n}}$$

在自动控制系统和计算装置中测速发电机主要用作测速元件、阻尼元件（或校正元件）、解算元件和角加速信号元件，如图 4－6 所示。

自动控制系统对测速发电机的要求是：测速发电机的输出电压与转速保持严格的线性关系，且不随外界条件（如温度等）的改变而发生变化；电机的转动惯量要小，以保证反应迅速；电机的灵敏度要高，即测速发电机的输出电压对转速的变化反应灵敏。

测速发电机可分为直流测速发电机和交流测速发电机两大类。

图 4－6　几种测速发电机

相关知识

一、直流测速发电机

1. 基本结构

直流测速发电机的结构与普通小型直流发电机相同。其电枢结构有普通有槽电枢、无槽电枢、空心杯形电枢和圆盘形印刷绕组电枢等。

直流测速发电机按励磁方式可分为他励式和永磁式两种。他励式直流测速发电机结构较复杂，励磁绕组的电阻会随温度而变化，容易引起测量误差，国产他励式直流测速发电机的产品型号为 CD。永磁式测速发电机结构简单，不需励磁电源，应用较为广泛，国产永磁式直流测速发电机的产品型号为 CY。

2. 工作原理及特性

直流测速发电机的工作原理与一般直流发电机相同，他励式直流测速发电机的原理如图 4－7 所示。

U_{F}　Φ　E　U

图 4－7　直流测速发电机工作原理

在励磁绕组上加直流电压，产生恒定磁场，电枢在被测机械拖动下旋转，电枢绕组切割磁场产生感应电动势，即

$$E = C_e \Phi n = C_1 n$$

当测速发电机接上负载 R_L 时输出电压为

$$U = E - I_a R_a = E - \frac{U}{R_L} R_a$$

$$U = \frac{R_L}{R_a + R_L} E = \frac{R_L C_1}{R_a + R_L} n = C_2 n$$

由上式可知，直流测速发电机的输出电压与转速成正比，转子转向改变将引起输出电压极性的改变。

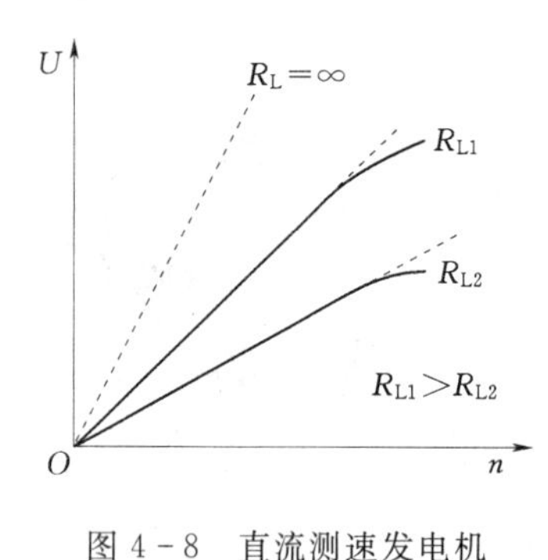

图 4－8　直流测速发电机的输出特性

直流测速发电机的输出特性是指电枢回路总电阻、负载电阻、磁通均不变时，直流测速发电机输出电压与转速的关系。其输出特性曲线如图 4－8 所示。

空载时，$R_L \to \infty$，$U=E$，输出特性 $U=f(n)$ 的关系为一条直线。

带上负载后，R_L 越小，输出特性的斜率越小。在 R_L 较小或转速过高时，I_a 较大，电枢电流的去磁作用，使输出电压下降，从而破坏了输出特性 $U=f(n)$ 的线性关系。另外，由于环境温度的变化、电刷与换向器接触电阻的变化、涡流及磁滞等因素也会影响输出特性的线性关系。

二、交流测速发电机

1. 基本结构

交流测速发电机可分同步测速发电机和异步测速发电机两类。国产同步测速发电机的产品型号为 CG（感应子式），异步测速发电机的型号有 CK（空心杯形转子）、CL（笼形转子）。

在自动控制系统中，目前应用的交流测速发电机主要是空心杯形转子异步测速发电机。其结构与杯形转子交流伺服电动机相似，转子是一个薄壁非磁性杯（杯厚为 0.2～0.3mm），通常用高电阻率的硅锰青铜或铝锌青铜制成。定子的两相绕组在空间位置上互差 90°电角度，其中一相作为励磁绕组，外施稳频稳压的交流电源励磁；另一相作为输出绕组，其两端的电压即为测速发电机的输出电压 U_2，如图 4－9 所示。

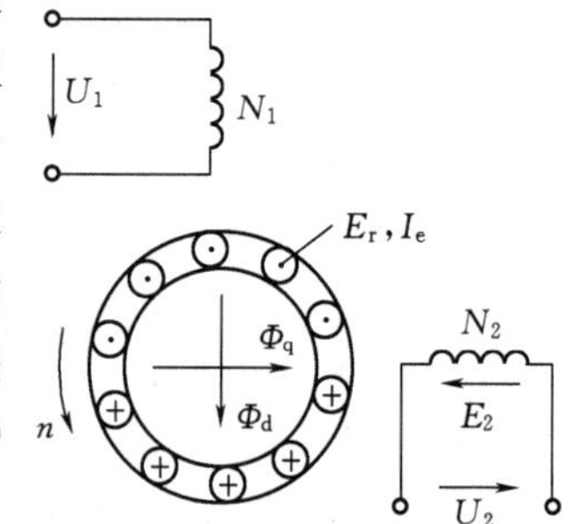

图 4－9　交流测速发电机工作原理

2. 工作原理及特性

当测速发电机的励磁绕组 N_1 外加电压 U_1 时，便有电流 I_1 流过绕组，在电机气隙中沿励磁绕组轴线（d 轴）产生交变频率为 f_1 的脉动磁通 Φ_d。

异步测速发电机类似一台变压器。励磁绕组相当于变压器的一次绕组，转子导体相当于变压器的二次绕组。

当转子静止不动时，由于磁通的方向与输出绕组的轴线垂直，输出绕组中不会产生感应电动势，也就没有输出电压。当转子转动时，转子导体切割磁通产生感应电流，产生磁通 Φ_q，此磁通在空间上是固定的，与输出绕组轴线相重合。在输出绕组中感应出频率相同的输出电压。由于转子中感应电流的大小与转子的转速成正比，所以输出电压与转子的转速成正比。转子反转时，输出电压的相位也相反。只要用一只电压表就能测出转速的大小和方向。

空心杯形转子交流异步测速发电机，具有结构简单、工作可靠等优点，是目前较为理想的测速元件。我国生产的空心杯形转子交流测速发电机，频率有 50Hz 和 400Hz 两种，电压等级有 36V、110V 等。

技能训练

训练模块　直流测速发电机的输出特性的测定

一、课题目标

(1) 了解直流产生发电机的结构和铭牌数据的意义。

(2) 学会测定直流测速发电机的输出特性。

(3) 根据试验数据加深直流测速发电机的输出特性与负载电阻关系的理解。

二、工具、仪器和设备

(1) 永磁式测速发电机一台、他励直流电动机一台。

(2) 直流电流表两块、万用表一块。

(3) 转速表一只。

(4) 滑动变阻器两只、闸刀开关两只及导线若干。

三、试验内容及说明

(1) 用变阻器作为永磁式直流测速发电机的负载，通过调节串联在电枢回路的滑动变阻器来实现改变电动机的转速。

(2) 直流测速发电机的输出特性是指电枢回路总电阻、负载电阻、磁通均不变时直流测速发电机输出电压与转速的关系。

由

$$E = C_e \Phi n = C_1 n$$

$$U = E - I_a R_a = E - \frac{U}{R_L} R_a$$

得出直流测速发电机的输出特性方程为

$$U = \frac{R_L}{R_a + R_L} E = \frac{R_L C_1}{R_a + R_L} n = C_2 n$$

由上式可知，当 R_L 为定值时，直流测速发电机的输出电压与转速成正比，通过人为改变 R_L 的大小，输出特性曲线的斜率也随之变化。

四、实训过程

(1) 观察直流测速发电机的结构，抄录直流测速发电机的铭牌数据。

（2）用万用表测量并记录直流测速发电机的电枢绕组和励磁绕组的电阻值。

（3）按电路原理图连接电路。其电路如图 4－10 所示。

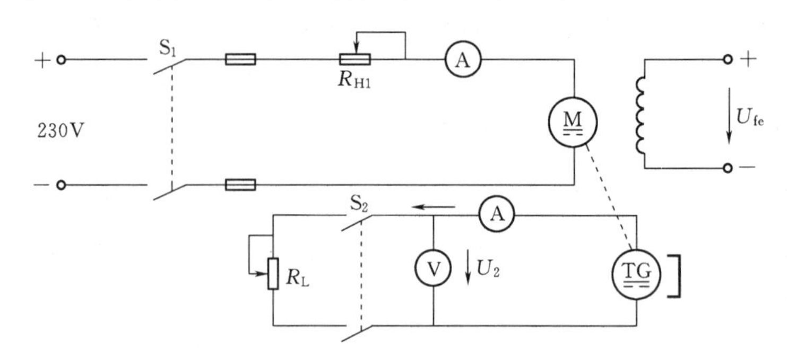

图 4－10 直流测速发电机运行原理

（4）空载运行。先接通励磁回路电源并调节到额定励磁，再合上 S_1 使 R_{H1} 调节到最大，测量测速发电机的输出电压和电流及电动机的对应转速。依次减小 R_{H1}，测出 5 组输出电压值和电流值及电动机的对应转速值，填入表4－1中。

表 4－1　　对应转速值记录表

项目	R_{H11}	R_{H12}	R_{H13}	R_{H14}	R_{H15}
n					
U_2					
I_2					

（5）负载运行。

1）将 R_{H1}、R_L 调节到最大，合上 S_1、S_2，测量输出电压值和电流值及电动机的对应转速值，并依次减小 R_{H1}，测出 5 组输出电压值和电流值及转速值，填入表 4－1 中。

2）将 R_{H1} 调节到最大，合上 S_1，改变 R_L 后合上 S_2，测量输出电压值和电流值及电动机的对应转速值，并依次减小 R_{H1}，测出 5 组输出电压值和电流值及转速值，填入表 4－1中。

五、技能训练报告

（1）技能训练模块名称、课题目标。

（2）技能训练所用的工具、仪器和设备。

（3）记录并分析数据结果。

（4）根据测量结果，画出直流测速发电机在不同负载下的输出特性曲线。

思考与练习

（1）测速发电机的作用是什么？

（2）直流测速发电机的输出电压与转速有什么关系？若转向改变，其输出电压有什么影响？

（3）直流测速发电机使用时，为什么转速不能过高，负载电阻不能过小？

（4）交流异步测速发电机的输出电压与转速有什么关系？若转向改变，其输出电压有何变化？

课题三　认识与使用步进电动机

学习目标

（1）了解步进电动机的作用和用途。

（2）熟悉步进电动机的结构和工作原理。

（3）了解步进电动机的工作方式。

课题分析

步进电动机是一种用电脉冲信号进行控制，并将电脉冲信号转换成相应的角位移或直线位移的执行元件。每输入一个脉冲信号，步进电动机就转动一个角度或前进一步。因此，这种电动机也称为脉冲电动机，如图 4－11 所示。

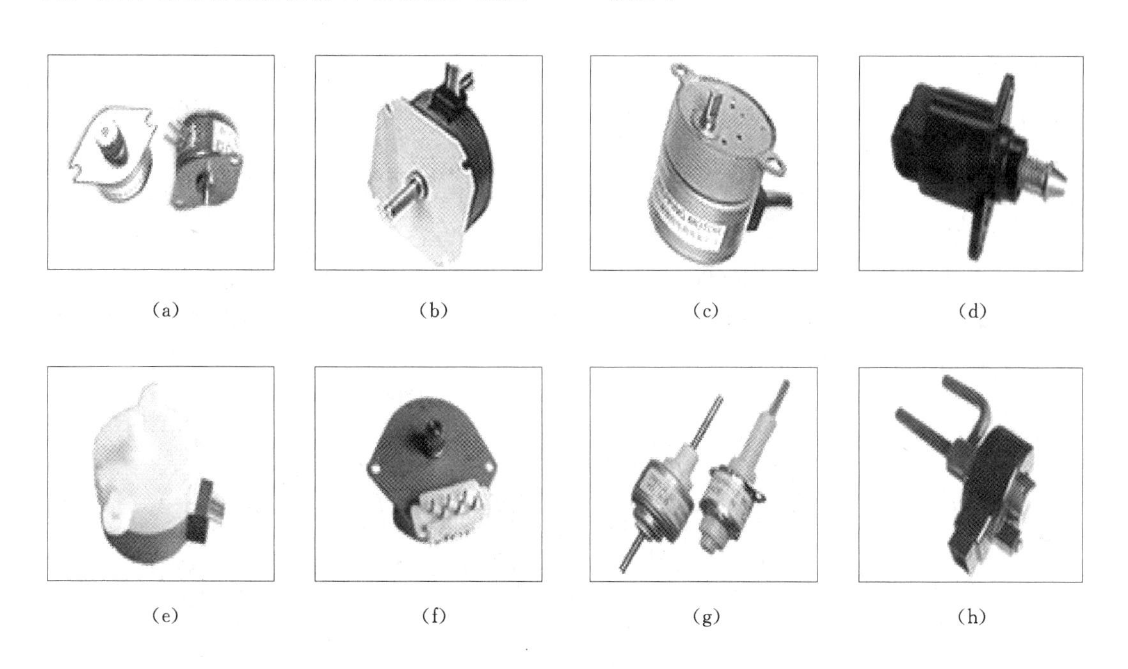

(a)　(b)　(c)　(d)

(e)　(f)　(g)　(h)

图 4－11　几种步进电动机外形

（a）微型步进电动机；（b）57 步进电动机；（c）精密减速步进电动机；（d）汽车怠速（直线）电动机；（e）减速步进电动机；（f）微型步进电动机；（g）直线步进电动机；（h）同步电动机

步进电动机具有结构简单，维护方便，工作可靠，调速范围大，启动、制动、反转灵敏等特点，其步距角和转速不受电压波动、负载变化的影响，在不丢步的情况下，精度很高，所以广泛应用于数控机床、自动记录仪、石英钟表等设备中。

步进电动机有很多种类，按运动方式可分为旋转式和直线式两类。按工作原理可分为反应式、感应式和永磁式3种。反应式步进电动机也称为磁阻式步进电动机，它具有步距小、响应速度快、结构简单等特点，广泛应用于数控设备中。

相关知识

一、基本结构

反应式步进电动机主要由定子和转子两部分组成。

定子上装有6个均匀分布的磁极，并有许多小齿，每个磁极上都装有控制绕组，每两个相对的极组成一相，同一相的控制绕组可以串联或并联，组成3个独立的绕组，称为三相绕组。也有做成四相、五相或六相的。

转子上没有绕组，由软磁性材料叠成，沿圆周上均匀分布许多小齿，转子的齿距和定子的齿距相等。

二、工作原理

为了分析方便，假设转子只有均匀分布的4个齿，下面根据定子磁极上控制绕组通入电脉冲方式的不同，分析三相单三拍控制、三相单/双六拍控制和三相双三拍控制的工作原理。

1. 三相单三拍控制

如图4-12所示，当A相绕组通电时，因磁通总是沿着磁阻最小的路径闭合，将使转子齿1、3与定子极A、A′对齐，如图4-12（a）所示。A相断电，B相绕组通电时，转子将在空间转过θ_S角度，$\theta_S=30°$，使转子齿2、4与定子极B、B′对齐，如图4-12（b）所示。如果再使B相断电，C相绕组通电时，转子又将在空间转过30°，使转子齿1、3与定子极C、C′对齐，如图4-12（c）所示。如此循环往复，并按A—B—C—A的顺序通电，电动机便按一定的方向转动。电动机的转速直接取决于绕组与电源接通或断开的变化频率。若按A—C—B—A的顺序通电，则电动机反转。电动机绕组与电源的接通或断开，通常是由数字逻辑电路来控制的。

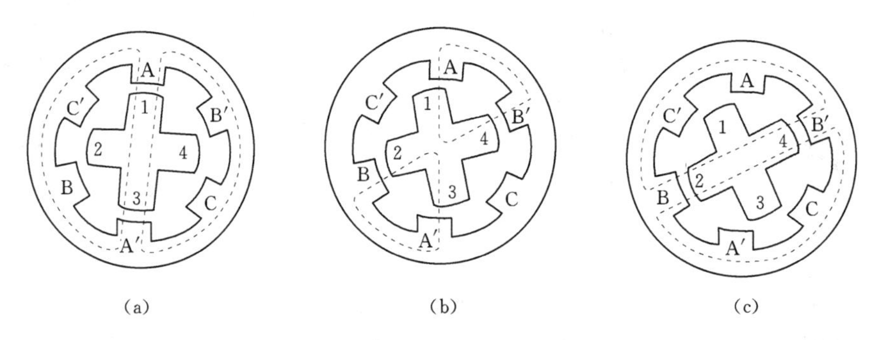

图4-12　反应式步进电动机单三拍控制的工作原理

（a）A相通电；（b）B相通电；（c）C相通电

电动机定子绕组每改变一次通电方式，称为一拍。电动机转子每一拍转过的空间角度称为步距角θ_S。上述通电方式称为三相单三拍。“单”是指每次通电时，只有一相绕组通电；“三拍”是指经过3次切换绕组的通电状态为一个循环，第四拍通电时就重复第一拍通电的情况。显然，在这种通电方式时，步进电动机的步距角θ_S等于30°。这种控制方式

是在一相绕组断电瞬间另一相绕组刚开始通电，容易造成失步。而且由于单一绕组吸引转子，也容易使转子在平衡位置附近产生振荡，所以运行稳定性较差，很少采用。

2. 三相单、双六拍控制

三相步进电动机除了单三拍通电方式外，还经常工作在三相单双六拍通电方式。这时通电顺序为：A—AB—B—BC—C—CA—A，或为 A—AC—C—CB—B—BA—A。也就是说，先接通 A 相绕组；以后再同时接通 A、B 相绕组；然后断开 A 相绕组，使 B 相绕组单独接通；再同时接通 B、C 相绕组，依此类推。在这种通电方式时，定子三相绕组需经过 6 次切换才能完成一个循环，故称为“六拍”，而且在通电时，有时是单个绕组接通，有时又为两个绕组同时接通，因此称为“三相单、双六拍”。

在这种通电方式时，步进电动机的步距角与单三拍时的情况有所不同，参见图 4-13。

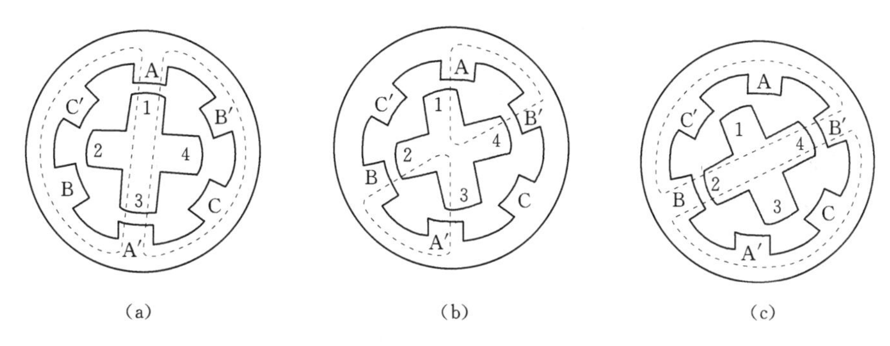

图 4-13　单、双六拍工作示意图

(a) A 相通电；(b) AB 相通电；(c) B 相通电

当 A 相绕组通电时，和单三拍运行的情况相同，转子齿 1、3 与定子极 A、A′对齐，如图 4-13 (a) 所示。当 A、B 相绕组同时通电时，转子齿 2、4 又将在定子极 B、B′的吸引下，使转子沿逆时针方向转动，直至转子齿 1、3 与定子 A、A′之间的作用力被转子齿 2、4 与定子 B、B′之间的作用力所平衡为止，如图 4-13 (b) 所示。当断开 A 相绕组而只有 B 相绕接通电源时，转子将继续沿逆时针方向转过一个角度使转子齿 2、4 与定子极 B、B′对齐，如图 4-13 (c) 所示。若继续按 BC—C—CA—A 的顺序通电，那么步进电动机就按逆时针方向继续转动，如果通电顺序改为 A—AC—C—CB—B—BA—A 时，电动机将按顺时针方向转动。

在单三拍通电方式中，步进电动机的步距角 $\theta_S=30°$。采用单双六拍通电后，步进电动机由 A 相绕组单独通电到 B 相绕组单独通电，中间还经过 A、B 两相同时通电状态，步进电动机的步距角要比单拍通电方式减少一半，$\theta_S=15°$。提高了控制精度，同时这种控制方式在转换时始终有一相绕组通电，工作比较稳定。

3. 三相双三拍控制

三相双三拍控制是按 AB—BC—CA—AB 的通电顺序运行，这时每个通电状态均为两相绕组同时通电。在双三拍通电方式下，步进电动机的转子位置与单、双六拍通电方式时两个绕组同时通电的情况相同。所以步进电动机按双三拍通电方式运行时，它的步距角与单三拍通电方式相同，也是 30°。这种控制方式在转换时同样始终有一相绕组通电，工作也比较稳定。

上述这种简单结构的反应式步进电动机的步距角较大，如在数控机床中应用就会使加工工件的精度不高。实际中采用的是小步距角的步进电动机。当A相绕组通电时，电动机中产生沿A极轴线方向的磁场，因磁通要按磁阻最小的路径闭合，使转子受到反应转矩的作用而转动，直到转子齿和定子A极上的齿对齐为止。因转子上共有40个齿，每个齿的齿距应为360°/40=9°，而每个定子磁极的极距为360°/6=60°，所以每一个极距所占的齿距数不是整数。

若改变通电顺序，即按A—C—B—A顺序循环通电时，转子就沿顺时针方向以每一脉冲转动3°的规律转动。

4．步进电动机的步距角和转速

由上述分析可知，步进电动机的步距角θ_S由式（4-1）决定，即

$$\theta_S=\frac{360°}{Z_R N} \tag{4-1}$$

式中　N——通电循环的拍数；

Z_R——转子的齿数。

若步进电动机通电的脉冲频率为f，则步进电动机的转速n为

$$n=\frac{60f\theta_S}{360°}=\frac{60f}{Z_R N} \tag{4-2}$$

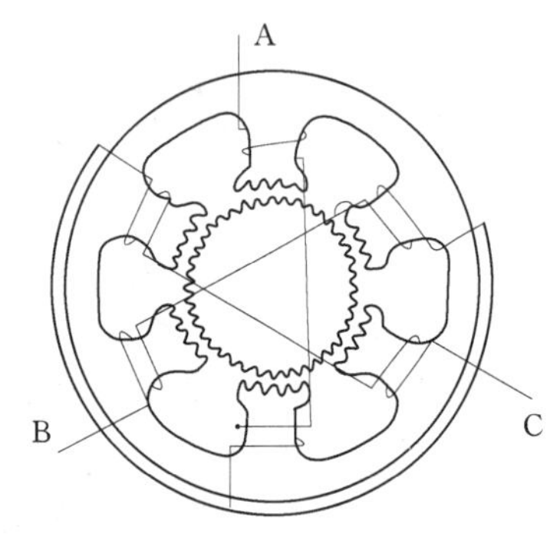

图4-14　小步距角步进电动机

由此可见，步进电动机的转速与脉冲频率成正比。步进电动机可以做成三相的，也可以做成四相、五相、六相或更多相数的，其拍数等于相数或相数的两倍。步进电动机的拍数和齿数越多，步距角θ_s就越小，其位置控制精度就越高。在脉冲频率一定时，转速亦越低。但相数要受到电动机尺寸和结构的限制，因此应尽量增加转子的齿数。在实际应用中，为了保证控制精度，一般步进电动机的步距角不是30°或15°，而常用3°或1.5°。例如，图4-14所示的结构是最常见的一种小步距角的三相反应式步进电动机。它的定子上有6个极，上面装有绕组并接成A、B、C三相。转子上均匀分布着40个齿，定子每段极弧上也各有5个齿，定子、转子的齿宽和齿距都相同。当采用三拍控制方式时，其步距角为3°；当采用六拍控制方式时，其步距角为1.5°。

技能训练

训练模块　步进电动机的工作方式

一、课题目标

（1）观察步进电动机的结构，抄录步进电动机的铭牌数据。

（2）通过试验进一步理解步进电动机的工作过程，观察步进电动机的步距角。

（3）进一步理解步进电动机转速、步距角、信号频率、控制方式之间的关系。

二、主要工具、仪器和设备

（1）步进电动机一台。

（2）直流稳压电源一台。

（3）万用表一块。

（4）转速表一只。

（5）低频信号发生器一台。

（6）脉冲分配器两台。

（7）脉冲放大器一台。

（8）角位移测量仪一台。

三、实训过程

（1）观察步进电动机的结构，抄录步进电动机的铭牌数据。

（2）按图 4-15 所示连接电路。

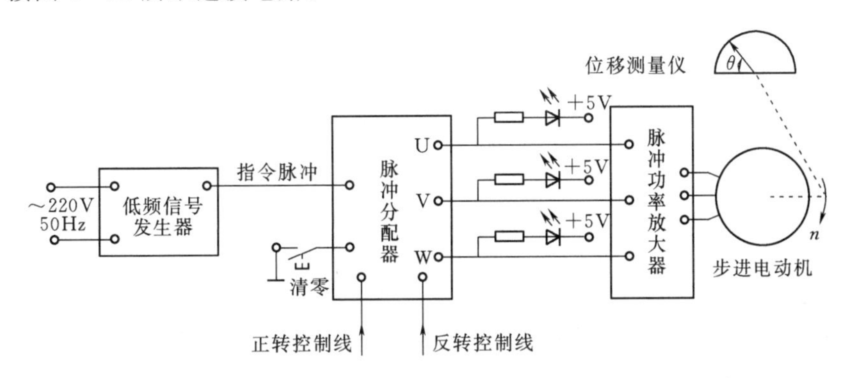

图 4-15　步进电动机运行图

（3）让低频信号发生器预热 5min。

（4）将低频信号发生器的输出信号调至一给定的有效值及频率，按下按钮，步进电动机转动。

（5）观察步进电动机的转动，各发光二极管明暗交替的规律。

（6）由位移测量仪测量步进电动机的步距角，由转速表测量步进电动机的转速。

（7）降低低频信号发生器输出信号的频率，重复以上步骤；更换另一脉冲分配器，重复以上步骤。

四、技能训练报告

（1）技能训练模块名称、课题目标。

（2）技能训练所用的工具、仪器和设备。

（3）记录数据结果。

（4）分析当信号频率变化时，步进电动机转速的变化情况。

（5）分析当控制方式变化时，步进电动机的步距角及转速的变化情况。

思考与练习

（1）步进电动机的作用是什么？其转速是由哪些因素决定的？

（2）一台三相步进电动机，可采用三相单三拍或三相单/双六拍工作方式，转子齿数 $Z_R=50$，电源频率 $f=2\text{kHz}$，分别计算两种工作方式的步距角和转速。

（3）步进电动机的启动频率和运行频率与负载有什么关系？

模块五　三相异步电动机基本控制线路的安装与调试

课题一　电气控制线路图、接线图和布置图的识读

学习目标

（1）了解电气图形符号与文字符号的含义。

（2）了解电气原理图、接线图和布置图的概念。

（3）掌握电气原理图、接线图和布置图的绘制规则。

课题分析

由于各种生产机械的工作性质和加工工艺不同，使得它们对电动机的控制要求不同。要使电动机按照生产机械的要求正常、安全地运转，必须配置一定的电器，组成一定的控制线路，才能达到目的。在生产实践中，一台生产机械的控制线路可能比较简单，也可能相当复杂，但任何复杂的控制线路总是由一些基本控制线路有机地组合起来的。所以要了解电路图、连接图和布置图等，掌握电气原理图、接线图和布置图的绘制原则。

相关知识

一、电路图

电路图是根据生产机械运动形式对电气控制系统的要求，采用国家统一规定的电气图形符号和文字符号，按照电气设备的工作顺序，详细表示电路、设备或成套装置的全部基本组成和连接关系的一种简图。

电路图能充分表达电气设备和电器的用途、作用和工作原理，是电气线路安装、调试和维修的理论依据。

绘制、识读电路图时应遵循的原则如下。

（1）电路图一般分电源电路、主电路和辅助电路 3 部分绘制。

电源电路画成水平线，三相交流电源相序 L1、L2、L3 自上而下依次画出，中线 N 和保护地线 PE 依次画在相线之下。

（2）主电路是指受电的动力装置及控制、保护电器的支路等，只要由主熔断器、接触器的主触点、热继电器的热元件及电动机组成。主电路图画在电路图的左侧并垂直电源电路。

（3）辅助电路一般包括控制主电路工作状态的控制电路；显示主电路工作状态的指示电路；提供机床设备局部照明电路等。它是由主令电器的触头、接触器线圈及辅助触头、继电器线圈及触头、指示灯和照明灯等组成。画辅助电路图时，辅助电路要跨接在两相电源线之间，一般按照控制电路、指示电路和照明电路的顺序依次垂直画在主电路图的右

侧，且电路中与下边电源线相连的耗能元件（如接触器和继电器的线圈、指示灯、照明灯等）要画在电路图的下方，而电器的触头要画在耗能元件与上边电源线之间。为读图方便，一般应按照自左至右、自上而下的排列来表示操作顺序。

（4）电路图中，各电器的触头位置都按电路未通电或电器未受外力作用时的常态位置画出。分析原理，应从触头的常态位置出发。

（5）电路图中，不画电器元件的实际外形图，而采用国家统一规定的电气图形符号。

（6）电路图中，同一电器的各元器件不按实际位置画在一起，而是按其在线路中所起作用分别在不同电路中，但动作是互相关联的，因此，必须标注相同的文字符号。相同的电器可以在文字符号后面加注不同的数字，以示区别，如 KM1、KM2 等。

（7）画电路图时，应尽可能减少线条和避免线条交叉。对有电联系的交叉导线连接点，要用小黑圆点表示；无电联系的交叉导线则不画小黑圆点。

（8）电路图采用电路编号法，即对电路中各个接点用字母或数字编号。

1）主电路在电源开关的出线端按相序依次编号为 U11、V11、W11。然后按从上至下、从左至右的顺序，每经过一个电器元件编号递增，如 U12、V12、W12；U13、V13、W13 等。单台三相交流电动机或设备的 3 根出线依次编号为 U、V、W。对于多台电动机引出线的编号，可在字母前用不同的数字区别，如 1U、1V、1W 等。

2）辅助电路编号按“等电位”原则从上至下、从左至右的顺序用数字依次编号，每经过一个电器元件后，编号要依次递增。控制电路中编号的起始数字必须是 1，其他辅助电路编号的起始数字依次递增 100，如照明电路编号从 101 开始；指示电路编号从 201 开始等。

二、接线图

接线图是根据电气设备和电器元件的实际位置和安装情况绘制的，用来表示电气设备和电器元件的位置、配线方式和接线方式的图形。主要用于安装接线、线路的检查维修和故障处理。

绘制、识读接线图的原则如下。

（1）接线图中一般示出以下内容：电气设备和电器元件的相对位置、文字符号、端子号、导线号、导线类型、导线截面积、屏蔽和导线绞合等。

（2）所有的电气设备和电器元件都按其所在的实际位置绘制在图纸上，且同一电器的各元件根据其实际结构，使用与电路图相同的图形符号画在一起，并用点画线框上，文字符号及接线端子的编号应与电路图的标注一致，以便对照检查线路。

（3）接线图中的导线有单根导线、导线组、电缆等之分，可用连续线和中断线来表示。走向相同的可以合并，用线束来表示，到达接线端子或电器元件的连接点时再分别画出。另外，导线及管子的型号、根数和规格应标注清楚。

三、布置图

布置图是根据电器元件在控制板上的实际安装位置，采用简化的外形符号（如正方形、矩形、圆形等）而绘制的一种简图。它不表达各电器的具体结构、作用、接线情况及工作原理，主要用于电器元件的布置和安装。图中各电器的文字符号必须与电路图和接线图的标注相一致。

在实际中，电路图、接线图和布置图要结合起来使用。

四、电动机基本控制线路安装步骤

(1) 识读电路图，明确线路所用电器元件及其作用，熟悉线路的工作原理。

(2) 根据电路图或元件明细表配齐电器元件，并进行检验。

(3) 根据电路图绘制布置图和接线图，按要求在控制板上固装电器元件，并贴上醒目的文字符号。

(4) 根据电动机容量选配主电路导线的截面。

(5) 根据接线图布线，同时将剥去绝缘层的两端线头套上标有与电路图相一致编号的编码套管。

(6) 安装电动机。

(7) 连接电动机和所有电器元件金属外壳的保护接地线。

(8) 自检。

(9) 交验，通电试车。

技能训练

训练模块　绘制电路图、连接图和布置图

一、课题目标

掌握绘制电路图、连接图和布置图的方法。

二、工具、仪器和设备

绘图工具，单向点动控制线路板，单向点动控制线路图。

三、实训过程

熟悉绘制电路图、连接图和布置图的方法和规则。根据电路图和实际的接线板绘制布置图和接线图。

四、注意事项

(1) 掌握各电器元件的图形符号的绘制规则。

(2) 编码在3种图中保持一致性。

(3) 绘制连接图和布置图与实际相联系。

五、技能训练考核评分记录表（见表5-1）

表5-1　技能训练考核评分记录表

序号	考核内容	考核要求	配分	得分
1			10	
2			10	
3			20	
4			30	
5			30	
6	合计得分			
7	否定项	发生重大责任事故、严重违反教学纪律者得0分		
8	指导教师签名		日期	

六、技能训练报告

（1）技能训练模块名称。

（2）技能训练的课题目标。

（3）技能训练所用的工具、仪器和设备。

（4）绘制实训的电路图。

（5）记录实训的过程、现象和数据结果。

（6）小结、体会和建议。

思考与练习

（1）什么是电路图？简述绘制、识读电路图时应遵循的原则。

（2）什么是连接图？简述绘制、识读接线图时应遵循的原则。

（3）什么是布置图？

（4）简述电动机基本控制电路的安装步骤。

课题二　异步电动机正、反转控制线路的安装与调试

学习目标

（1）会正确识别、选用、安装、使用常用低压电器（低压断路器、负荷开关、组合开关、按钮、熔断器、接触器、热继电器等），熟悉它们的功能、基本结构、工作原理及型号意义，熟记它们的图形符号和文字符号。

（2）熟悉电动机正、反转控制线路的构成和工作原理。

（3）会安装与检修电动机正转、反转控制线路。

课题分析

了解正、反转控制线路在实际生产中的应用，以及如何使电动机正、反转的原理。熟悉电动机正、反转各种控制线路的构成和工作原理。会安装和检修各正、反转的控制线路。

相关知识

一、低压电器基本知识

电器在实际电路中的工作电压有高低之分，工作于不同电压下的电器可分为高压电器和低压电器两大类，凡工作在交流电压 1200V 及以下，或直流电压 1500V 及以下电路中的电器，称为低压电器。

低压电器种类繁多，分类方法有很多种。

1. 按动作方式分类

（1）手动控制电器：依靠外力（如人工）直接操作来进行切换的电器，如刀开关、按钮等。

（2）自动控制电器：依靠指令或物理量（如电流、电压、时间、速度等）变化而自动

动作的电器，如接触器、继电器等。

2. 按用途分类

（1）低压控制电器：主要在低压配电系统及动力设备中起控制作用，控制电路的接通、分断以及电动机的各种运行状态，如刀开关、接触器、按钮等。

（2）低压保护电器：主要在低压配电系统及动力设备中起保护作用，保护电源和线路或电动机，使它们不至于在短路状态和过载状态下运行，如熔断器、热继电器等。

有些电器既有控制作用，又有保护作用，如行程开关既可控制行程，又能作为极限位置的保护；自动开关既能控制电路的通断，又能起短路、过载、欠压等保护作用。

3. 按低压电器有无触头的结构特点分类

可分为有触头电器和无触头电器。目前有触头电器仍占多数，随着电子技术的发展，无触头电器的应用会日趋广泛。

（一）刀开关

刀开关又称开启式负荷开关，它是手动控制电器。刀开关是一种结构最简单且应用最广泛的低压电器，常用来作为电源的引入开关或隔离开关，也可用于小容量的三相异步电动机频繁地启动或停止的控制。

1. 刀开关的结构

刀开关又有开启式负荷开关和封闭式负荷开关之分，以开启式负荷开关为例，它的实物图、结构示意图和符号如图 5－1 所示。

开关的瓷底板上装有进线座、静触点、熔丝、出线座和刀片式的动触点，外面装有胶盖，不仅可以保证操作人员不会触及带电部分，并且分断电路时产生的电弧也不会飞出胶盖外面而灼伤操作人员。图 5－2 是刀开关的实物图。

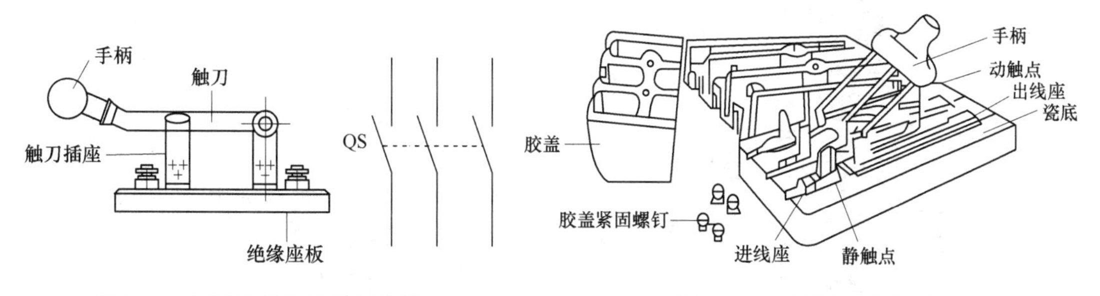

图 5－1　刀开关机构示意图和符号　　图 5－2　刀开关的实物图

2. 刀开关的选择与使用

（1）刀开关的选择。

1）用于照明或电热负载时，负荷开关的额定电流不小于被控制电路中各负载额定电流之和。

2）用于电动机负载时，开启式负荷开关的额定电流一般为电动机额定电流的 3 倍；封闭式负荷开关的额定电流一般为电动机额定电流的 1.5 倍。

（2）刀开关的使用。

1）负荷开关应垂直安装在控制屏或开关板上使用。

2）对负荷开关接线时，电源进线和出线不能接反。开启式负荷开关的上接线端应接电源进线，负载则接在下接线端，便于更换熔丝。

3）封闭式负荷开关的外壳应可靠地接地，防止意外漏电使操作者发生触电事故。

4）更换熔丝应在开关断开的情况下进行，且应更换与原规格相同的熔丝。

3. 型号含义

型号含义如下：

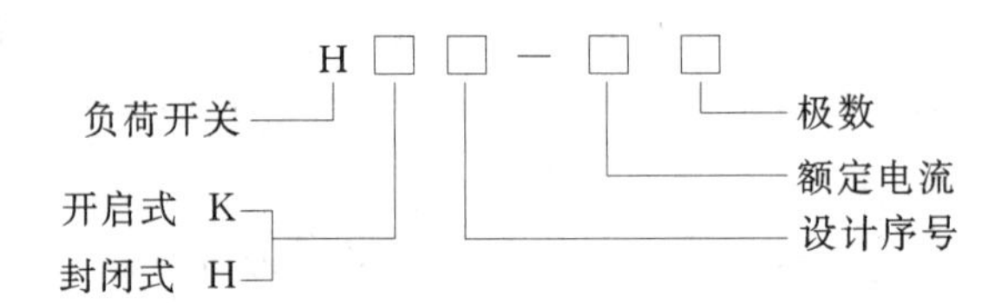

（二）组合开关

组合开关又称转换开关，作为控制电器，常用于交流380V以下、直流220V以下的电气线路中，手动不频繁地接通或分断电路，也可控制小容量交、直流电动机的正反转、星—三角启动和变速换向等。它的种类很多，有单极、双极、3极和4极等多种。常用的是三极的组合开关，其外形、符号如图5-3所示。

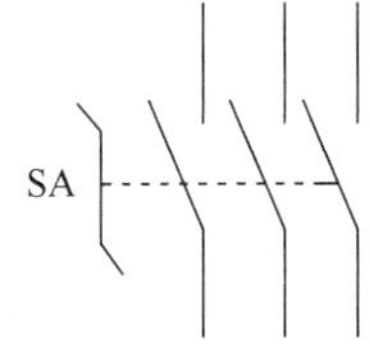

图5-3　组合开关的外形和符号

1. 组合开关的结构与工作原理

组合开关的结构如图5-4所示。组合开关由3个分别装在3层绝缘件内的双断点桥式动触片、与盒外接线柱相连的静触点、绝缘方轴、手柄等组成。动触片装在附有手柄的绝缘方轴上，方轴随手柄而转动，于是动触片随方轴转动并变更与静触片分、合的位置。

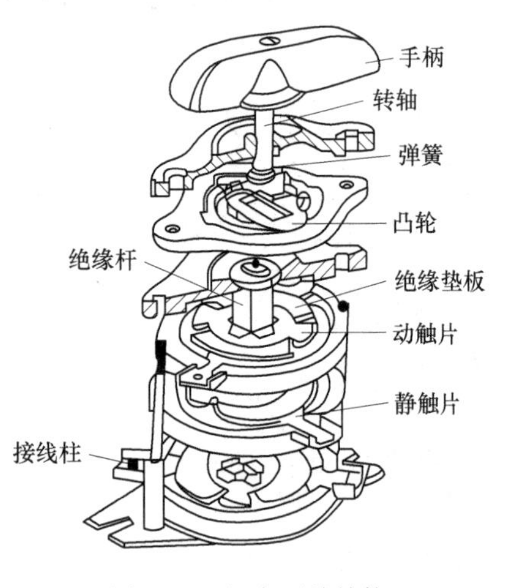

图5-4　组合开关结构

组合开关常用来作电源的引入开关，起到设备和电源间的隔离作用，但有时也可以用来直接启动和停止小容量的电动机，接通和断开局部照明电路。

2. 组合开关的选择与使用

（1）组合开关的选择。

1）用于照明或电热电路时，组合开关的额定电流应不小于被控制电路中各负载电流的总和。

2）用于电动机电路时，组合开关的额定电流一般取电动机额定电流的1.5～2.5倍。

（2）组合开关的使用。

1）组合开关的通、断能力较低，当用于控制电动机作可逆运转时，必须在电动机完全停止转动后才能反向接通。

2）当操作频率过高或负载的功率因数较低时，转换开关要降低容量使用，否则会影响开关寿命。

3. 型号含义

型号含义如下：

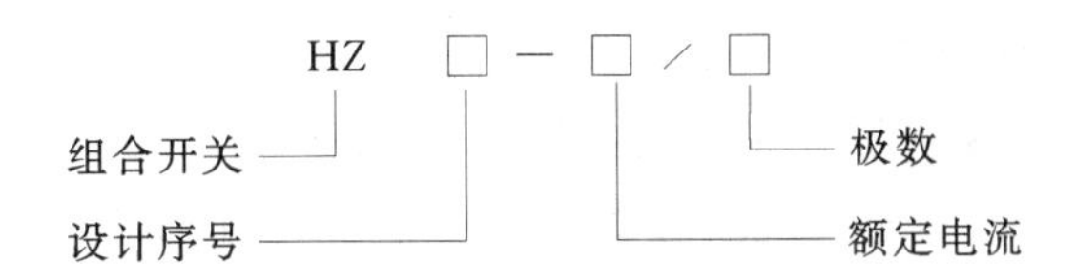

（三）自动空气开关

自动空气开关又称自动开关或自动空气断路器。它既是控制电器，同时又具有保护电器的功能。当电路中发生短路、过载、失压等故障时，能自动切断电路。在正常情况下也可用作不频繁地接通和断开电路或控制电动机。它的外形、结构示意图和符号如图 5－5 所示。

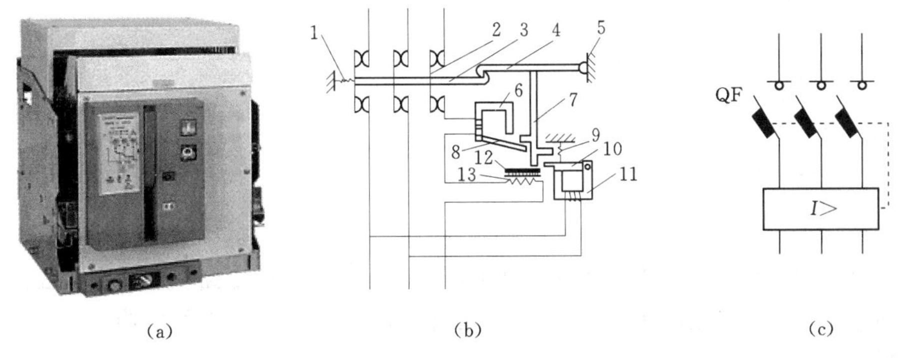

图 5－5 自动空气开关外形、结构示意图

(a) 外形；(b) 内部结构；(c) 符号

1—反力弹簧；2—主触点；3—搭钩；4—锁钩；5—转轴；6—过流脱扣器；7—杠杆；8，10—衔铁；9—拉力弹簧；11—欠压脱扣器；12—双金属片；13—热脱扣器

1. 工作原理

主触点通常由手动的操作机构来闭合，闭合后主触点 2 被锁钩 4 锁住。如果电路中发生故障，脱扣机构就在有关脱扣器的作用下将锁钩脱开，于是主触点在反力弹簧 1 的作用下迅速分断。

脱扣器有过流脱扣器 6、欠压脱扣器 11 和热脱扣器 13，它们都是电磁铁。在正常情况下，过流脱扣器的衔铁 8 是释放着的，一旦发生严重过载或短路故障时，与主电路相串的线圈将产生较强的电磁吸力吸引衔铁，而推动杠杆 7 顶开锁钩，使主触点断开。欠压脱扣器的工作恰恰相反，在电压正常时，吸住衔铁 10 才不影响主触点的闭合，一旦电压严重下降或断电时，电磁吸力不足或消失，衔铁被释放而推动杠杆，使主触点断开。当电路发生一般性过载时，过载电流虽不能使过流脱扣器动作，但能使热脱扣器 13 产生一定的热量，促使双金属片 12 受热向上弯曲，推动杠杆使搭钩与锁钩脱开，将主触点分开。

自动开关广泛应用于低压配电线路上，也用于控制电动机及其他用电设备。

2. 自动空气开关的选择和使用

(1) 自动空气开关的选择。

1) 自动空气开关的额定工作电压不小于电路额定电压。

2）自动空气开关的额定电流不小于电路计算负载电流。

3）热脱扣器的整定电流等于所控制负载的额定电流。

（2）自动空气开关的使用。

1）当断路器与熔断器配合使用时，熔断器应装于断路器之前，以保证使用安全。

2）电磁脱扣器的整定值不允许随意更动，使用一段时间后应检查其动作的准确性。

3）断路器在分断短路电流后，应在切除前级电源的情况下及时检查触头。如有严重的电灼痕迹，可用干布擦去；若发现触头烧毛，可用砂纸或细锉小心修整。

3. 自动空气开关的型号含义

其含义如下：

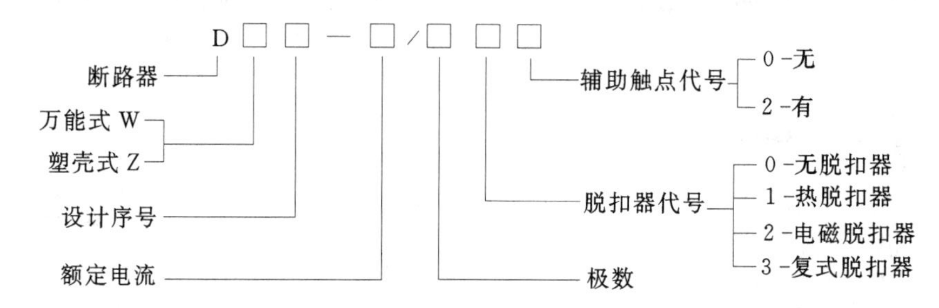

（四）按钮

按钮是一种手动电器，通常用来接通或断开小电流控制的电路。它不直接去控制主电路的通断，而是在控制电路中发出"指令"去控制接触器、继电器等电器，再由它们去控制主电路。

按钮一般由按钮帽、复位弹簧、动触点、静触点和外壳等组成。

按钮根据触点结构的不同，可分为常开按钮、常闭按钮，以及将常开和常闭封装在一起的复合按钮等几种。图 5－6 所示为按钮结构示意图及符号。

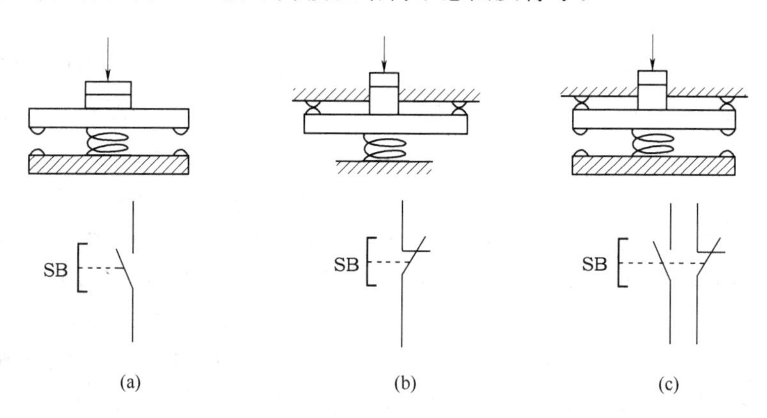

图 5－6　按钮结构示意图和符号

（a）常开按钮；（b）常闭按钮；（c）复合按钮

1. 工作原理

图 5－6（a）所示为常开按钮，平时触点分开，手指按下时触点闭合，松开手之后触点分开，常用作启动按钮。图 5－6（b）所示为常闭按钮，平时触点闭合，手指按下时触

点分开，松开手指后触点闭合，常用作停止按钮。图 5 - 6（c）所示为复合按钮，一组为常开触点，一组为常闭触点，手指按下时，常闭触点先断开，继而常开触点闭合，松开手指后，常开触点先断开，继而常闭触点闭合。

除了这种常见的直上直下的操作形式即揿钮式按钮之外，还有自锁式、紧急式、钥匙式和旋钮式按钮，图 5 - 7 所示为这些按钮的外形。

图 5 - 7　各种按钮的外形

其中紧急式表示紧急操作，按钮上装有蘑菇形钮帽，颜色为红色，一般安装在操作台（控制柜）明显位置上。

按钮主要用于操纵接触器、继电器或电气联锁电路，以实现对各种运动的控制。

2. 按钮的选用

（1）根据使用场合，选择按钮的型号和形式。

（2）按工作状态指示和工作情况的要求，选择按钮和指示灯的颜色。

（3）按控制回路的需要，确定按钮的触点形式和触点的组数。

按钮用于高温场合时，易使塑料变形老化而导致松动，引起接线螺钉间相碰短路，可在接线螺钉处加套绝缘塑料管来防止短路。

（4）带指示灯的按钮因灯泡发热，长期使用易使塑料灯罩变形，应降低灯泡电压，延长使用寿命。

3. 型号含义

以 LAY1 系列为例如下：

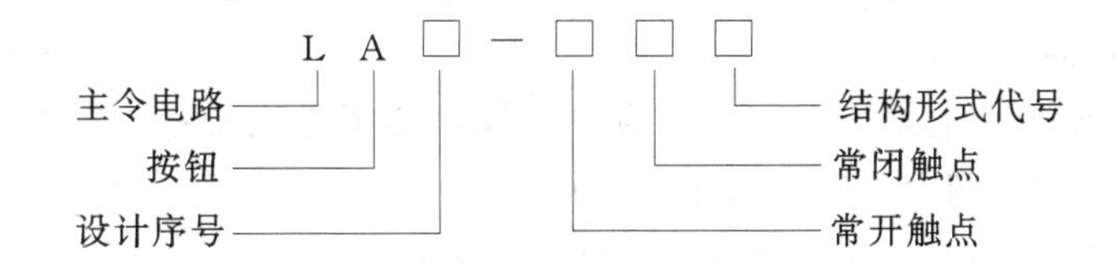

（五）熔断器

熔断器是一种广泛应用的最简单、有效的保护电器。常在低压电路和电动机控制电路中起过载保护和短路保护。它串联在电路中，当通过的电流大于规定值时，使熔体熔化而自动分断电路。

熔断器有管式、插入式、螺旋式和卡式等几种形式，其中部分熔断器的外形和符号如图 5 - 8 所示。

1. 熔断器的工作原理

熔断器的主要元件是熔体，它是熔断器的核心部分，常做成丝状或片状。在小电流电

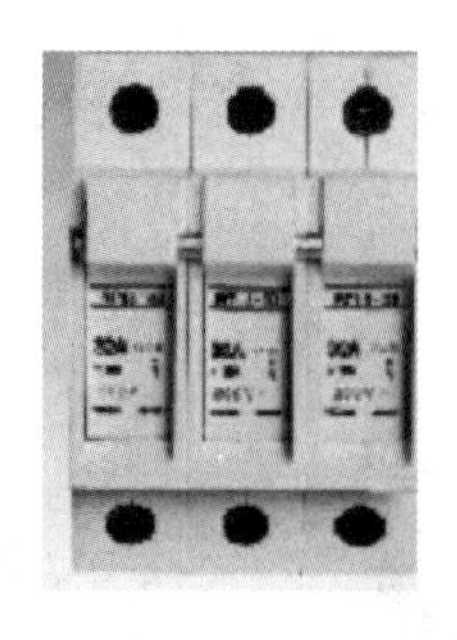

图 5-8　熔断器的外形和符号

路中，常用铅锡合金和锌等低熔点金属做成圆截面熔丝；在大电流电路中则用银、铜等较高熔点的金属作成薄片，便于灭弧。

熔断器使用时应当串联在所保护的电路中。电路正常工作时，熔体允许通过一定大小的电流而不熔断；当电路发生短路或严重过载时，熔体温度上升到熔点而熔断，将电路断开，从而保护了电路和用电设备。

2. 熔断器的选择与使用

（1）熔断器的选择。选择熔断器时，主要是正确选择熔断器的类型和熔体的额定电流。

1）应根据使用场合选择熔断器的类型。电网配电一般用管式熔断器；电动机保护一般用螺旋式熔断器；照明电路一般用瓷插熔断器；保护可控硅元件则应选择快速熔断器。

2）熔体额定电流的选择。

a. 对于变压器、电炉和照明等负载，熔体的额定电流应不小于负载电流。

b. 对于输配电线路，熔体的额定电流应不小于线路的安全电流。

c. 对电动机负载，熔体的额定电流应等于电动机额定电流的 1.5 ～2.5 倍。

（2）熔断器的使用。

1）对不同性质的负载，如照明电路、电动机电路的主电路和控制电路等，应分别保护，并装设单独的熔断器。

2）安装螺旋式熔断器时，必须注意将电源线接到瓷底座的下接线端（即低进高出的原则），以保证安全。

3）瓷插式熔断器安装熔丝时，熔丝应顺着螺钉旋紧方向绕过去，同时应注意不要划伤熔丝，也不要把熔丝绷紧，以免减小熔丝截面尺寸或插断熔丝。

4）更换熔体时应切断电源，并应换上相同额定电流的熔体。

3. 熔断器的型号含义

熔断器的型号含义如下：

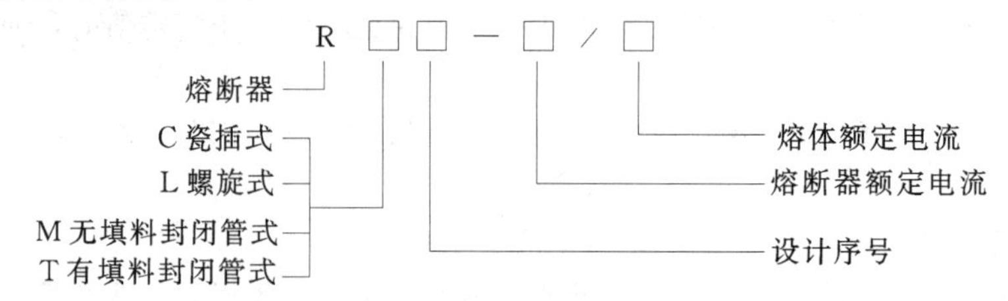

（六）交流接触器

接触器是一种电磁式的自动切换电器，适用于远距离频繁地接通或断开交/直流主电路及大容量的控制电路。其主要控制对象是电动机，也可控制其他负载。

接触器按主触头通过的电流种类，分为交流接触器和直流接触器两大类。以交流接触器为例，它的外形如图 5－9（a）所示。它的结构示意图和符号如图 5－9（b）所示。

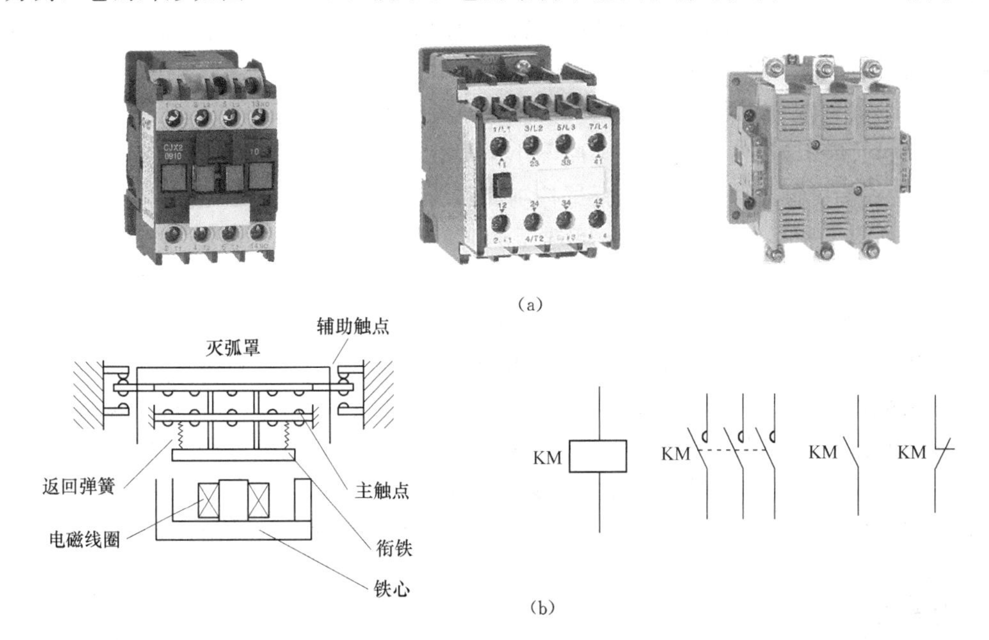

(a)

(b)

图 5－9　交流接触器

(a) 交流接触器外形；(b) 交流接触器结构示意图和符号

1. 交流接触器的组成

交流接触器由以下 4 部分组成。

（1）电磁系统。用来操作触头闭合与分断。它包括静铁心、吸引线圈、动铁心（衔铁）。铁心用硅钢片叠成，以减少铁心中的铁损耗，在铁心端部极面上装有短路环，其作用是消除交流电磁铁在吸合时产生的振动和噪声。

（2）触点系统。起着接通和分断电路的作用。它包括主触点和辅助触点。通常主触点用于通断电流较大的主电路，辅助触点用于通断小电流的控制电路。

（3）灭弧装置。起着熄灭电弧的作用。

（4）其他部件。主要包括恢复弹簧、缓冲弹簧、触点压力弹簧、传动机构及外壳等。

2. 交流接触器的工作原理

当吸引线圈通电后，动铁心被吸合，所有的常开触点都闭合，常闭触点都断开。当吸引线圈断电后，在恢复弹簧的作用下，动铁心和所有的触点都恢复到原来的状态。

接触器适用于远距离频繁接通和切断电动机或其他负载主电路，由于具备低电压释放功能，所以还当作保护电器使用。

3. 交流接触器的选择

（1）接触器类型的选择。接触器的类型有交流和直流电器两类，应根据所控制电流的

类型来选用交流或直流接触器。如控制系统中主要是交流对象，而直流对象容量较小，也可选用交流接触器，但触头的额定电流要选大些。

若接触器控制的电动机启动或正/反转频繁，一般将接触器主触头的额定电流降一级使用。

（2）接触器操作频率的选择。操作频率是指接触器每小时通断的次数。当通断电流较大及通断频率较高时，会使触头过热甚至熔焊。操作频率若超过规定值，应选用额定电流大一级的接触器。

（3）接触器额定电压和电流的选择。

1）主触点的额定电流（或电压）应不小于负载电路的额定电流（或电压）。

2）吸引线圈的额定电压，则应根据控制回路的电压来选择。

当线路简单、使用电器较少时，可选用 380V 或 220V 电压的线圈；若线路较复杂、使用电器超过 5 个时，应选用 110V 及以下电压等级的线圈。

4. 接触器的使用

（1）接触器安装前应先检查线圈的额定电压是否与实际需要相符。

（2）接触器的安装多为垂直安装，其倾斜角不得超过 5°，否则会影响接触器的动作特性；安装有散热孔的接触器时，应将散热孔放在上下位置，以降低线圈的温升。

（3）接触器安装与接线时应将螺钉拧紧，以防振动松脱。

（4）接线器的触头应定期清理，若触头表面有电弧灼伤时，应及时修复。

5. 型号含义

型号含义如下：

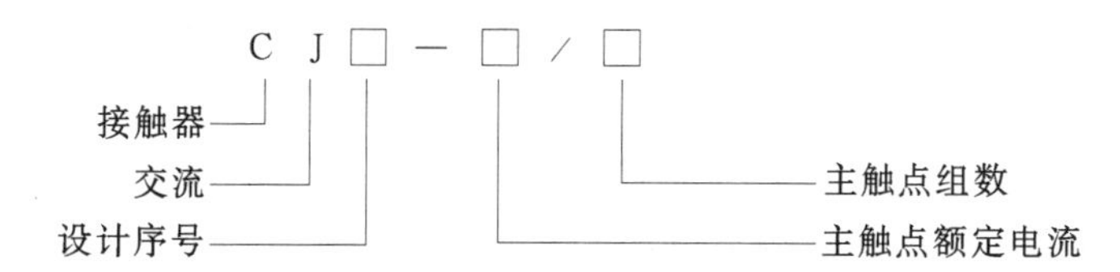

（七）热继电器

热继电器是一种利用流过继电器的电流所产生的热效应而反时限动作的保护电器，它主要用作电动机的过载保护、断相保护、电流不平衡运行及其他电气设备发热状态的控制。

热继电器有两相结构、三相结构、三相带断相保护装置等 3 种类型。

图 5－10 所示为热继电器的外形。

图 5－10　热继电器的外形

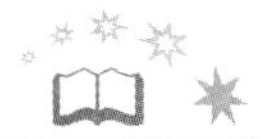

热继电器主要由双金属片、热元件、动作机构、触点系统、整定调整装置等部分组成。图 5-11 所示为实现两相过载保护的热继电器的结构示意图和符号。

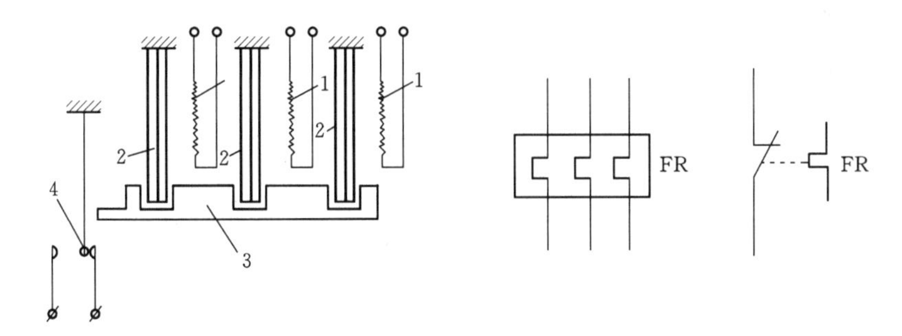

图 5-11　热继电器的结构示意图和符号

1—热元件；2—双金属片；3—动作机构；4—常闭触点

1. 工作原理

热继电器中的双金属片 2 由两种膨胀系数不同的金属片压焊而成，缠绕着双金属片的是热元件 1，它是一段电阻不大的电阻丝，串接在主电路中，热继电器的常闭触点 4 通常串接在接触器线圈电路中。当电动机过载时，热元件中通过的电流加大，使双金属片逐渐发生弯曲，经过一定时间后，推动动作机构 3，使常闭触点断开，切断接触器线圈电路，使电动机主电路失电。故障排除后，按下复位按钮，使热继电器触点复位。

热继电器的工作电流可以在一定范围内调整，称为整定。整定电流值应是被保护电动机的额定电流值，其大小可以通过旋动整定电流旋钮来实现。由于热惯性，热继电器不会瞬间动作，因此它不能用作短路保护。但也正是这个热惯性，使电动机启动或短时过载时，热继电器不会误动作。

热继电器用来对连续运行的电动机进行过载保护，以防止电动机过热而烧毁。

2. 热继电器的选择和使用

（1）热继电器的选择。选用热继电器作为电动机的过载保护时，应使电动机在短时过载和启动瞬间不受影响。

1）热继电器的类型选择。一般轻载启动、短时工作，可选择二相结构的热继电器；当电源电压的均衡性和工作环境较差或多台电动机的功率差别较显著时，可选择三相结构的热继电器；对于三角形接法的电动机，应选用带断相保护装置的热继电器。

2）热继电器的额定电流及型号选择。热继电器的额定电流应大于电动机的额定电流。

3）热元件的整定电流选择。一般将整定电流调整到等于电动机的额定电流；对过载能力差的电动机，可将热元件整定值调整到电动机额定电流的 0.6～0.8 倍；对启动时间较长，拖动冲击性负载或不允许停车的电动机，热元件的整定电流应调节到电动机额定电流的 1.1～1.15 倍。

（2）热继电器的使用。

1）当电动机启动时间过长或操作次数过于频繁时，会使热继电器误动作或烧坏电器，故这种情况一般不用热继电器作过载保护。

2）当热继电器与其他电器安装在一起时，应将它安装在其他电器的下方，以免其动作特性受到其他电器发热的影响。

3）热继电器出线端的连接导线应选择合适。若导线过细，则热继电器可能提前动作；若导线太粗，则热继电器可能滞后动作。

3. 型号含义

型号含义如下：

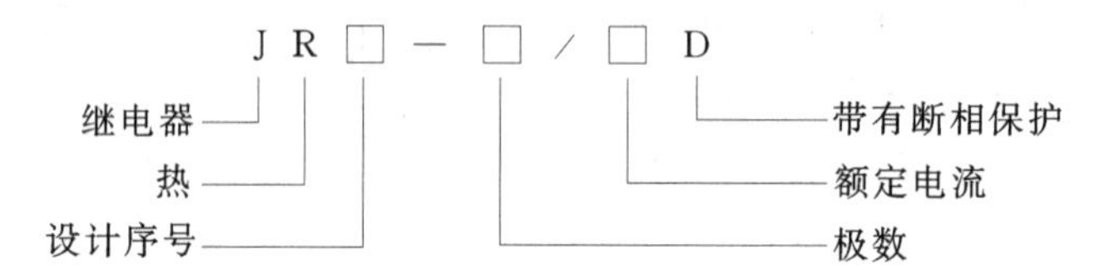

二、正/反转控制线路

单向转动的控制线路比较简单，但是只能使电动机朝一个方向旋转，带动生产机械的运动部件朝一个方向运动。但很多生产机械往往要求运动部件能向正/反两个方向运动。例如，机床工作台的前进和后退；万能铣床主轴的正/反转；起重机的上升和下降等。

当改变通入电动机定子绕组的三相电源相序，即把接入电动机三相电源进线中的任意两相对调接线时，电动机就可以反转。下面介绍几种常用的正/反转控制线路。

1. 接触器联锁的正/反转控制线路

接触器联锁的正/反转控制线路如图 5－12 所示。

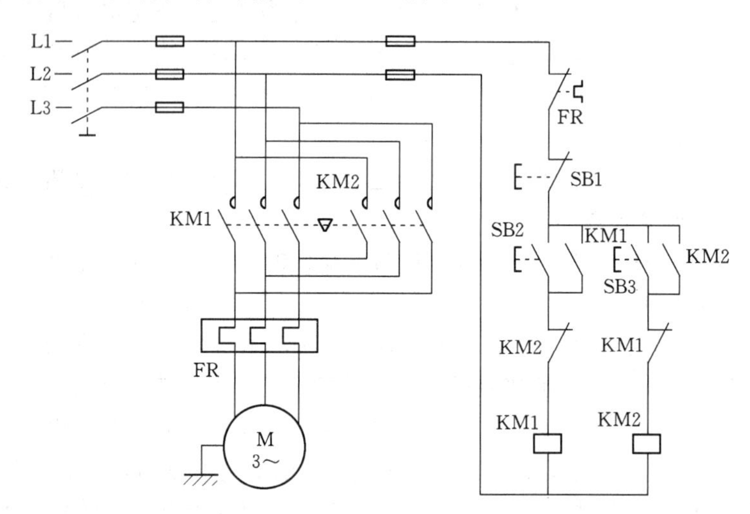

图 5－12　接触器联锁的正/反转控制线路

线路中采用了两个接触器，即正转用的接触器 KM1 和反转用的接触器 KM2，它们分别用正转按钮 SB1 和反转按钮 SB2 控制。从主电路中可以看出，这两个接触器的主触点所接通的电源相序不同，KM1 按 L1—L2—L3 相序接线，KM2 则按 L3—L2—L1 相序接线。

由主电路看出接触器 KM1 和 KM2 的主触点绝不允许同时闭合，否则将造成两相电源短路事故。为了避免两个接触器同时得电动作，就在正/反转控制电路中分别串接

了对方接触器的一对常闭辅助触头，这样当一个接触器得电动作时，通过其常闭触点使另一个接触器不得电动作，接触器间这种相互制约的作用叫接触器联锁，用“▽”表示。

线路工作原理如下：先合上电源开关QS。

(1) 正转控制。

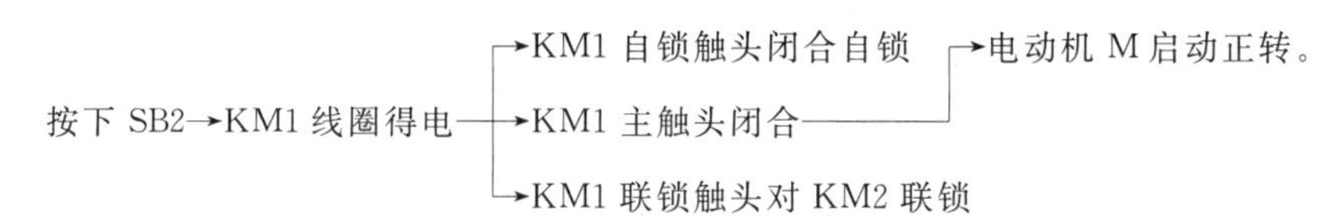

(2) 反转控制。

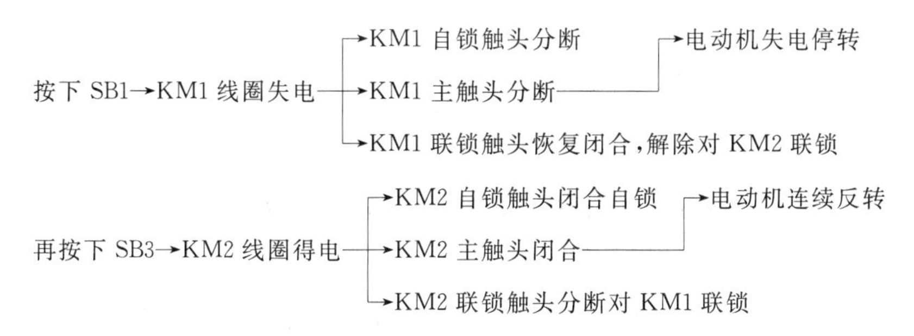

从以上分析可见，该线路的优点是工作可靠；但缺点是操作不便，正、反转变换时需要按下停止按钮。

为了克服接触器联锁的正/反转控制线路操作不便的缺点，可以采用按钮联锁的正/反转控制线路，这种正/反转控制线路的工作原理与接触器联锁的正/反转控制线路的工作原理基本相同，只是电动机正转变反转时，可直接按下反转按钮SB2即可实现，不必先按停止按钮，就可以正/反转直接改变。这种线路的优点是操作方便，但是有严重缺点：容易产生电源两相短路事故。例如，当正转接触器KM1发生主触点融焊或杂物卡住等故障时，即使KM1线圈失电，主触头也分断不开，这时若直接按下反转按钮，KM2得电动作，触头闭合，必然造成短路事故，所以采用此线路工作有一定的安全隐患。在实际工作中，经常采用按钮、接触器双重联锁的正/反转控制线路。

2. 按钮、接触器双重联锁的正/反转控制线路

为了克服接触器联锁的正/反转控制线路和按钮联锁的正/反转控制线路的不足，在按钮联锁的基础上增加了接触器联锁，构成按钮、接触器双重联锁的正/反转控制线路，如图5-13所示。

该线路兼有两种线路联锁控制线路的优点，操作方便，又工作安全可靠。

线路工作原理如下：

先合上电源开关QS。

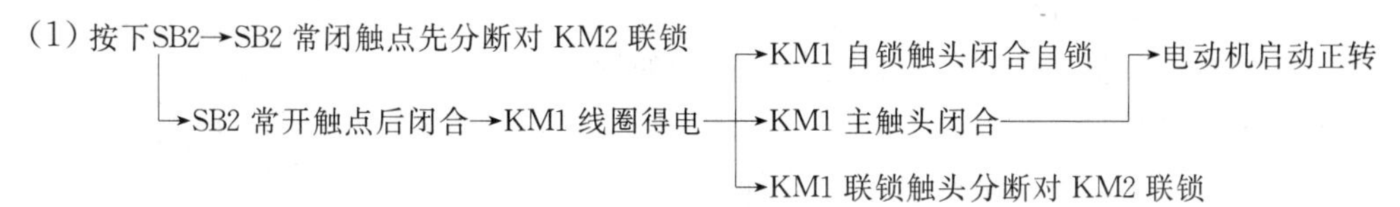

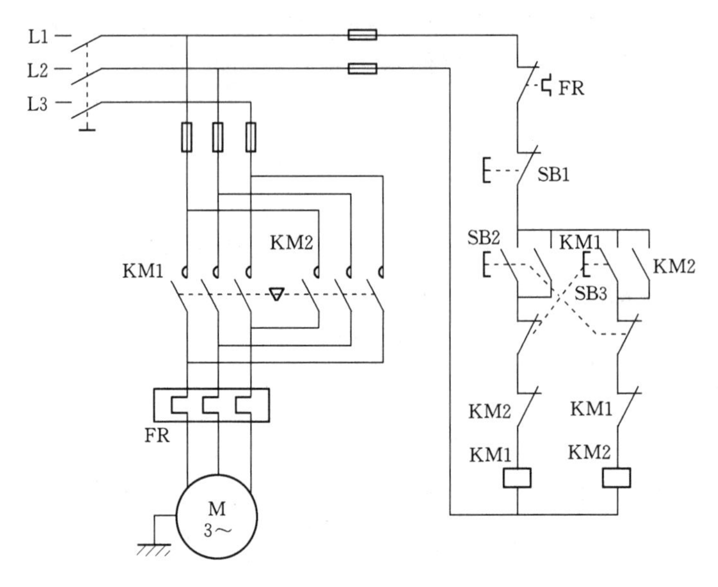

图 5－13　按钮、接触器双重联锁的正/反转控制线路

（2）反转控制。

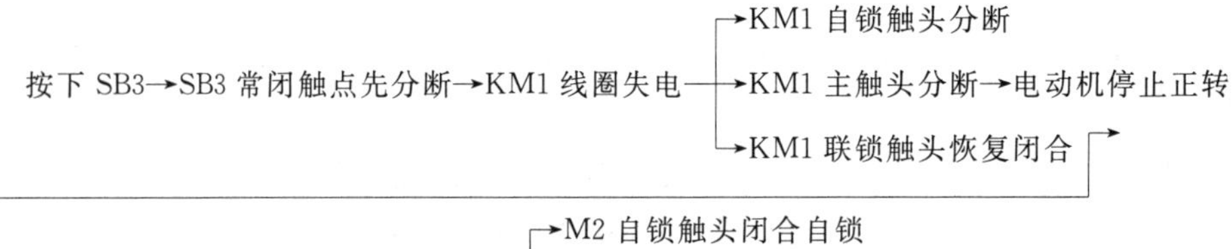

若要停止按下 SB1 整个控制电路失电，电动机停转。

技能训练

训练模块　正/反转控制线路的安装和检修

一、课题目标

（1）接触器联锁的正/反转控制线路的安装和检修。

（2）按钮、接触器双重联锁的正/反转控制线路的安装和检修。

二、工具、仪器和设备

（1）螺钉旋具、尖嘴钳、斜口钳、剥线钳等。

（2）MF30 型万用表。

（3）控制线路板、相应的电器元件、适量的导线。

三、实训过程

（1）熟悉工作原理，掌握电路原理图。

(2) 配齐所用电器元件，检验合格。

(3) 合理布局，正确接线。

接线完毕，用万用表Ω挡测量A、B点之间的电阻值。

(4) 不按SB：Ω→∞，线路不通。

(5) 按下SB：Ω→0，线路接通。

(6) 检查正确后，松开两只熔断器（大），连接电源线，通电检查接触器动作是否正确。

(7) 旋紧熔断器，接通电源用万用表V挡，测量各相电压。

(8) 试车后正确拆除、打分。

四、注意事项

(1) 注意接触器KM1、KM2联锁的接线务必准确，否则会造成主电路中两相电源短路。

(2) 注意接触器KM1、KM2联锁的换相准确，否则会造成电动机不能反转。

(3) 编码套管要正确。

(4) 带电试车和检修时，必须有指导老师在现场监护，以确保用电安全。

五、技能训练考核评分记录表（见表5-2）

表5-2　　技能训练考核评分记录表

<table>
<tr><th>模块内容</th><th>配　分</th><th colspan="3">评　分　标　准</th><th>扣　分</th></tr>
<tr><td>装前检查</td><td>5</td><td colspan="3">电器元件漏检或错检，每处扣1分</td><td rowspan="5"></td></tr>
<tr><td rowspan="4">安装元件</td><td rowspan="4">15</td><td colspan="3">(1) 不按布置图安装扣15分</td></tr>
<tr><td colspan="3">(2) 元件安装不牢固，每只扣4分</td></tr>
<tr><td colspan="3">(3) 元件安装不整齐、不均匀、不合理，每只扣3分</td></tr>
<tr><td colspan="3">(4) 损坏元件扣15分</td></tr>
<tr><td rowspan="5">布线</td><td rowspan="5">40</td><td colspan="3">(1) 不按电路图接线扣25分</td><td rowspan="8"></td></tr>
<tr><td colspan="3">(2) 布线不符合要求：
主电路，每根扣4分
控制线路，每根扣2分</td></tr>
<tr><td colspan="3">(3) 接点不符合要求，每个接点扣1分</td></tr>
<tr><td colspan="3">(4) 损伤导线绝缘或线芯，每根扣5分</td></tr>
<tr><td colspan="3">(5) 漏接接地线扣10分</td></tr>
<tr><td rowspan="3">通电试车</td><td rowspan="3">40</td><td colspan="3">(1) 第一次试车不成功扣10分</td></tr>
<tr><td colspan="3">(2) 第二次试车不成功扣20分</td></tr>
<tr><td colspan="3">(3) 第三次试车不成功扣40分</td></tr>
<tr><td>安全文明生产</td><td colspan="4">违反安全文明生产规程扣5～40分</td><td></td></tr>
<tr><td>定额时间2.5h</td><td colspan="4">每超时5min以内以扣5分计算</td><td></td></tr>
<tr><td>备注</td><td colspan="4">除定额时间外，各模块的最高扣分不应超过配分数</td><td></td></tr>
<tr><td>开始时间</td><td></td><td>结束时间</td><td></td><td>实际时间</td><td></td></tr>
</table>

六、技能训练报告

（1）技能训练模块名称。

（2）技能训练的课题目标。

（3）技能训练所用的工具、仪器和设备。

（4）绘制实训的电路图。

（5）记录实训的过程、现象和数据结果。

（6）小结、体会和建议。

思考与练习

（1）如何使电动机改变转向？

（2）什么叫联锁控制？在电动机正/反转控制线路中为什么必须要联锁控制？比较接触器联锁的正/反转控制线路和按钮联锁的正/反转控制线路的优、缺点。

（3）试画出点动的双重联锁正/反转控制线路的电路图。

（4）试分析判断如图 5－14 所示的主电路或控制电路能否实现正/反转控制？若不能，说明错误的原因。

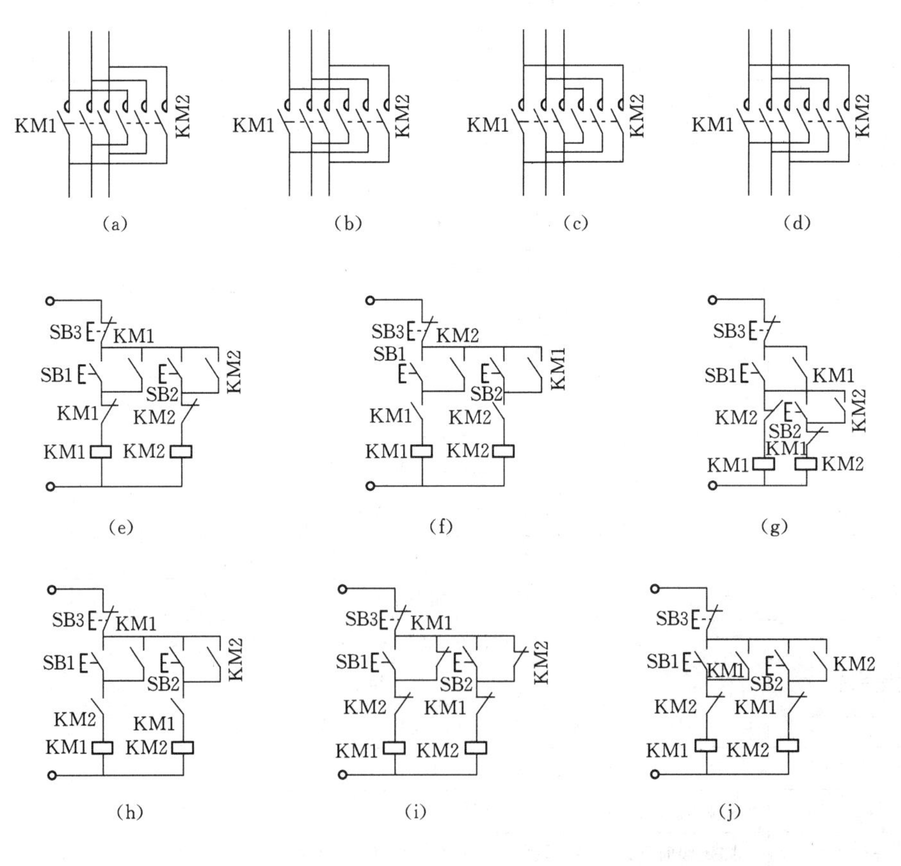

图 5－14　主控制电路

课题三　自动往返控制线路的安装与调试

学习目标

（1）会正确识别、选用、安装、使用行程开关，熟悉它的功能、基本结构、工作原理及型号意义，熟记它的图形符号和文字符号。

（2）熟悉电动机位置控制、自动往返控制、顺序控制和多地控制线路的构成和工作原理。

（3）会安装与检修电动机位置控制、自动往返控制、顺序控制和多地控制线路。

课题分析

在生产过程中，一些生产机械运动部件的行程或位置要受到限制，或者需要其运动部件在一定范围内自动往返循环等，如摇臂钻床、万能铣床、镗床等。此外，在装有多台电动机的生产机械上，各电动机所起的作用不同，有时需要按一定的顺序启动或停止，才能保证操作过程的合理和工作的安全可靠。例如，万能铣床要求主轴启动后，进给电动机才能启动；平面磨床的冷却泵要求砂轮电动机启动后才能启动。还有一些机械，由于体积比较大，为了操作方便可以采用多地控制的方法。这些就要求会正确识别、选用、安装、使用行程开关，熟悉电动机位置控制、自动往返控制、顺序控制和多地控制线路的构成和工作原理。会安装与检修电动机位置控制、自动往返控制、顺序控制和多地控制线路。

相关知识

一、行程开关

行程开关，又称限位开关或位置开关，它可以完成行程控制或限位保护。其作用与按钮相同，只是其触头的动作不是靠手指按压的手动操作，而是利用生产机械某些运动部件上的挡块碰撞或碰压使触头动作，以此来实现接通或分断某些电路，使之达到一定的控制要求。

行程开关的结构示意图和符号如图 5－15 所示。

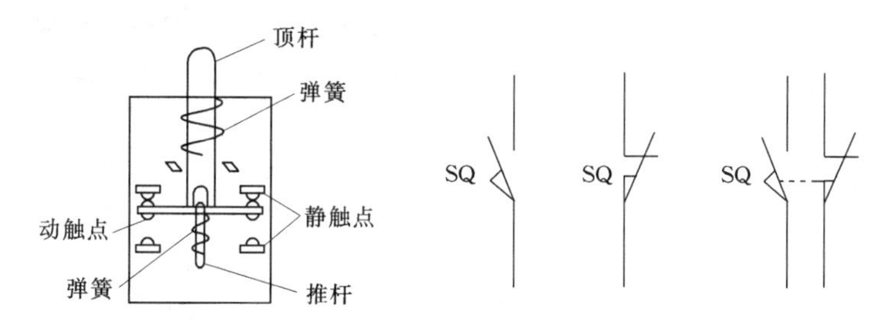

图 5－15　行程开关的结构示意图和符号

1. 工作原理

各种系列的行程开关其基本结构大体相同，都是由操作头、触点系统和外壳组成。操作头接受机械设备发出的动作指令或信号，并将其传递到触点系统，触点再将操作头传递

来的动作指令或信号，通过本身的结构功能变成电信号，输出到有关控制回路，实现作出必要的反应。

行程开关的种类很多，常用的行程开关有按钮式、单轮旋转式、双轮旋转式行程开关，它们的外形如图 5-16 所示。

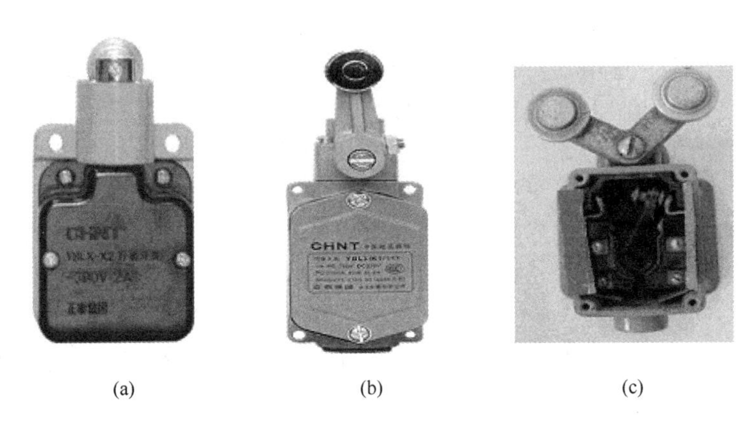

(a)　　(b)　　(c)

图 5-16　行程开关外形

(a) 按钮式；(b) 单轮旋转式；(c) 双轮旋转式

其中图 5-16 (a) 所示的按钮式行程开关和图 5-16 (b) 所示的单轮旋转式行程开关，均为自动复位，与按钮相似，所以称为自复式行程开关。而图 5-16 (c) 中的双轮旋转式行程开关，因为触点依靠反向碰撞后复位，所以称为非自复式行程开关。

行程开关被用来限制机械运动的位置或行程，使运动机械按一定位置或行程自动停止、反向运动或自动往返运动等。

2. 行程开关的选择和使用

(1) 行程开关的选择。

1) 根据安装环境选择防护形式，是开启式还是防护式。

2) 根据控制回路的电压和电流选择采用何种系统的行程开关。

3) 根据机械与行程开关的传力与位移关系选择合适的头部结构形式。

(2) 行程开关的使用。

1) 位置开关安装时位置要准确，否则不能达到位置控制和限位的目的。

2) 应定期检查位置开关，以免触头接触不良而达不到行程和限位控制的目的。

3. 型号含义

型号含义如下：

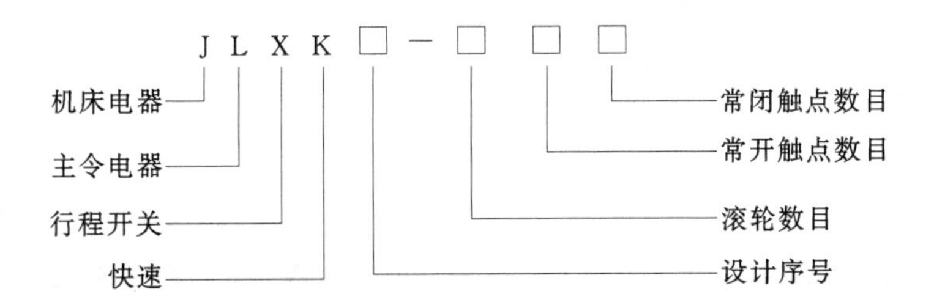

二、位置控制和自动循环控制线路

位置开关是一种将机械信号转换为电气信号，以控制运动部件位置或行程的自动控制电器。位置控制就是利用生产机械运动部件上的挡铁与位置开关碰撞，使其触头动作，来接通或断开电路，以实现对生产机械运动部件的位置或行程的自动控制。有些生产机械，要求工作台在一定的行程内自动往返运动，以便实现对工件的连续加工，提高工作效率。这就需要电气控制线路能对电动机实现自动转换正/反转控制。为了使电动机的正/反转与工作台的左/右运动相配合，在控制线路中设置了 4 个位置开关 SQ1、SQ2、SQ3、SQ4，并把它们安装在工作台需要限位的地方。其中 SQ1、SQ2 被用来自动换接电动机正/反转控制线路，实现工作台的自动往返行程控制；SQ3、SQ4 被用来做终端保护，以防 SQ1、SQ2 失灵，工作台越过限定位置而造成事故。

工作台自动往返循环控制线路如图 5-17 所示。

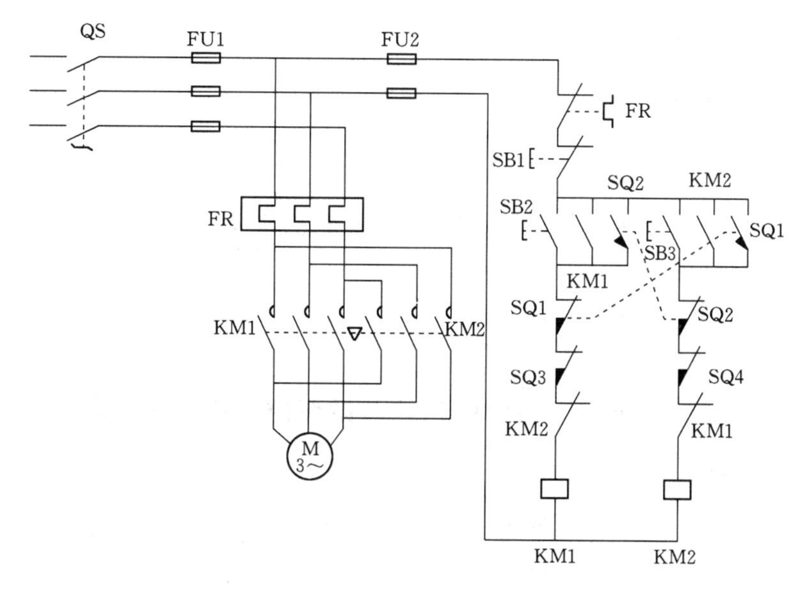

图 5-17 工作台自动往返循环控制线路

线路工作原理如下：先合上电源开关 QS。

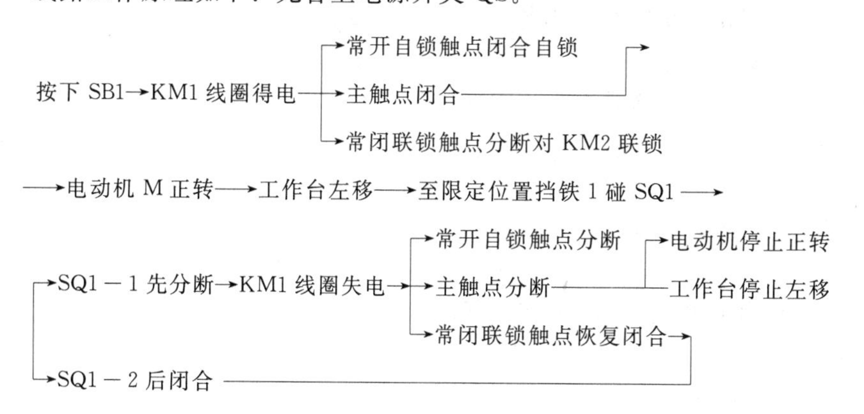

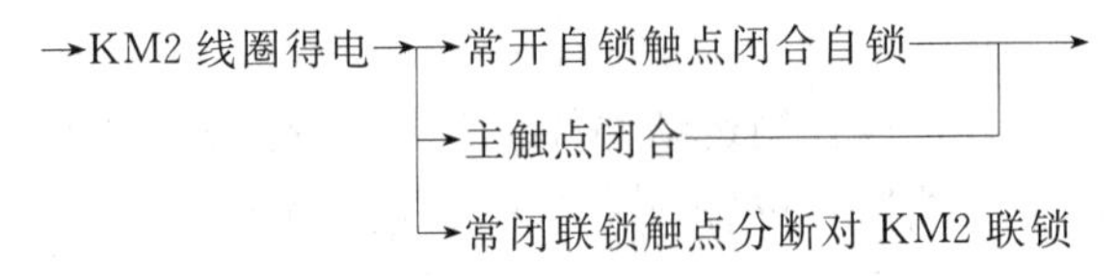

→电动机 M 反转→工作台右移（SQ1 触头复位）

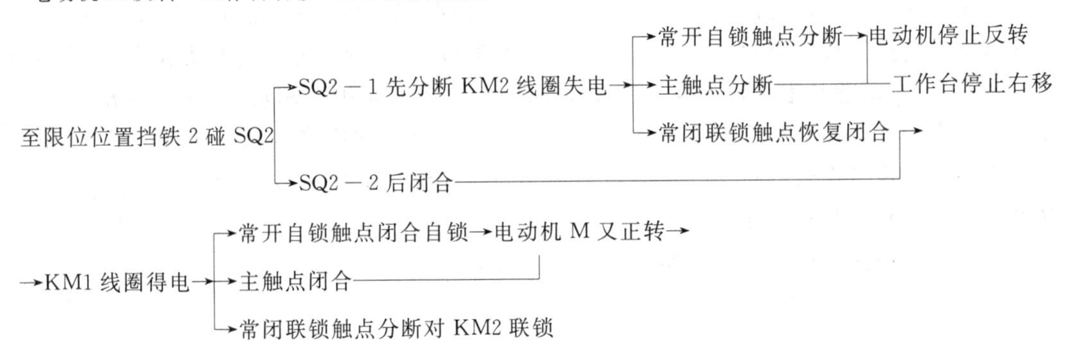

→工作台又左移（SQ2 触头复位）→……，以上重复上述过程，工作台就在限定的行程内自动往返运动。

停止时，按下 SB3 即可。

这里的 SB1、SB2 分别作为正转启动按钮和反转启动按钮，若启动时工作台在左端，则应按下 SB2 进行启动。

技能训练

技能训练模块　工作台自动往返循环控制线路安装和调试

一、课题目标

（1）学会正确识别、选用、安装、使用行程开关。

（2）熟悉电动机自动往返控制的构成和工作原理。

（3）会安装与检修电动机自动往返控制线路。

二、工具、仪器和设备

（1）螺钉旋具、尖嘴钳、斜口钳、剥线钳等。

（2）MF30 型万用表。

（3）控制线路板、相应的电器元件、适量的导线。

三、实训过程

（1）熟悉工作原理，掌握电路原理图。

（2）配齐所用电器元件，检验合格。

（3）合理布局，正确接线。

接线完毕，用万用表 Ω 挡测量 A、B 点之间的电阻值。

（4）不按 SB：Ω →∞，线路不通。

（5）按下 SB：Ω →0，线路接通。

（6）检查正确后，松开两只熔断器（大），连接电源线，通电检查接触器动作是否

正确。

（7）旋紧熔断器，接通电源，用万用表 V 挡测量各相电压。

（8）试车后正确拆除、打分。

四、注意事项

（1）注意接触器 KM1、KM2 联锁的接线务必准确，否则会造成主电路中两相电源短路。

（2）注意接触器 KM1、KM2 联锁的换相准确，否则会造成电动机不能反转。

（3）行程开关安装后，要检查手动开关是否灵活。

（4）通电试车时，扳动行程开关 SQ1，接触器 KM1 不断电释放，可能是 SQ1 和 SQ2 接反；如果扳动行程开关 SQ1，接触器 KM1 断电释放，KM2 闭合，电动机不反转，继续正转，可能是 KM2 的主触头接线错误，两种情况都应断电纠正后再试。

（5）编码套管要正确。

（6）工具和仪表使用要正确。

（7）带电试车和检修时，必须有指导老师在现场监护，以确保用电安全。

五、技能训练考核评分记录表（见表 5－3）

表 5－3　　技能训练考核评分记录表

模块内容	配分	评　分　标　准			扣分
装前检查	5	电器元件漏检或错检，每处扣 1 分			
安装元件	15	（1）不按布置图安装扣 15 分			
		（2）元件安装不牢固，每只扣 4 分			
		（3）元件安装不整齐、不均匀、不合理，每只扣 3 分			
		（4）损坏元件扣 15 分			
布线	40	（1）不按电路图接线扣 25 分			
		（2）布线不符合要求： 主电路，每根扣 4 分 控制线路，每根扣 2 分			
		（3）接点不符合要求，每个接点扣 1 分			
		（4）损伤导线绝缘或线芯，每根扣 5 分			
		（5）漏接接地线扣 10 分			
通电试车	40	（1）第一次试车不成功扣 10 分			
		（2）第二次试车不成功扣 20 分			
		（3）第三次试车不成功扣 40 分			
安全文明生产	违反安全文明生产规程扣 5～40 分				
定额时间 2.5h	每超时 5min 以内以扣 5 分计算				
备注	除定额时间外，各模块的最高扣分不应超过配分数				
开始时间		结束时间		实际时间	

六、技能训练报告

(1) 技能训练模块名称。

(2) 技能训练的课题目标。

(3) 技能训练所用的工具、仪器和设备。

(4) 绘制实训的电路图。

(5) 记录实训的过程、现象和数据结果。

(6) 小结、体会和建议。

思考与练习

什么是位置控制？某工厂车间需要用一行车，要求按图 5-18 所示示意图运动。试画出满足要求的控制电路图。

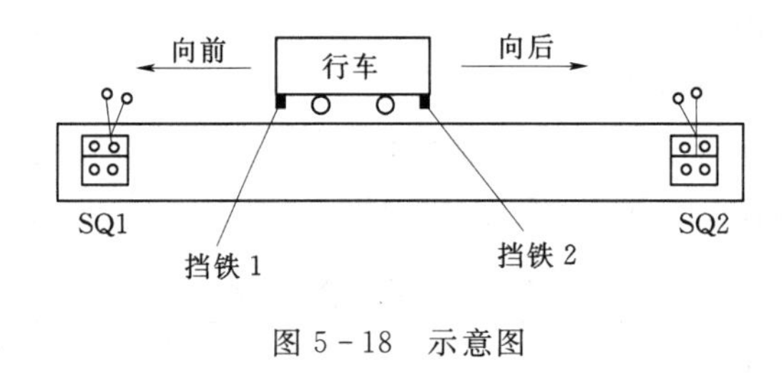

图 5-18　示意图

课题四　顺序控制线路的安装与调试

学习目标

(1) 熟悉电动机顺序控制和多地控制线路的构成和工作原理。

(2) 会安装与检修电动机顺序控制和多地控制线路。

课题分析

此外在装有多台电动机的生产机械上，各电动机所起的作用不同，有时需要按一定的顺序启动或停止，才能保证操作过程的合理和工作的安全可靠。例如，万能铣床要求主轴启动后，进给电动机才能启动；平面磨床的冷却泵要求砂轮电动机启动后才能启动。还有一些机械由于体积比较大，为了便于操作方便可以采用多地控制的方法。这些就要求熟悉电动机顺序控制和多地控制线路的构成和工作原理。会安装与检修电动机顺序控制和多地控制线路。

一、顺序控制线路

在装有多台电动机的生产机械上，各电动机所起的作用是不同的，有时需按一定的顺序启动或停止，才能保证操作过程的合理和工作的安全可靠。

顺序控制：要求几台电动机的启动或停止必须按一定的先后顺序来完成的控制方式，这种就是电动机的顺序控制。

顺序控制可以分成主电路、控制电路来实现顺序控制。

本课题是以 3 条传送带的顺序控制为例：

图 5－19 所示为 3 条传送带运输机的示意图。对于这 3 条传送带运输机的要求是：

（1）启动顺序为 L1、L2、L3，顺序启动，以防止货物在带上堆积。

（2）停车顺序为 L3、L2、L1，逆序停止，以保证停车后带上不残留货物。

（3）当 L1 或 L2 出现故障停车时，L3 能随即停车，以免继续进料。

顺序控制线路如图 5－19 所示。

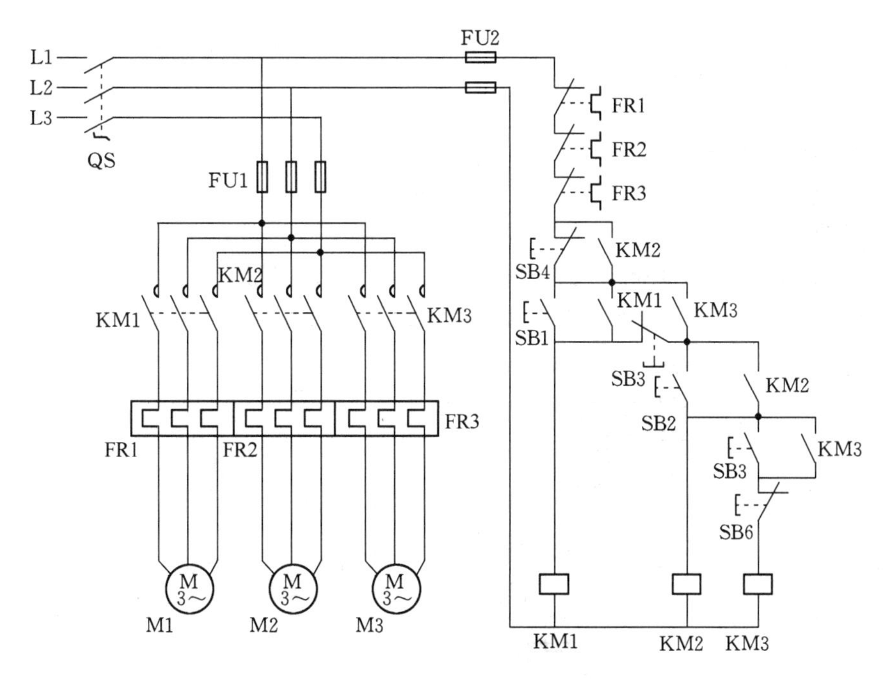

图 5－19　顺序控制线路

线路工作原理如下：先合上电源开关 QS。

M1、M2、M3 依次顺序启动：

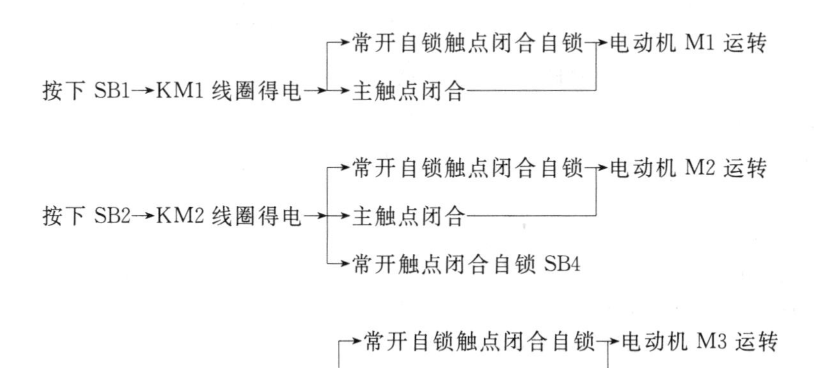

按下 SB3 → KM3 线圈得电→常开自锁触点闭合自锁→电动机 M3 运转

主触点闭合

常开触点闭合自锁 SB5

M3、M2、M1 依次序停止：

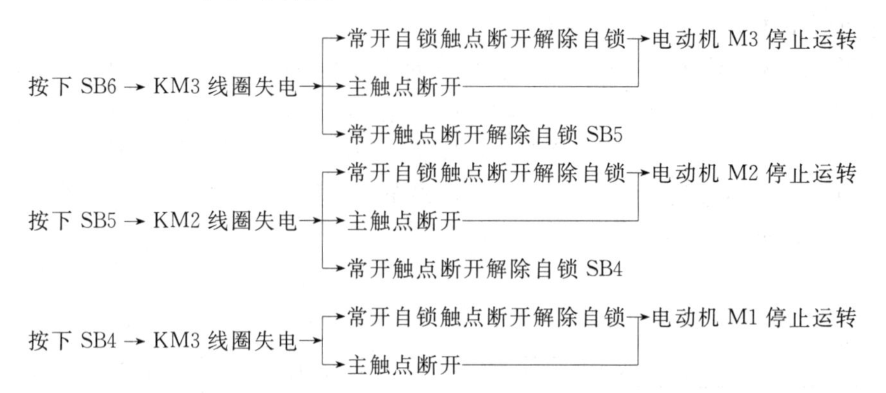

二、多地控制线路

多地控制：能在两地或多地控制同一台电动机（或用电设备）的控制方法，以达到操作方便的目的。

对 3 地或多地控制只要把各地的启动按钮并接，停止按钮串接就可实现。

下面以两地控制正/反转控制线路为例，线路如图 5－20 所示。

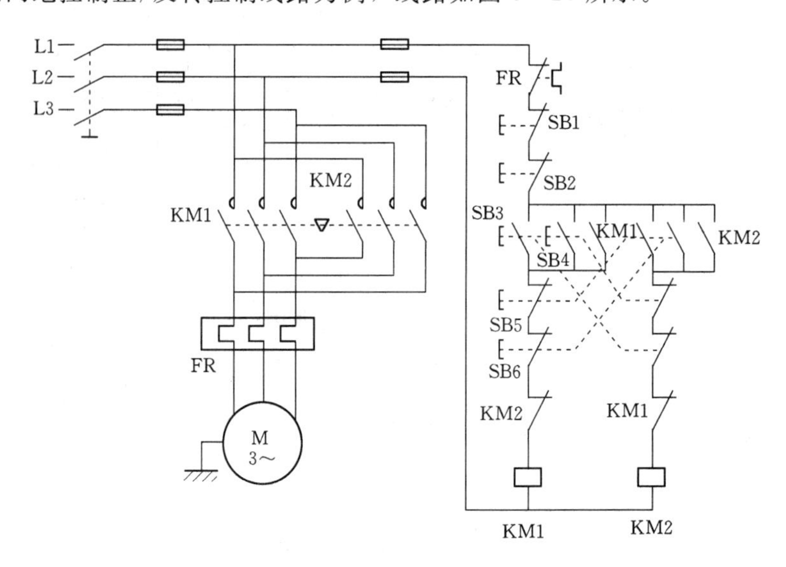

图 5－20　两地控制正/反转双重联锁控制线路

线路工作原理如下。

先合上电源开关 QS。

（1）正转控制。

按下 SB3（SB4）→SB3(SB4) 常闭触点先分断对 KM2 联锁

└→SB3(SB4) 常开触点后闭合 → KM1 线圈得电 →

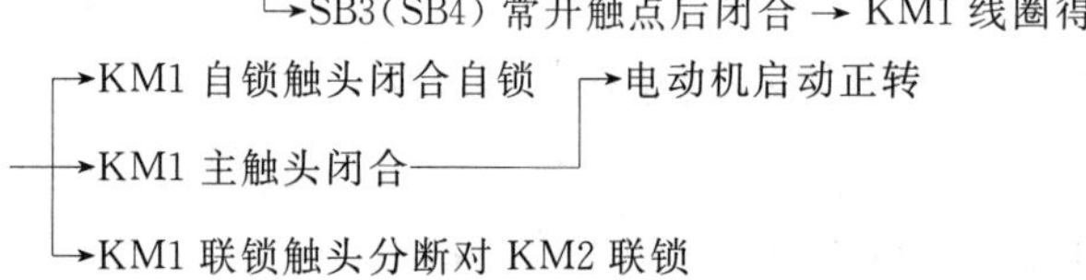

（2）反转控制。

按下 SB5(SB6) → SB5(SB6) 常闭触点先分断 → KM1 线圈失电 → KM1 自锁触头分断
→ KM1 主触头分断 → 电动机停止正传
→ KM1 联锁触头恢复闭合 → SB5(SB6) 常开触头后闭合 → M2 自锁触头闭合自锁
→ KM2 线圈得电 → KM2 主触头闭合 → 电动机启动反转
→ KM2 联锁触头分断对 KM1 联锁

若要停止按下 SB1 或（SB2）整个控制电路失电，电动机停转。

技能训练

技能训练模块　两台电动机顺序启动、逆序停止控制线路安装和调试

一、课题目标

（1）熟悉电动机顺序控制的构成和工作原理。

（2）会安装与检修电动机顺序控制线路。

二、工具、仪器和设备

（1）螺钉旋具、尖嘴钳、斜口钳、剥线钳等。

（2）MF30 型万用表。

（3）控制线路板、相应的电器元件、适量的导线。

三、实训过程

（1）熟悉工作原理，掌握电路原理图。

（2）配齐所用电器元件，检验合格。

（3）合理布局，正确接线。

接线完毕，用万用表 Ω 挡测量 A、B 点之间的电阻值。

（4）不按 SB：Ω→∞，线路不通。

（5）按下 SB：Ω→0，线路接通。

（6）检查正确后，松开两只熔断器（大），连接电源线，通电检查接触器动作是否正确。

（7）旋紧熔断器，接通电源，用万用表 V 挡测量各相电压。

（8）试车后正确拆除、打分。

四、注意事项

（1）注意接触器 KM1 的自锁触头和顺序控制触头接线准确，否则易造成 M2 不启动或两电动机同时启动。

（2）编码套管要正确。

（3）工具和仪表使用要正确。

（4）带电试车和检修时，必须有指导老师在现场监护，以确保用电安全。

五、技能训练考核评分记录表（见表 5－4）

表 5－4　　技能训练考核评分记录表

<table>
<tr><th>模块内容</th><th>配分</th><th colspan="3">评　分　标　准</th><th>扣分</th></tr>
<tr><td>装前检查</td><td>5</td><td colspan="3">电器元件漏检或错检，每处扣 1 分</td><td></td></tr>
<tr><td rowspan="4">安装元件</td><td rowspan="4">15</td><td colspan="3">（1）不按布置图安装扣 15 分</td><td rowspan="4"></td></tr>
<tr><td colspan="3">（2）元件安装不牢固，每只扣 4 分</td></tr>
<tr><td colspan="3">（3）元件安装不整齐、不均匀、不合理，每只扣 3 分</td></tr>
<tr><td colspan="3">（4）损坏元件扣 15 分</td></tr>
<tr><td rowspan="5">布线</td><td rowspan="5">40</td><td colspan="3">（1）不按电路图接线扣 25 分</td><td rowspan="5"></td></tr>
<tr><td colspan="3">（2）布线不符合要求：
主电路，每根扣 4 分
控制线路，每根扣 2 分</td></tr>
<tr><td colspan="3">（3）接点不符合要求，每个接点扣 1 分</td></tr>
<tr><td colspan="3">（4）损伤导线绝缘或线芯，每根扣 5 分</td></tr>
<tr><td colspan="3">（5）漏接接地线扣 10 分</td></tr>
<tr><td rowspan="3">通电试车</td><td rowspan="3">40</td><td colspan="3">（1）第一次试车不成功扣 10 分</td><td rowspan="3"></td></tr>
<tr><td colspan="3">（2）第二次试车不成功扣 20 分</td></tr>
<tr><td colspan="3">（3）第三次试车不成功扣 40 分</td></tr>
<tr><td>安全文明生产</td><td colspan="4">违反安全文明生产规程扣 5～40 分</td><td></td></tr>
<tr><td>定额时间 2.5h</td><td colspan="4">每超时 5min 以内以扣 5 分计算</td><td></td></tr>
<tr><td>备注</td><td colspan="4">除定额时间外，各模块的最高扣分不应超过配分数</td><td></td></tr>
<tr><td>开始时间</td><td></td><td>结束时间</td><td></td><td>实际时间</td><td></td></tr>
</table>

六、技能训练报告

（1）技能训练模块名称。

（2）技能训练的课题目标。

（3）技能训练所用的工具、仪器和设备。

（4）绘制实训的电路图。

（5）记录实训的过程、现象和数据结果。

（6）小结、体会和建议。

思考与练习

（1）什么是顺序控制？常见的顺序控制有哪些？举例说明。

（2）图 5－21 所示是两种不同的顺序控制线路，试分析说明各线路有什么特点？能满足什么控制要求？

（3）什么是电动机的多地控制？线路接线特点是什么？

（4）试画出能在两地控制同一台电动机正/反转点动控制电路图。

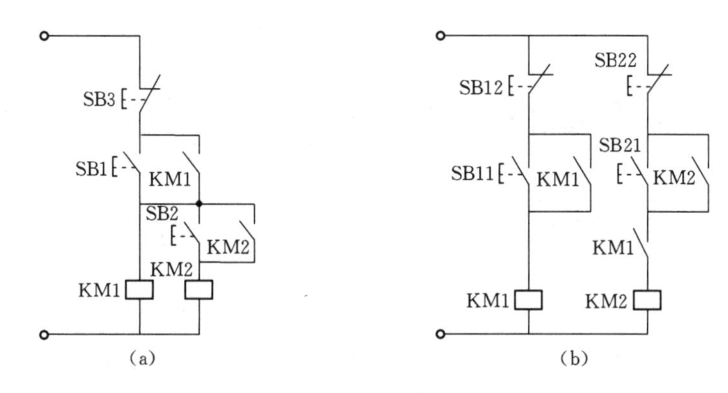

图 5-21　两种不同的顺序控制线路

课题五　三相异步电动机的降压启动控制线路安装与调试

学习目标

(1) 会正确识别、选用、安装、使用时间继电器、中间继电器，熟悉它们的功能、基本结构、工作原理及型号意义，熟记它们的图形符号和文字符号。

(2) 熟悉定子绕组串接电阻降压启动控制线路结构和工作原理。

(3) 熟悉自动控制补偿器降压启动控制线路结构和工作原理。

(4) 熟悉Y-△降压启动控制线路结构和工作原理，会正确安装与检修Y-△降压启动控制线路。

(5) 熟悉正确安装延边△降压启动控制线路结构和工作原理。

课题分析

前面介绍的各种控制电路启动时，加在电动机定子绕组上的电压为电动机的额定电压，属于全压启动，也称直接启动。直接启动优点是电气设备少，线路简单，维修量较小。但是异步电动机直接启动时，启动电流一般为额定电流的4～7倍，电源变压器容量不够，电动机功率较大的情况下会使变压器输出电压下降，影响本身的启动转矩，也会影响同一供电线路中其他电气设备的正常工作。所以要掌握异步电动机的降压启动的各种方法和线路的安装。

相关知识

一、时间继电器

时间继电器是一种按时间原则动作的继电器。它按照设定时间控制而使触头动作，即由它的感测机构接收信号，经过一定时间延时后执行机构才会动作，并输出信号以操纵控制电路。时间继电器按工作方式分为通电延时时间继电器和断电延时时间继电器，一般具有瞬时触点和延时触点这两种触点。

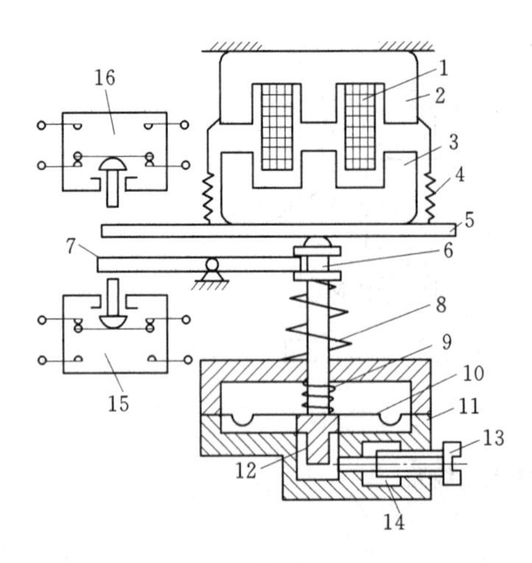

图 5－22　时间继电器的外形和结构示意图
1—线圈；2—铁心；3—衔铁；4—复位弹簧；5—推板；6—活塞杆；7—杠杆；8—塔形弹簧；9—弱弹簧；10—橡皮膜；11—空气室壁；12—活塞；13—调节螺杆；14—进气孔；15，16—微动开关

时间继电器的种类很多，常用的有气囊式、电磁式、电动式及晶体管式几种，近年来，电子式时间继电器发展很快，它具有延时时间长、精度高、调节方便等优点，有的还带有数字显示，非常直观，所以应用很广泛。以气囊式时间继电器为例，其结构示意图如图 5－22 所示。

1. 工作原理

（1）在通电延时时间继电器中，当线圈 1 通电后，铁心 2 将衔铁 3 吸合，瞬时触点迅速动作（推板 5 使微动开关 16 立即动作），活塞杆 6 在塔形弹簧 8 作用下，带动活塞 12 及橡皮膜 10 向上移动，由于橡皮膜下方气室空气稀薄，形成负压，因此活塞杆 6 不能迅速上移。当空气由进气孔 14 进入时，活塞杆 6 才逐渐上移。当移到最上端时，延时触点动作（杠杆 7 使微动开关 15 动作），延时时间即为线圈通电开始至微动开关 15 动作为止的这段时间。通过调节螺杆 13 调节进气孔 14 的大小，就可以调节延时时间。

线圈断电时，衔铁 3 在复位弹簧 4 的作用下将活塞 12 推向最下端。因活塞被往下推时，橡皮膜下方气室内的空气都通过橡皮膜 10、弱弹簧 9 和活塞 12 肩部所形成的单向阀，经上气室缝隙顺利排掉，因此瞬时触点（微动开关 16）和延时触点（微动开关 15）均迅速复位。

通电延时时间继电器的线圈和触点的符号如图 5－23 所示。

（2）将电磁机构翻转 180°安装后，可形成断电延时时间继电器。它的工作原理与通电延时时间继电器的工作原理相似，线圈通电后，瞬时触点和延时触点均迅速动作；线圈失电后，瞬时触点迅速复位，延时触点延时复位。

断电延时时间继电器的线圈和触点的符号如图 5－24 所示。

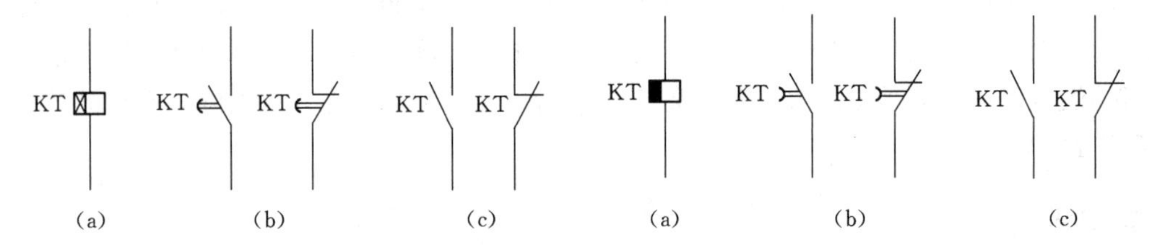

图 5－23　通电延时时间继电器符号
（a）线圈；（b）延时触点；（c）瞬时触点

图 5－24　断电延时时间继电器符号
（a）线圈；（b）延时触点；（c）瞬时触点

2. 时间继电器的选择与使用

（1）时间继电器的选择。

1）类型选择。凡是对延时要求不高的场合，一般采用价格较低的 JS7－A 系列时间

继电器，对于延时要求较高的场合，可采用JS11、JS20或7PR系列的时间继电器。

2）延时方式的选择。时间继电器有通电延时和断电延时两种，应根据控制线路的要求来选择哪一种延时方式的时间继电器。

3）线圈电压的选择。根据控制线路电压来选择时间继电器吸引线圈的电压。

（2）时间继电器的使用。

1）JS7－A系列时间继电器只要将线圈转动180°，即可将通电延时改为断电延时结构。

2）JS7－A系列时间继电器由于无刻度，故不能准确地调整延时时间。

3）JS11－□1系列通电延时继电器，必须在分断离合器电磁铁线圈电源时才能调节延时值；而JS11－□2系列断电延时继电器，必须在接通离合器电磁铁线圈电源时才能调节延时值。

3. 型号含义

型号含义如下：

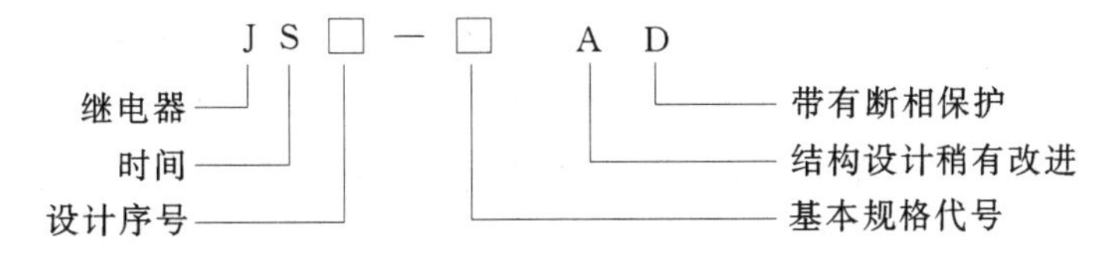

二、中间继电器

中间继电器一般用来控制各种电磁线圈使信号得到放大，或将信号同时传给几个控制元件。中间继电器实质上是一种电压继电器，但它的触点数量较多，容量较小，它是作为控制开关使用的接触器。它在电路中的作用主要是扩展控制触点数和增加触点容量。其符号如图5－25所示。

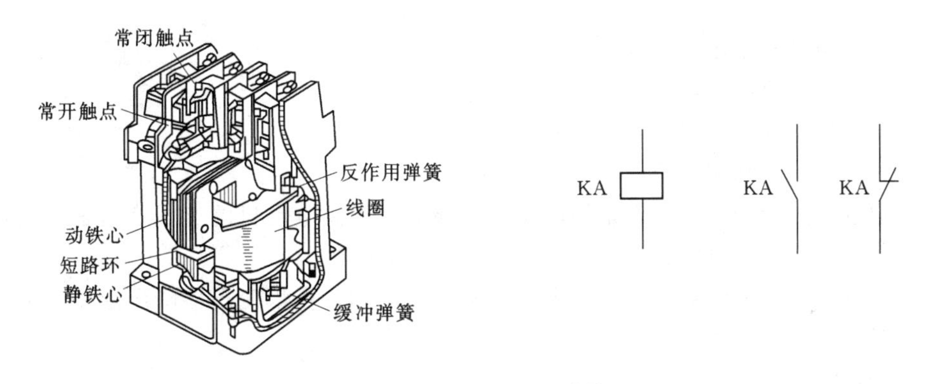

图5－25　中间继电器及其符号

1. 工作原理

中间继电器的基本结构和工作原理与接触器完全相同，故称为接触器式继电器。所不同的是中间继电器的触点组数多，并且没有主、辅之分，各组触点允许通过的电流大小是相同的，其额定电流约为5 A。

2. 中间继电器的选择与使用

中间继电器一般根据负载电流的类型、电压等级和触头数量来选择。

中间继电器的使用与接触器相似，但中间继电器的触头容量较小，一般不能在主电路中应用。

3. 中间继电器的型号含义

其型号含义如下：

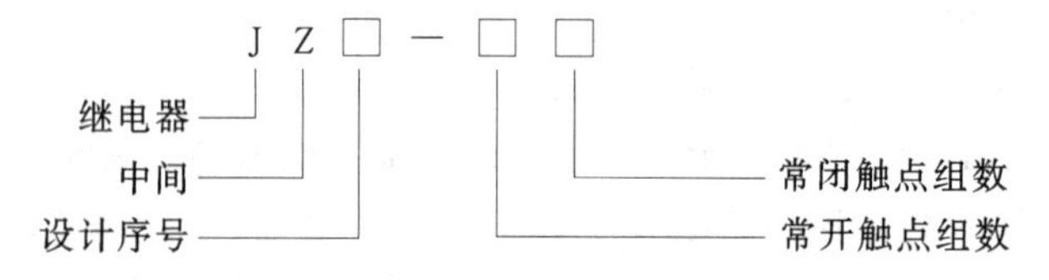

三、交流电动机的启动

交流电动机从接入电源开始，转速由零上升到某一稳定转速为止的过程，称为启动过程或启动。

（一）直接启动

直接启动也称全压启动，这种方法是在定子绕组上直接加上额定电压来启动的，如果电源的容量足够大，而电动机的额定功率又不太大（根据经验，电源容量一般应大于电动机容量的 25 倍)，则电动机的启动电流在电源内部及供电线路上所引起的电压降较小，对邻近电气设备的影响也较小，此时便可采用直接启动。

通常规定，电源变压器 180kVA 以上，电动机 7kW 以下可采用直接启动。

直接启动的优点是设备简单，操作便利，启动过程短，因此只要电网的情况允许，总是尽量采用直接启动的。

判断一台电动机能否直接启动，可采用下面公式确定，即

$$\frac{I_{st}}{I_N} \leqslant \frac{3}{4} + \frac{S}{4P}$$

式中　I_{st}——电动机全压启动电流，A；

I_N——电动机额定电流，A；

S——电源变压器容量，kVA；

P——电动机功率，kW。

降压启动：是指利用启动设备将电压适当降低后加到电动机的定子绕组上进行启动，待电动机启动运转后，再使其电压恢复到额定值正常运转。

常见的降压启动方法：定子绕组串接电阻降压启动；自耦变压器降压启动；Y -△降压启动；延边△降压启动。

（二）降压启动

1. 定子电路串接电阻启动

它是指在电动机启动时，把电阻串接在电动机定子绕组与电源之间，通过电阻的分压作用来降低定子绕组上的启动电压。待电动机启动后，再将电阻短接，使电动机在额定电压下正常运行。常见的控制线路有手动控制、时间继电器自动控制和手动自动混合控制等，下面以自动控制为例加以说明。

线路控制原理如图 5 - 26 所示。

线路工作原理如下：合上电源开关 QS。

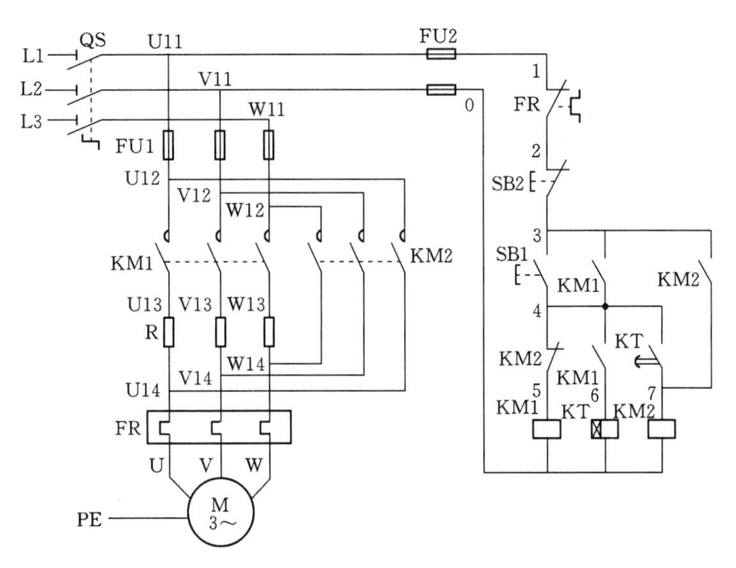

图 5-26　定子线路串接电阻启动自动控制线路图

按下 SB1→KM1 线圈得电→KM1 自锁触头闭合自锁 → 电动机 M 串电阻 *R* 降压启动

→KM1 主触头闭合

→KM1 常开触头闭合 → KT 线圈得电 →

至转速上升一定值时，KT 延时结束→KM 常开触头闭合→KM2 线圈得电→

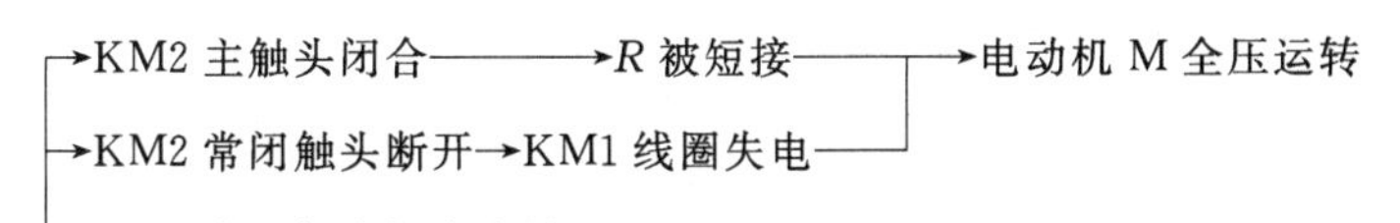

停止时，按下 SB2 即可实现。

2. Y-△启动

如果电动机在正常运转时作三角形连接（例如，电动机每相绕组的额定电压为 380V，而电力网的线电压亦为 380V）则启动时先把它改接成星形，使加在绕组上的电压降低到额定值为 $1/\sqrt{3}$，因而 I_{1st}减小，启动电流为△形接法的 1/3。待电动机的转速升高后，再通过开关把它改接成三角形，使它在额定电压下运转。利用这种方法启动时，其启动转矩只有直接启动的 1/3。所以采用这种启动方法，只适用于轻载或空载下启动。常见的启动线路有以下几种。

（1）按钮、接触器控制 Y-△降压手动启动线路。

线路工作原理如图 5-27 所示。

线路工作原理如下：先合上电源开关 QS。

1）电动机 Y 形接法降压启动。

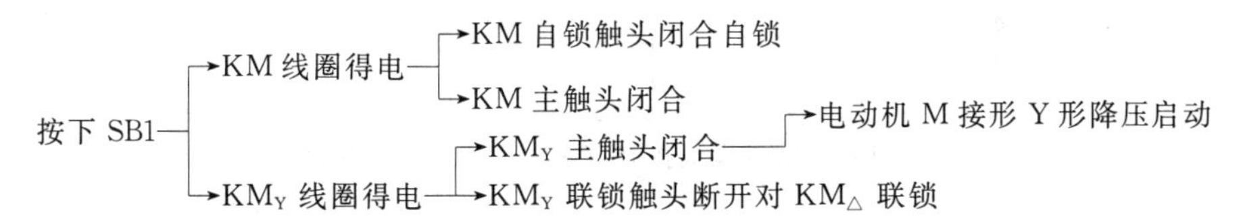

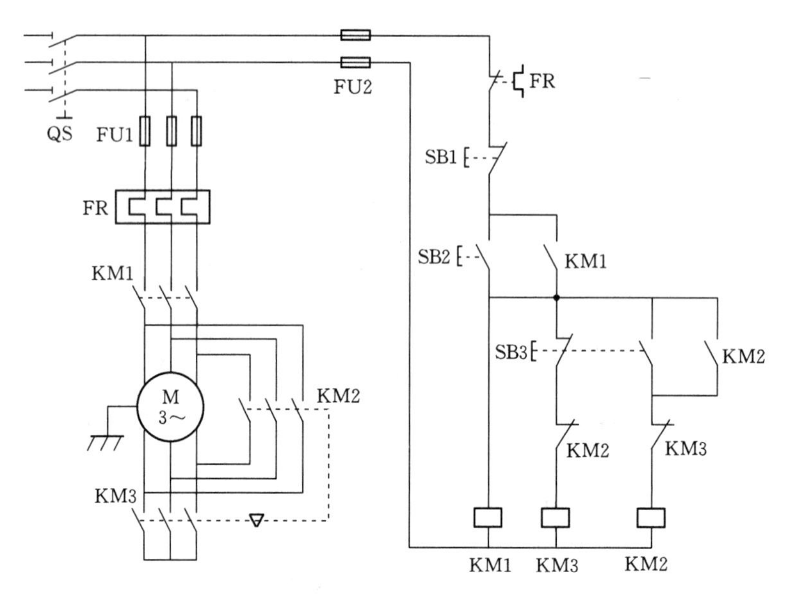

图 5-27　按钮、接触器控制 Y-△降压手动启动线路

2）电动机△形接法全压运行。

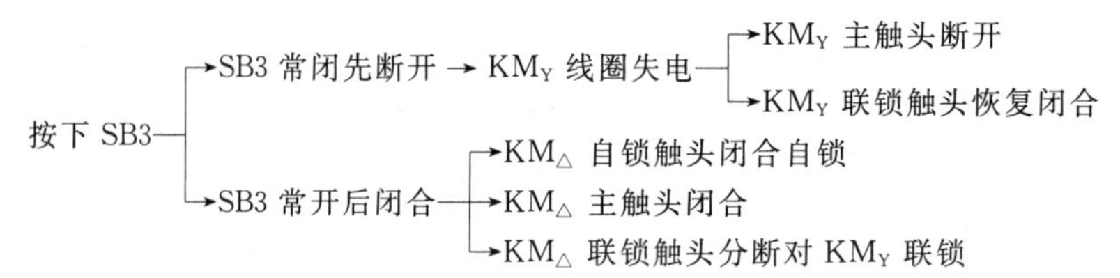

停止按下 SB1 即可实现。

（2）时间继电器自动控制 Y-△降压启动线路。线路工作原理如图 5-28 所示。

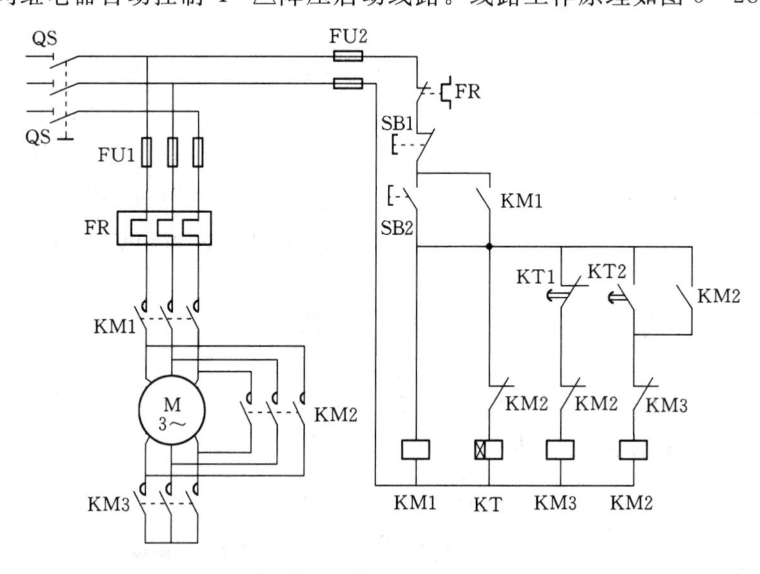

图 5-28　时间继电器自动控制 Y-△降压启动线路图

线路工作原理如下：先合上电源开关 QS。

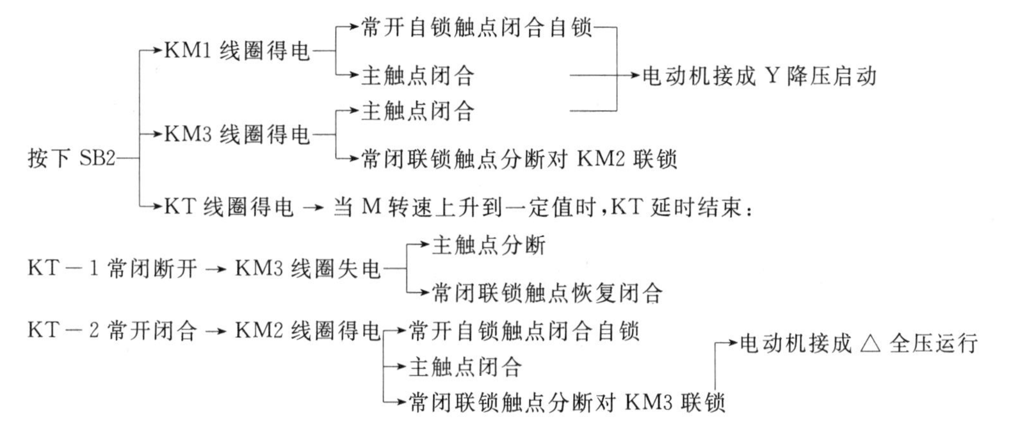

停止：按下 SB1 即可。

Y -△启动的优点是启动设备的费用小，在启动过程中没有电能损失。

（3）用自耦变压器启动。如图 5－29 所示，把开关 S 放在启动位置，使电动机的定子绕组接到自耦变压器的副方。此时加在定子绕组上的电压小于电网电压，从而减小了启动电流。等到电动机的转速升高后，再把开关 S 从启动位置迅速扳到运行位置。电动机便直接和电网相接，而自耦变压器则与电网断开。

容量较大的（尤其是大容量而且在正常工作时作 Y 连接的）笼型电动机采用自耦变压器启动。

图 5－29　用自耦变压器启动

下面以按钮、接触器、中间继电器控制补偿器降压启动控制线路为例加以说明。

线路原理如图 5－30 所示。

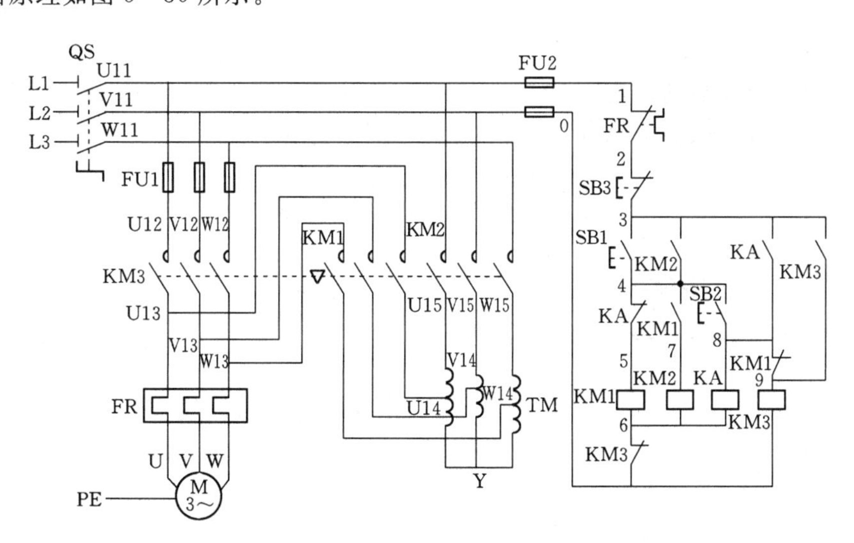

图 5－30　按钮、接触器、中间继电器控制补偿器降压启动控制线路图

其工作原理如下：先合上电源开关 QS。

1）降压启动。

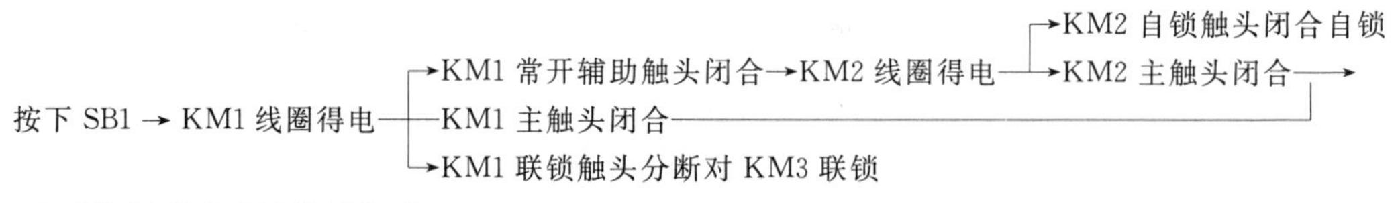

2）全压运转。当电动机转速上升到接近额定转速时，

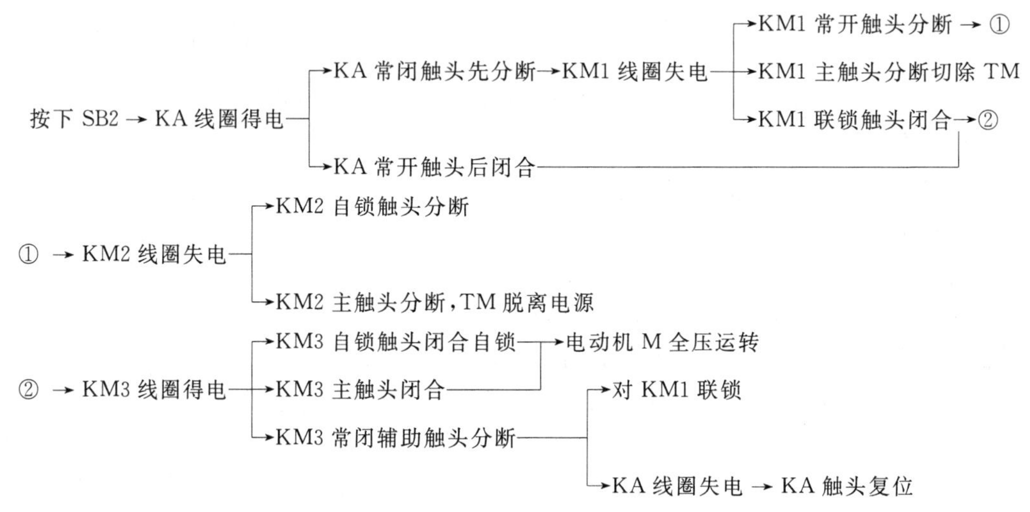

停止时，按下 SB3 即可。

该控制线路有以下优点：①启动时若操作者误按 SB2，接触器 KM3 线圈也不会得电，避免电动机全压启动；②由于接触器 KM1 的常开触头与 KM2 线圈串联，所以当降压完毕后，接触器 KM1、KM2 均失电，即使接触器 KM3 出现故障使触头无法闭合时，也不会使电动机在低压下运行。

（4）延边△降压启动。延边△降压启动时，把定子绕组的一部分接成“△”，另一部分接成“Y”，使整个绕组接成延边△，如图 5－31 所示。

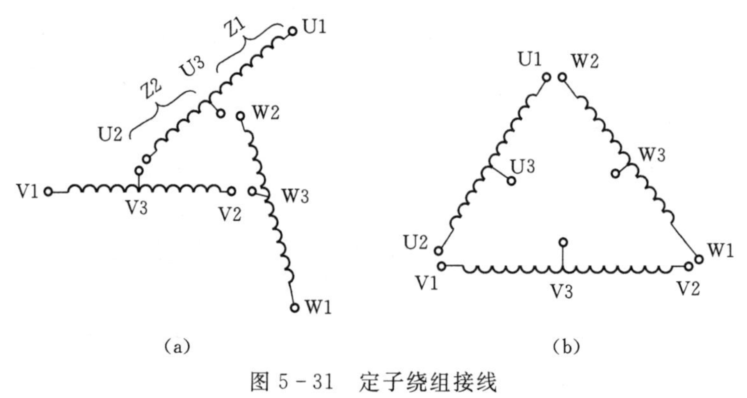

图 5－31　定子绕组接线

(a) 延边△接法；(b) △形接法

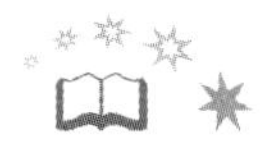

延边△降压启动是在Y-△降压的基础上加以改进而形成的一种启动方式，它把Y形和△形两种接法结合起来，使电动机每相定子绕组承受的电压小于△接法时的相电压，而大于Y形接法时的相电压，并且每相绕组电压的大小可随电动机绕组的抽头（U3、V3、W3）位置的改变而调节，从而克服了Y-△降压启动时的启动电压偏低、启动转矩偏小的缺点。

电动机接成延边△时，每相绕组各抽头比的启动特性见表5-5。

表5-5　延边△电动机定子绕组不同抽头比的启动特性

定子绕线抽头比 $K=Z_1:Z_2$	相似于自耦变压器的抽头百分比（%）	启动电流为额定电流的倍数 I_{st}/I_N	延边△启动时每相绕组电压（V）	启动转矩为全压启动时的百分比（%）
1∶1	71	3～3.5	270	50
1∶2	78	3.6～4.2	296	60
2∶1	66	2.6～3.1	250	42
当 Z_2 绕组为0时即为Y形连接	58	2～2.3	220	33.3

由连接图和特性表可以看出，采用延边△启动的电动机需要有9个出线端，这样不用自耦变压器，通过调节定子绕组的抽头比 K，就可以得到不同数值的启动电流和启动转矩，从而满足了不同的使用要求。

延边△降压启动的自动控制线路如图5-32所示。

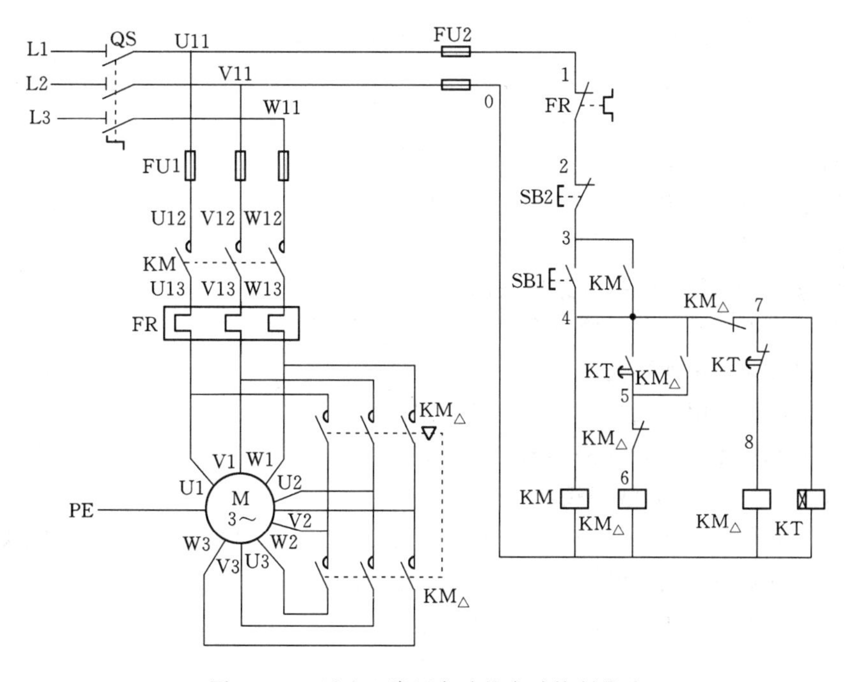

图5-32　延边△降压启动的自动控制线路

其工作原理如下：合上电源开关 QS。

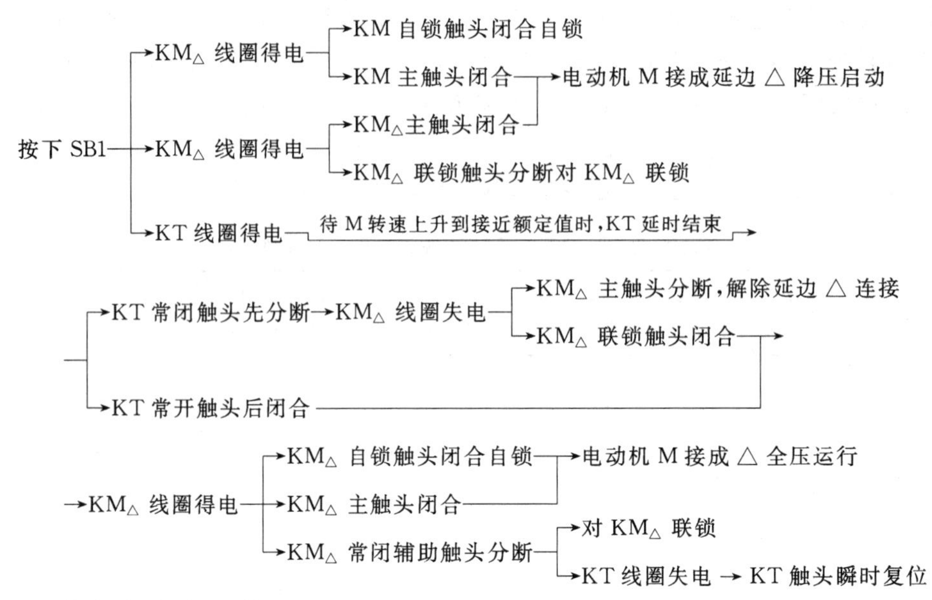

停止时，按下SB2即可。

技能训练

训练模块　交流电动机 Y-△降压启动 4 种方法安装的操作

一、课题目标

会正确安装与检修时间控制 Y-△降压启动控制线路。

二、工具、仪器和设备

（1）螺钉旋具、尖嘴钳、斜口钳、剥线钳等。

（2）MF30 型万用表。

（3）控制线路板、相应的电器元件、适量的导线。

三、实训过程

（1）熟悉工作原理，掌握电路原理图。

（2）配齐所用电器元件，检验合格。

（3）合理布局，正确接线。

接线完毕，用万用表 Ω 挡测量 A、B 点之间的电阻值。

（4）不按 SB：$\Omega \to \infty$，线路不通。

（5）按下 SB：$\Omega \to 0$，线路接通。

（6）检查正确后，松开两只熔断器（大），连接电源线，通电检查接触器动作是否正确。

（7）旋紧熔断器，接通电源，用万用表 V 挡测量各相电压。

（8）试车后正确拆除、打分。

四、注意事项

（1）注意接触器 KM_Y、$KM_{\triangle}$ 的接线，否则会由于相序接反而造成电动机反转。

（2）接触器 KM_Y 的进线必须从三相定子绕组的末端引入，否则会造成短路事故。

（3）编码套管要正确。

（4）工具和仪表使用要正确。

（5）时间继电器的整定值要在不通电时先整定好，并在试车时校正。

（6）带电试车和检修时，必须有指导老师在现场监护，以确保用电安全。

五、技能训练考核评分记录表（见表 5－6）

表 5－6　　技能训练考核评分记录表

<table>
<tr><th>模块内容</th><th>配分</th><th colspan="3">评　分　标　准</th><th>扣分</th></tr>
<tr><td>装前检查</td><td>5</td><td colspan="3">电器元件漏检或错检，每处扣 1 分</td><td></td></tr>
<tr><td rowspan="4">安装元件</td><td rowspan="4">15</td><td colspan="3">（1）不按布置图安装扣 15 分</td><td rowspan="4"></td></tr>
<tr><td colspan="3">（2）元件安装不牢固，每只扣 4 分</td></tr>
<tr><td colspan="3">（3）元件安装不整齐、不均匀、不合理，每只扣 3 分</td></tr>
<tr><td colspan="3">（4）损坏元件扣 15 分</td></tr>
<tr><td rowspan="5">布线</td><td rowspan="5">40</td><td colspan="3">（1）不按电路图接线扣 25 分</td><td rowspan="5"></td></tr>
<tr><td colspan="3">（2）布线不符合要求：
主电路，每根扣 4 分
控制线路，每根扣 2 分</td></tr>
<tr><td colspan="3">（3）接点不符合要求，每个接点扣 1 分</td></tr>
<tr><td colspan="3">（4）损伤导线绝缘或线芯，每根扣 5 分</td></tr>
<tr><td colspan="3">（5）漏接接地线扣 10 分</td></tr>
<tr><td rowspan="3">通电试车</td><td rowspan="3">40</td><td colspan="3">（1）第一次试车不成功扣 10 分</td><td rowspan="3"></td></tr>
<tr><td colspan="3">（2）第二次试车不成功扣 20 分</td></tr>
<tr><td colspan="3">（3）第三次试车不成功扣 40 分</td></tr>
<tr><td>安全文明生产</td><td colspan="4">违反安全文明生产规程扣 5～40 分</td><td></td></tr>
<tr><td>定额时间 2.5h</td><td colspan="4">每超时 5min 以内以扣 5 分计算</td><td></td></tr>
<tr><td>备注</td><td colspan="4">除定额时间外，各模块的最高扣分不应超过配分数</td><td></td></tr>
<tr><td>开始时间</td><td></td><td>结束时间</td><td></td><td>实际时间</td><td></td></tr>
</table>

六、技能训练报告

（1）技能训练模块名称。

（2）技能训练的课题目标。

（3）技能训练所用的工具、仪器和设备。

（4）绘制交流电动机各降压启动的工作电路。

（5）小结、体会和建议。

思考与练习

（1）什么叫降压启动？常见的降压启动方法有哪4种？

（2）图5-33是Y-△降压启动控制线路的电路。请检查图中哪些地方画错了？说明错误的原因。

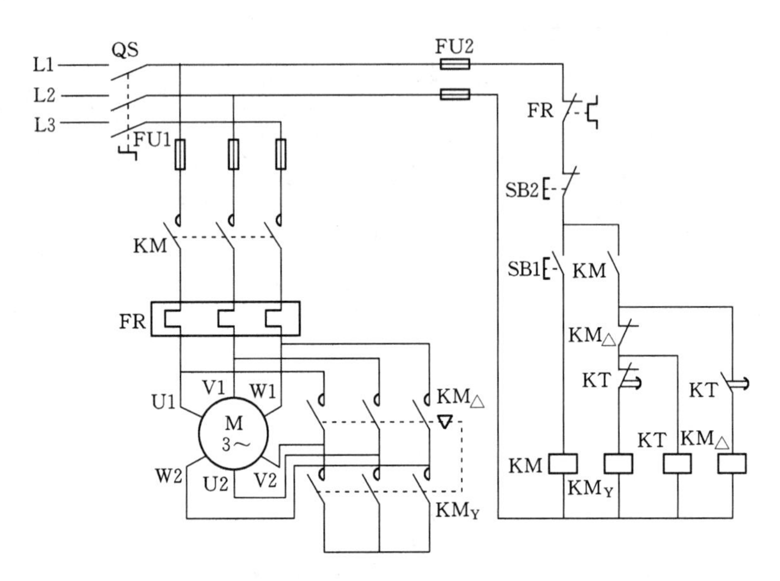

图5-33　Y-△降压启动控制线路

（3）补画图5-34所示的延边△形降压启动控制线路的电路图，说明各电器的作用，分析叙述其工作原理。

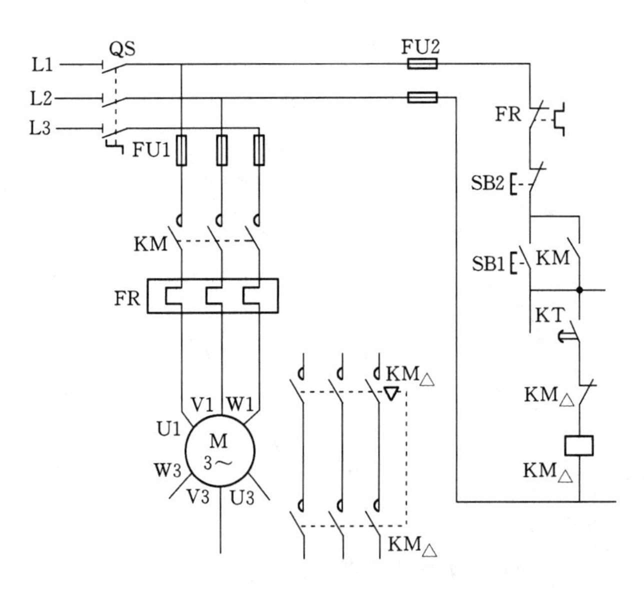

图5-34　延边△形降压启动控制线路

(4) 试分析叙述图 5－35 所示的控制线路的工作原理，并说明该线路有哪些优点。

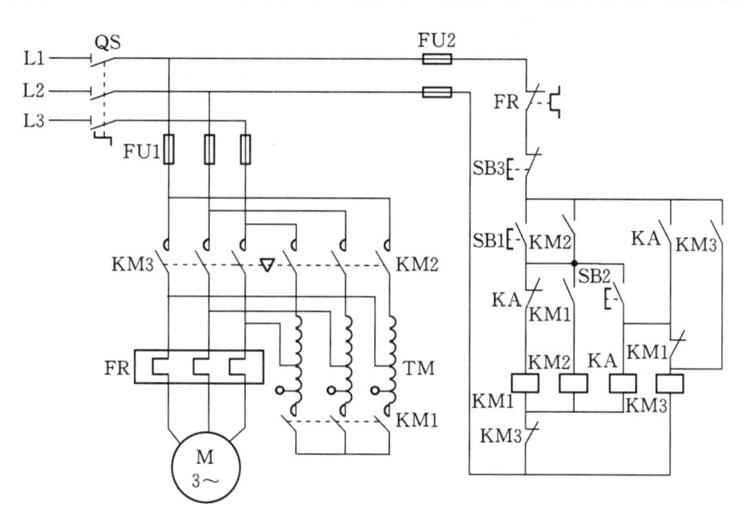

图 5－35　控制线路的工作原理

课题六　三相异步电动机的制动控制线路安装与调试

学习目标

(1) 熟悉电磁抱闸制动器的结构和工作原理。

(2) 会正确识别、选用、安装、使用速度继电器，熟悉它的功能、基本结构、工作原理及型号意义，熟记它的图形符号和文字符号。

(3) 会正确安装与检修双向启动反接制动控制线路和无变压器半波整流单向启动能耗制动控制线路。

课题分析

交流电动机断开电源以后，由于惯性作用不会马上停止转动，而是需要转动一段时间才能全停下来。这种机构对某些生产机械不适宜，如起重机的吊钩、万能铣床的立即停转等，为了满足生产机械的这种要求，就需要对电机进行制动。

相关知识

制动：就是给电动机一个与转动方向相反的转矩，使它迅速停转。

制动的方法一般有两类：机械制动和电力制动。

一、机械制动

利用机械装置使电动机断开电源后迅速停转的方法叫机械制动。常用的方法有电磁抱闸制动器制动和电磁离合器制动。

1. 电磁抱闸制动器制动

电磁抱闸制动器分为断电制动型和通电制动型两种。断电制动型的工作原理如下：当制动电磁线圈得电时，制动器的闸瓦与闸轮分开，无制动作用；当线圈失电时闸瓦依靠弹簧力抱住闸轮制动。通电制动型的工作原理如下：当线圈得电时闸瓦依靠电磁力紧紧抱住闸轮制动；当线圈失电时，闸瓦与闸轮依靠弹簧力分开，无制动作用。

（1）电磁抱闸制动器断电制动控制线路。工作原理如图 5-36 所示。

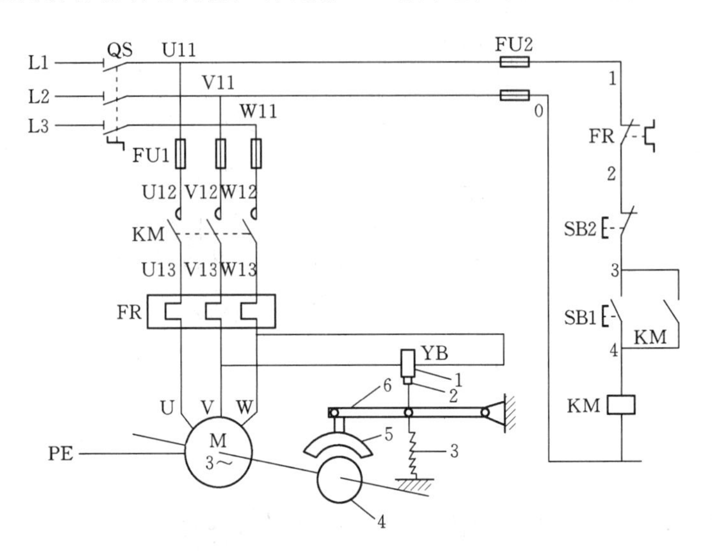

图 5-36　电磁抱闸制动器断电制动控制线路

1—线圈；2—衔铁；3—弹簧；4—闸轮；5—闸瓦；6—制动杠杆

线路工作原理：先合上电源开关 QS。

启动运转：按下启动按钮 SB1，接触器 KM 线圈得电，其自锁触头和主触头闭合，电动机 M 通电，同时电磁抱闸制动器 YB 线圈得电，衔铁与铁心吸合，克服弹簧力迫使制动杠杆向上移动，从而使电磁抱闸制动器的闸瓦和闸轮分开，电动机正常运转。制动停转：按下停止按钮 SB2，接触器 KM 线圈失电，其自锁触头和主触头分断，电动机 M 失电，同时电磁抱闸制动器 YB 线圈失电，衔铁与铁心分开，在弹簧力的作用下，闸瓦紧紧抱住闸轮，使电动机被迅速制动而停转。

电磁抱闸制动器断电制动在起重机械上被广泛采用。其优点是能准确定位，同时可防止电动机突然断电时重物的自行坠落。

（2）电磁抱闸制动器通电制动控制线路。工作原理如图 5-37 所示。

线路工作原理：先合上电源开关 QS。

启动运转：按下启动按钮 SB1，接触器 KM1 线圈得电，其自锁触头和主触头闭合，电动机 M 启动运转。由于接触器 KM1 联锁触头分断，使接触器 KM2 不得电动作，所以电磁抱闸制动器的线圈无电，在弹簧力的作用下，闸瓦与闸轮分开，电动机不受制动正常运转。

制动停转：按下复合按钮 SB2，其常闭触头先分断，使接触器 KM1 线圈失电，其自锁触头和主触头分断，电动机 M 失电，KM1 联锁触头恢复闭合，待 SB2 常开触头闭合后，接触器 KM2 线圈得电，KM2 主触头闭合，电磁抱闸制动器 YB 线圈得电，铁心吸合衔铁，衔铁克服弹簧拉力，带动杠杆向下移动，使闸瓦紧抱闸轮，使电动机被迅速制动而

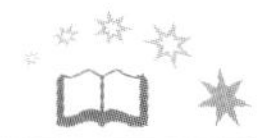

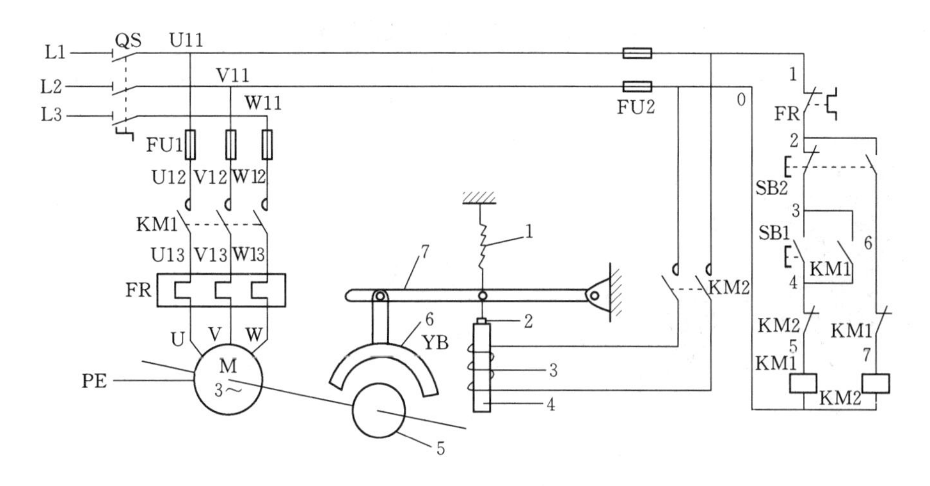

图 5－37　电磁抱闸制动器通电制动控制线路

1—弹簧；2—衔铁；3—线圈；4—铁心；5—闸轮；6—闸瓦；7—制动杠杆

停转。KM2 联锁触头分断对接触器 KM1 线圈联锁。

2. 电磁离合器制动

电磁离合器制动的原理和电磁抱闸制动器制动原理类似。电动葫芦常采用这种制动方法。断电制动型电磁离合器的结构示意图如图 5－38 所示。

(1) 结构。电磁离合器主要由制动电磁铁（包括动铁心 1、静铁心 3 和励磁线圈 2）、静摩擦片 4、动摩擦片 5 及制动弹簧 9 等组成。电磁铁的静铁心连接在电动葫芦的本体上，动铁心 1 与静摩擦片 4 固定在一起，并能作轴向移动而不能绕轴转动。动摩擦片 5 通过连接法兰 8 与绳轮轴 7（与电动机共轴）由键 6 固定在一起，可随电动机一起转动。

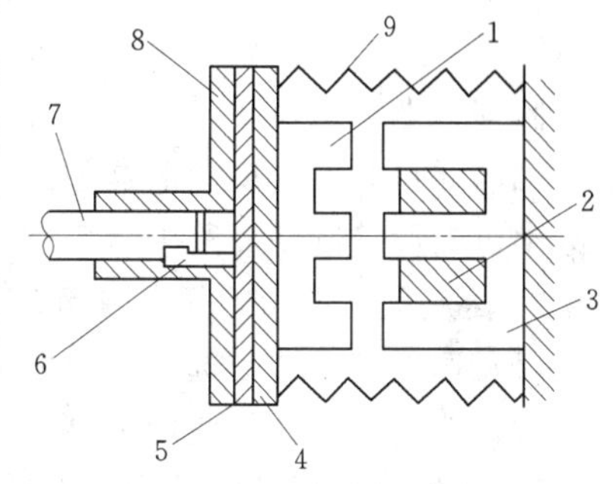

图 5－38　断电制动型电磁离合器结构

1—动铁心；2—励磁线圈；3—静铁心；4—静摩擦片；5—动摩擦片；6—键；7—绳轮轴；8—法兰；9—制动弹簧

(2) 制动原理。电动机静止时，励磁线圈 2 无电，制动弹簧 9 将静摩擦片 4 紧紧地压在动摩擦片 5 上，此时电动机通过绳轮轴 7 被制动。当电动机通电运转时，励磁线圈 2 也同时得电，电磁铁的动铁心 1 被静铁心 3 吸合，使静摩擦片 4 与动摩擦片 5 分开，于是动摩擦片 5 连同绳轮轴 7 在电动机的带动下正常启动运转。当电动机切断电源时，励磁线圈 2 也同时失电，制动弹簧 9 立即将静摩擦片 4 连同动铁心 1 推向转动着的动摩擦片 5，强大的弹簧张力迫使动、静摩擦片之间产生足够大的摩擦力，使电动机断电后立即受制动停转。

二、速度继电器

速度继电器是用来反映转速与转向变化的继电器。它可以按照被控电动机转速的大小使控制电路接通或断开的电器。速度继电器通常与接触器配合，实现对电动机的反接制动。

它主要由转子、定子和触点等部分组成，转子是一个圆柱形永久磁铁，定子是一个笼形空心圆环，并装有笼型绕组。其外形、结构示意图和符号如图 5－39 所示。

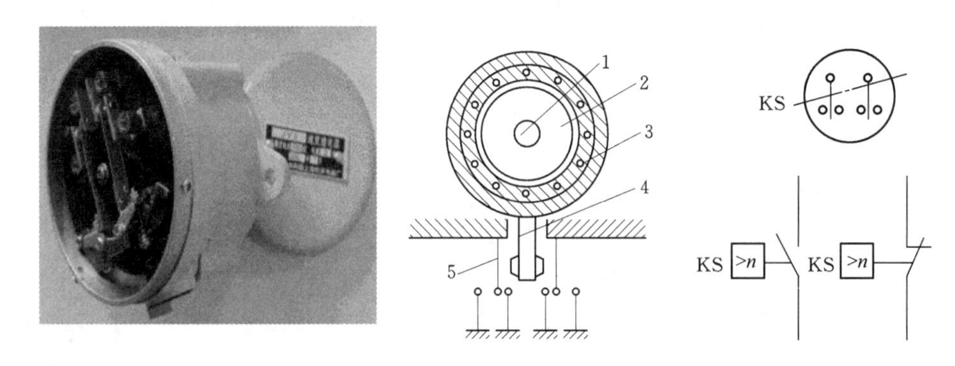

图 5－39　速度继电器外形、结构示意图、符号

1—转轴；2—转子；3—定子；4—摆杆；5—常闭触点

1. 工作原理

速度继电器的转轴 1 和电动机的轴通过联轴器相连，当电动机转动时，速度继电器的转子 2 随之转动，定子内的绕组便切割磁力线，产生感应电动势，而后产生感应电流，此电流与转子磁场作用产生转矩，使定子 3 开始转动。电动机转速达到某一值时，产生的转矩能使定子转到一定角度使摆杆 4 推动常闭触点 5 动作；当电动机转速低于某一值或停转时，定子产生的转矩会减小或消失，触点在弹簧的作用下复位。

同理，电动机反转时，定子会往反方向转过一个角度，使另外一组触点动作。

可以通过观察速度继电器触点的动作与否，来判断电动机的转向与转速，它经常被用在电动机的反接制动回路中。

2. 速度继电器的选择与使用

（1）速度继电器的选择。速度继电器主要根据电动机的额定转速来选择。

（2）速度继电器的使用。

1）速度继电器的转轴应与电动机同轴连接。

2）速度继电器安装接线时，正/反向的触头不能接错，否则不能起到反接制动时接通和断开反向电源的作用。

3. 速度继电器的型号含义

其型号含义如下：

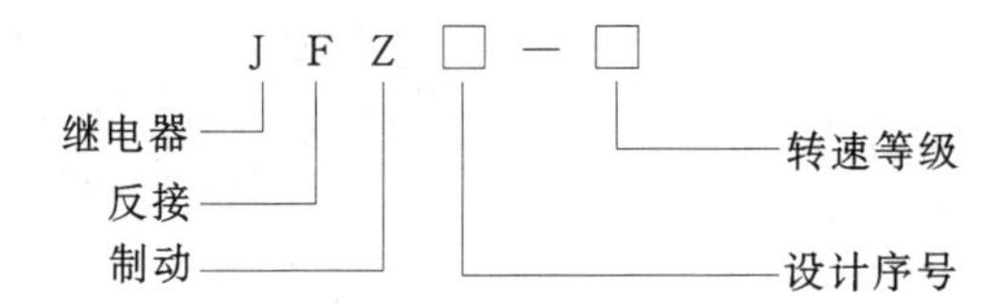

三、电力制动

使电动机在切断电源停转的过程中，产生一个和电动机实际旋转方向相反的电磁力矩，迫使电动机迅速制动停转的方法叫电力制动。

电力制动常用的方法有反接制动、能耗制动、电容制动和再生发电制动等。

1. 反接制动

依靠改变电动机定子绕组的电源相序来产生制动力矩，迫使电动机迅速制动停转的方法叫反接制动。其制动原理如图 5－40 所示。当 QS 向上合闸时，电动机定子绕组电源相序为 L1—L2—L3，电动机将沿旋转磁场方向（如图 5－40中顺时针方向）以 $n<n_1$ 的转速正常运转。当电机需要停转时，可拉开开关 QS，使电机脱离电源（此时转子由于惯性仍按原方向旋转），随后将开关 QS 迅速向下投合，由于 L1、L2 两相电源对调，电动机定子绕组相序变为 L2－L1－L3，旋转磁场反转，此时转子将以 n_1+n 的相对转速沿原转动方向切割旋转磁场，在转子绕组中产生感生电流，其方向可用右手定则判断出来，而转子一旦产生电流，又受到旋转磁场的作用，产生电磁转矩，其方向可用左手定则判断。可见，此转矩方向与电动机的转动方向相反，使电动机受制动迅速停转。

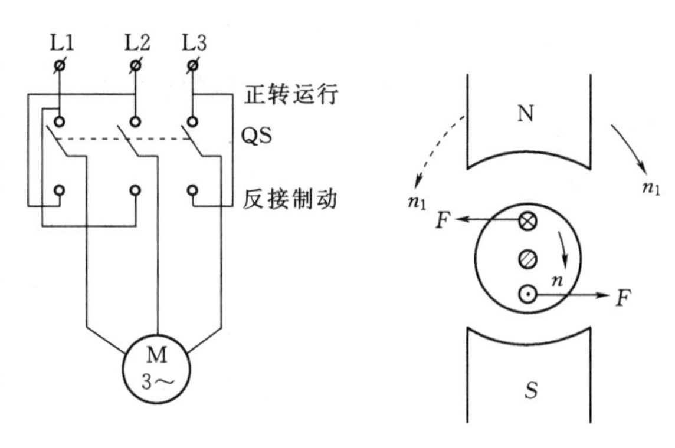

图 5－40　反接制动原理

值得注意的是，当电动机转速接近零值时，应立即切断电动机电源，否则电动机将反转。为此，在反接制动设施中，为保证电动机的转速被制动到接近零值时，能迅速切断电源，防止反向运转，常用速度继电器（又称反接制动器）来自动地及时切断电源。

反接制动的优点：制动力强，制动迅速。

缺点：制动过程中冲击强烈，易损坏传动零件，制动能耗大，不宜经常制动。

一般应用于铣床、镗床、中型车床等主轴的制动。

正/反转反接制动控制线路如图 5－41 所示。

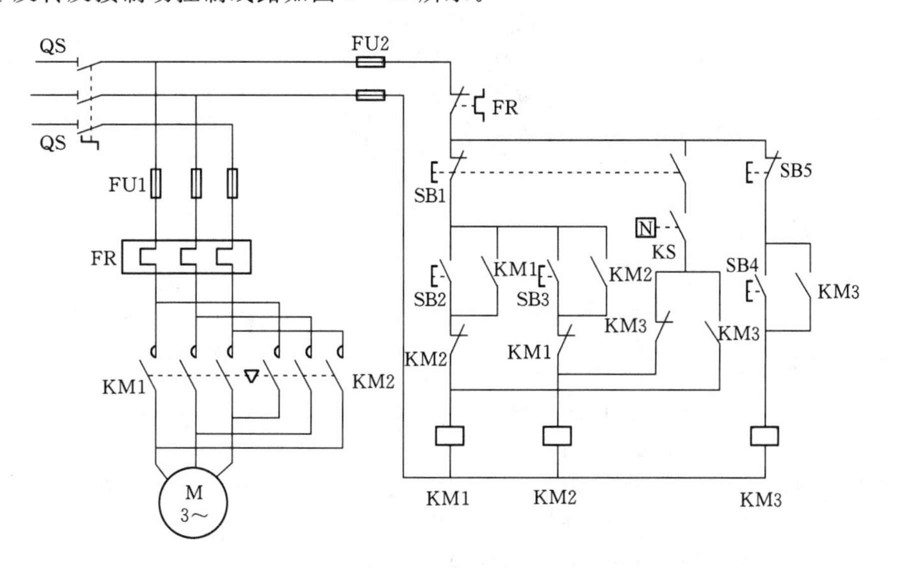

图 5－41　正/反转反接制动控制线路

反接制动时，由于旋转磁场与转子的相对转速（n_1+n）很高，故转子绕组中感生电流很大，致使定子绕组的电流很大，一般约为电动机额定电流的10倍。因此，反接制动适合10kW以下小容量的电动机制动，并且对4.5kW以上的电动机反接制动时要在定子回路中串入限流电阻，以限制反接制动电流。

线路工作原理：先合上电源开关QS。

正传启动：

按下SB2→KM1线圈得电→
- →常开自锁触点闭合自锁
- →主触点闭合
- →常闭联锁触点分断对KM2联锁

（常开自锁触点闭合自锁、主触点闭合）→电动机M正向运转

→至电动机转速上升到一定值（120r/min）时→KS常开触点闭合为制动准备

正转时反接制动：

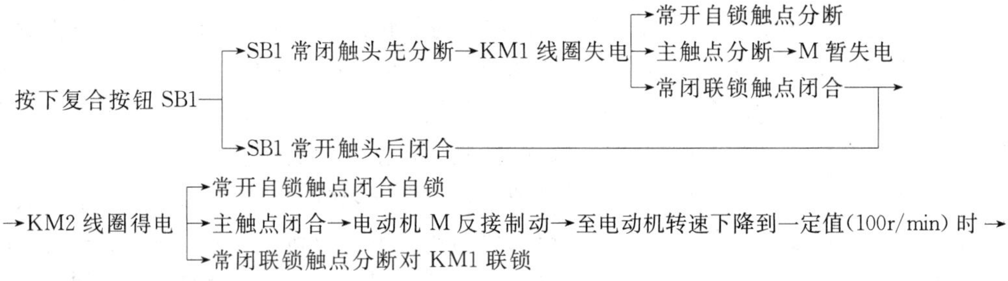

KS常开触头分断→KM2线圈失电→电动机M脱离电源停转，制动结束

反转启动：

按下SB3→KM2线圈得电
- →常开自锁触点闭合自锁
- →主触点闭合
- →常闭联锁触点分断对KM1联锁

（常开自锁触点闭合自锁、主触点闭合）→电动机M反向运转

→至电动机转速上升到一定值（120r/min）时→KS常开触点闭合为制动准备

按下SB4→KM3线圈得电
- →常开自锁触点闭合自锁
- →常闭触点断开
- →常开触点闭合

（常闭触点断开、常开触点闭合）→为制动作准备

反转时反接制动：

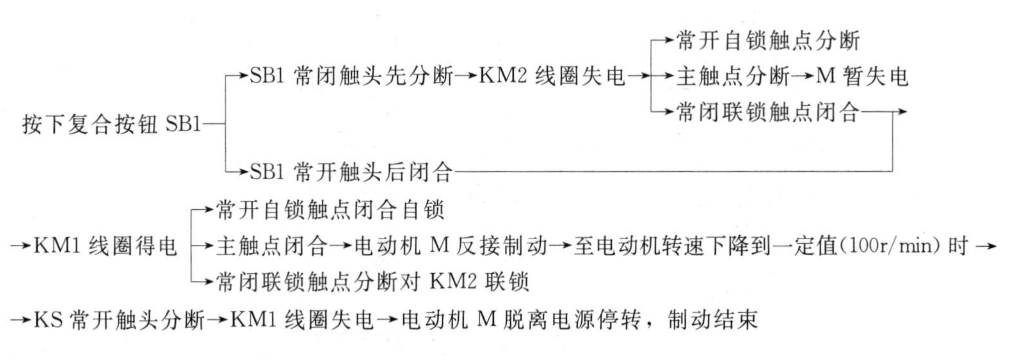

→KS常开触头分断→KM1线圈失电→电动机M脱离电源停转，制动结束

按下SB5→KM3线圈失电

2. 能耗制动

当电动机切断交流电源后，立即在定子绕组的任意两相中通入直流电，迫使电动机迅速停转的方法称为能耗制动（动能制动）。

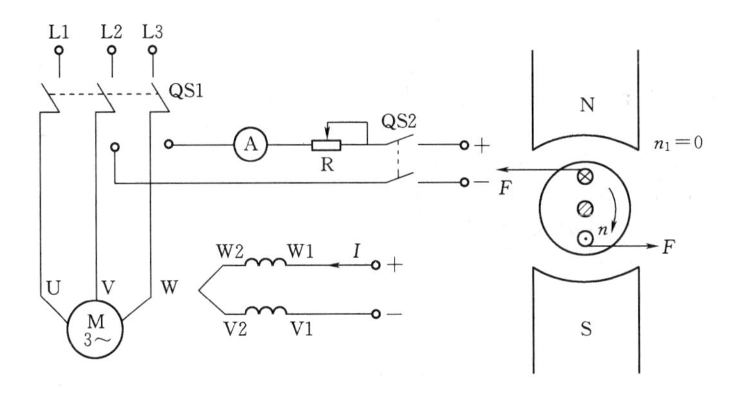

图 5-42　能耗制动原理

其制动原理如图 5-42 所示，先切断电源开关 QS1，切断电动机的交流电源，这时转子仍沿原方向惯性运转；随后立即合上开关 QS2，并将 QS1 向下合闸，使电动机两相定子绕组通入直流电，使定子中产生一个恒定的静止磁场，这样做惯性运转的转子因切割磁力线而在转子绕组中产生感生电流，其方向可用右手定则判断出来。转子绕组中一旦产生了感生电流，又立即受到静止磁场的作用，产生电磁转矩，用左手定则判断，可知此转矩的方向正好与电动机的转向相反，使电动机受制动迅速停转。

无变压器单相半波整流能耗制动自动控制线路：工作原理如图 5-43 所示。

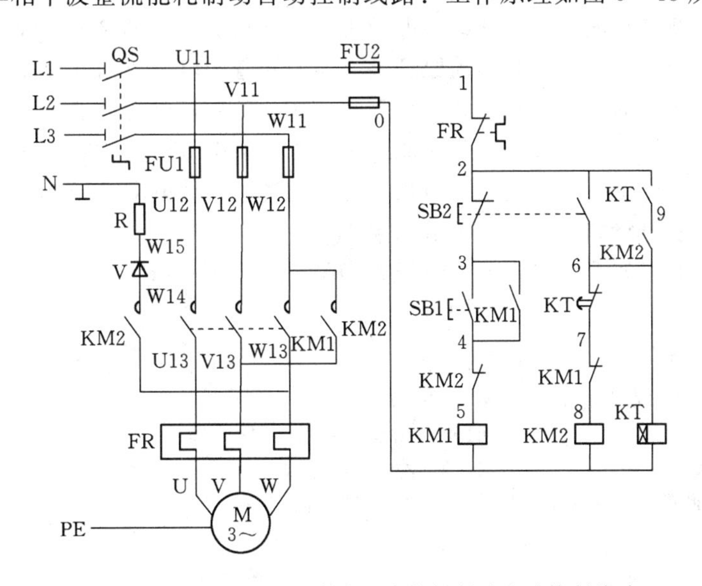

图 5-43　无变压器单相半波整流能耗制动自动控制线路

其线路的工作原理如下：先合上电源开关 QS。

单向启动运转：

按下 SB1→KM1 线圈得电→KM1 自锁触头闭合自锁→电动机 M 启动运转
→KM1 主触头闭合
→KM1 联锁触头分断对 KM2 联锁

能耗制动停转：

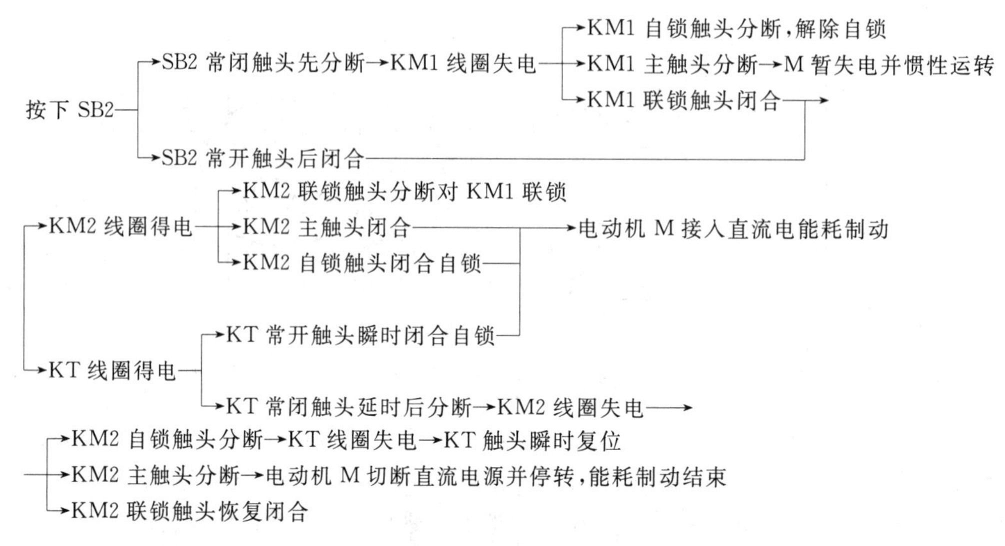

能耗制动的优点：制动准确、平稳，能量消耗较少。

缺点：需附加直流电源装置，设备费用较高，制动力较弱。

一般应用于磨床、立式铣床。

3. 电容制动

当电动机切断交流电源后，立即在电动机定子绕组的出线端接入电容器来迫使电动机迅速停转的方法叫电容制动。其制动原理是：当旋转着的电动机断开交流电源时，转子内仍有剩磁。随着转子的惯性制动，有一个随转子转动的旋转磁场。这个磁场切割定子绕组产生感生电动势，并通过电容器回路形成感生电流，该电流产生的磁场与转子绕组中的感生电流相互作用，产生一个与旋转方向相反的制动转矩，使电动机受制动迅速停转。

电容制动控制电路如图 5-44 所示。

其线路工作原理如下：先合上电源开关 QS。

启动运转：

按下 SB1→KM1 线圈得电→KM1 自锁触头闭合自锁→电动机 M 启动运转
→KM1 主触头闭合
→KM1 联锁触头分断对 KM2 联锁
→KM1 常开辅助触头闭合→KT 线圈得电→
→KT 延时分断的常开触头瞬时闭合，为 KM2 得电做准备

电容制动停转：

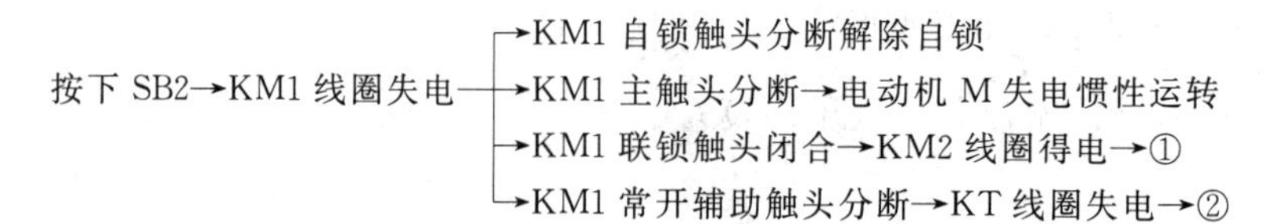

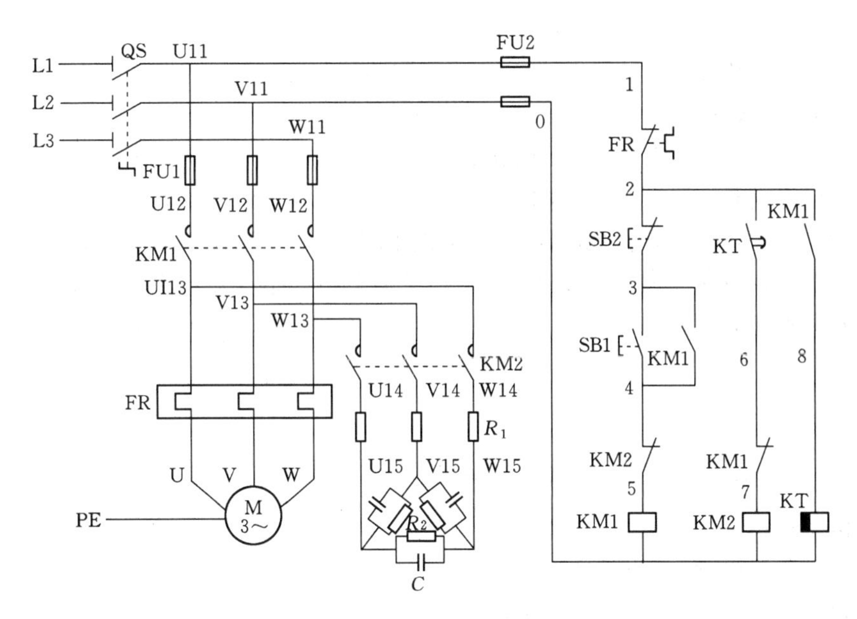

图 5-44　电容制动控制电路

①→KM2 联锁触头分断对 KM1 联锁

　→KM2 主触头后闭合→电动机 M 接入三相电容进行电容制动至停转

② 经 KT2 整定时间→KT 常开触头分断→KM2 线圈失电—

　→KM2 联锁触头恢复闭合

　→KM2 主触头分断 → 三相电容被切断

电容制动是一种制动迅速、能量消耗小、设备简单的制动方法，一般应用于 10kW 以下的小容量电动机。特别适合于存在机械摩擦和阻尼的生产机械和需要多台电动机同时制动的场合。

4. 再生发电制动（又称回馈制动）

再生发电制动主要用于起重机械和多速异步电动机上。下面以起重机械为例说明制动原理。

当起重机在高处开始下放重物时，电动机转速 n 小于同步转速 n_1，这时电动机处于运行状态，其转子电流的电磁转矩的方向如图 5-45 所示。由于重力的作用，在重物的下放过程中，会使电动机的转速 n 大于同步转速 n_1，这时电动机处于发电运行状态，转子相对于旋转磁场切割磁力线的运动方向发生了改变（沿顺时针方向），其转子电流和电磁转矩的方向都与电动机运行时相反，如图 5-45 所示。可见，电磁力矩变为制动力矩限制了重物的下降

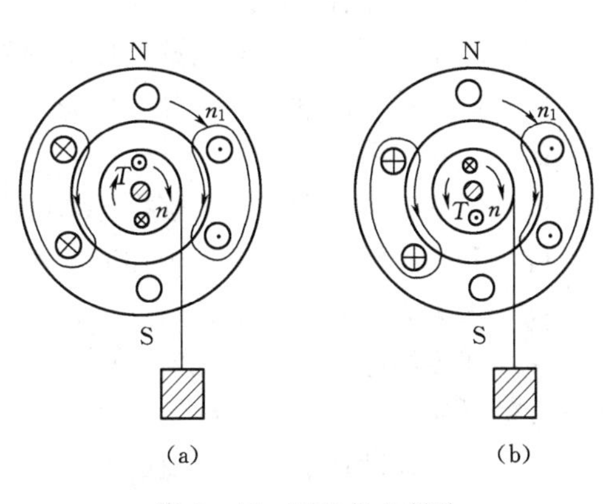

图 5-45　再生发电制动

速度，保证了设备和人身安全。

对于多速电动机变速时，如使电动机由 2 极变为 4 极，定子旋转磁场的同步转速 n_1 由 3000r/min 变为 1500r/min，而转子由于惯性仍以原来的转速 n（接近 3000r/min）旋转，此时 $n>n_1$，电动机处于发电制动状态。

再生发电制动是一种比较经济的制动方式，不需要改变线路即可从运行状态自动转入发电制动状态，把机械能转变成电能，再回馈到电网，节能效果显著。但缺点是应用范围比较窄，仅当电动机转速大于同步转速时才能实现发电制动。常应用于起重机和多速电动机由高速转为低速时的情况。

技能训练

训练模块　电动机反接制动和能耗制动线路的安装和检修

一、课题目标

（1）正确安装和调试双向启动反接制动控制线路，如图 5-41 所示。

（2）正确安装与调试和无变压器半波整流单向启动能耗制动自动控制线路，如图 5-43 所示。

二、工具、仪器和设备

（1）螺钉旋具、尖嘴钳、斜口钳、剥线钳等。

（2）MF30 型万用表。

（3）控制线路板、相应的电器元件、适量的导线。

三、实训过程

（1）熟悉工作原理，掌握电路原理图。

（2）配齐所用电器元件，选择合适的速度继电器，检验合格。

（3）合理布局，正确接线。

（4）接线完毕，用万用表 Ω 挡测量 A、B 点之间的电阻值。

1）不按 SB：$\Omega\rightarrow\infty$，线路不通。

2）按下 SB：$\Omega\rightarrow 0$，线路接通。

（5）检查正确后，松开两只熔断器（大），连接电源线，通电检查接触器动作是否正确。

（6）旋紧熔断器，接通电源，用万用表 V 挡测量各相电压。

（7）试车后正确拆除、打分。

四、注意事项

（1）要认真听取和仔细观察指导老师在示范过程中的讲解和检修操作。

（2）要熟悉掌握电路中各个环节的作用。

（3）工具和仪表使用要正确。

（4）速度继电器可以预先安装好。安装时，采用速度继电器的连接头与电动机转轴直接连接的方法，并使两轴轴线重合。

速度继电器动作值和返回值的调整，应先由老师示范，再由学生调整。

（5）整流二极管要配装散热器和固装散热器支架。

（6）制动操作不宜过于频繁。

（7）编码套管要正确。

（8）带电试车和检修时，必须有指导老师在现场监护，以确保用电安全。

五、技能训练考核评分记录表（见表5－7）

表5－7　　技能训练考核评分记录表

模块内容	配分	评分标准			扣分
装前检查	5	电器元件漏检或错检，每处扣1分			
安装元件	15	（1）不按布置图安装扣15分			
		（2）元件安装不牢固，每只扣4分			
		（3）元件安装不整齐、不均匀、不合理，每只扣3分			
		（4）损坏元件扣15分			
布线	40	（1）不按电路图接线扣25分			
		（2）布线不符合要求： 主电路，每根扣4分 控制线路，每根扣2分			
		（3）接点不符合要求，每个接点扣1分			
		（4）损伤导线绝缘或线芯，每根扣5分			
		（5）漏接接地线扣10分			
通电试车	40	（1）第一次试车不成功扣10分			
		（2）第二次试车不成功扣20分			
		（3）第三次试车不成功扣40分			
安全文明生产	违反安全文明生产规程扣5～40分				
定额时间2.5h	每超时5min以内以扣5分计算				
备注	除定额时间外，各模块的最高扣分不应超过配分数				
开始时间		结束时间		实际时间	

六、技能训练报告

（1）技能训练模块名称。

（2）技能训练的课题目标。

（3）技能训练所用的工具、仪器和设备。

（4）绘制交流电动机各制动方法的工作电路。

（5）小结、体会和建议。

思考与练习

（1）什么是制动？制动的方法有哪两类？

（2）什么叫机械制动？常用的机械制动有哪两种？

（3）电磁抱闸制动器分为哪两种类型？其性能是什么？

（4）什么是电力制动？常用的电力制动方法有哪两种？简要说明各种制动方法的制动

原理。

(5) 分别简述反接制动、能耗制动、电容制动和再生发电制动的优缺点、适用的场合。

课题七　多速异步电动机控制线路安装与调试

学习目标

(1) 熟悉双速异步电动机控制线路结构和工作原理，会正确安装与检修双速异步电动机控制线路。

(2) 熟悉三速异步电动机控制线路结构和工作原理。

课题分析

一般电动机只有一种转速，机械部件（如机床的主轴）是用减速箱来调整的。但在有些机床中，如T68型镗床和M1432万能外圆磨床的主轴，要得到较宽的调速范围，就可以采用双速电动机来传动，这样可减小减速箱的复杂性。有的机床还采用了三速电动机、四速电动机。

相关知识

由三相异步电动机的转速公式 $n=(1-s)\frac{60f_1}{p}$ 可知，改变异步电动机转速可通过3种方法来实现：一是改变电源频率 f_1；二是改变转差率 s；三是改变磁极对数 p。本课题主要介绍通过改变磁极对数 p 来实现电动机调速的基本控制线路。

改变异步电动机的磁极对数调速称为变极调速。变极调速是通过改变定子绕组的连接方式来实现的，它是有极调速，只适用于笼型异步电动机。凡磁极对数可改变的电动机称为多速电动机，常见的有双速、三速、四速等几种类型。下面以双速和三速异步电动机为例进行分析。

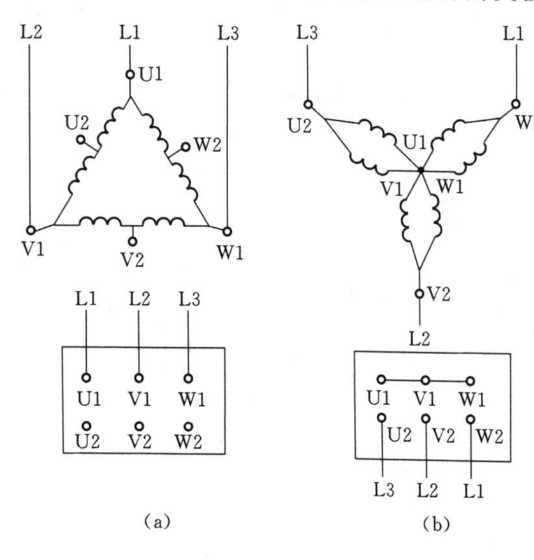

图5-46　定子接线

(a) 低速-△接法；(b) 高速-YY接法

一、双速异步电动机的控制线路

1. 双速异步电动机定子绕组的连接

双速异步电动机定子绕组的△/YY接线如图5-46所示，图中，三相定子绕组接成△形，由3个连接点接出3个出线端U1、V1、W1，从每相绕组的中点各接出一个出线端U2、V2、W2，这样定子绕组共有6个出线端。通过改变这6个出线端与电源的连接方式，就可以得到两种不同的转速。要使电动机在低速工作时，就把

三相电源分别接至定子绕组作△形连接顶点的出线端 U1、V1、W1 上，另外 3 个出线端 U2、V2、W2 空着不接，此时电动机定子绕组接成△形，磁极为 4 极，同步转速为 1500r/min；若要使电动机高速工作，就要 3 个出线端 U1、V1、W1 并接在一起，另外 3 个出线端 U2、V2、W2 分别接到三相电源上，如图 5－46 所示，这时电动机定子绕组接成 YY 形，磁极为 2 极，同步转速为 3000r/min。可见，双速电动机的高速转速是低速运转的两倍。

值得注意的是，双速电机定子绕组从一种接法改变为另一种接法时，必须把电源相序反接，以保证电动机的旋转方向不变。

2. 接触器控制双速电动机的控制线路

手动控制双速电动机的控制线路：工作原理如图 5－47 所示。

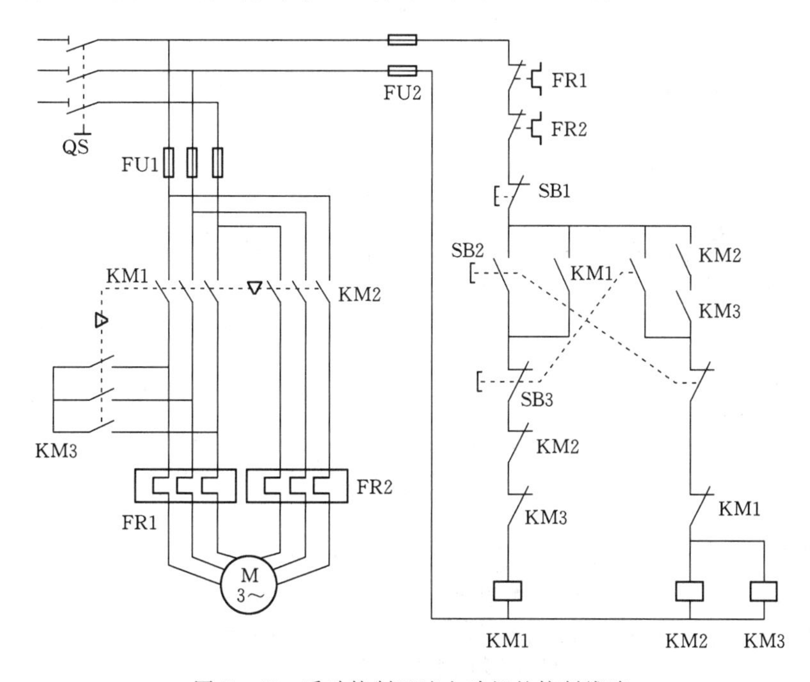

图 5－47　手动控制双速电动机的控制线路

线路工作原理如下：先合上电源开关 QS。

△形低速启动运转：

按下
→SB2，常闭触头先分断，对 KM2、KM3 联锁
→SB2，常开触头后闭合→KM1 线圈得电
→KM1 自锁触头闭合自锁
→KM1 主触头闭合→电动机 M 接成 △ 形低速运转
→KM1 联锁触头分断联锁

YY 形高速运转：

按下 SB3→常闭触头先分断→KM1 线圈失电
→KM1 自锁触头分断
→KM1 主触头分断
→KM1 联锁触头闭合→SB3 常开触头后闭合

→KM2、KM3 线圈同时得电
→KM2、KM3 自锁触头闭合自锁
→KM2、KM3 主触头闭合→电动机 M 接成 YY 形高速运转
→KM2、KM3 联锁触头分断，对 KM1 联锁

停止按下 SB1 即可实现。

3. 时间继电器控制双速电机控制线路

其工作原理如图 5－48 所示。

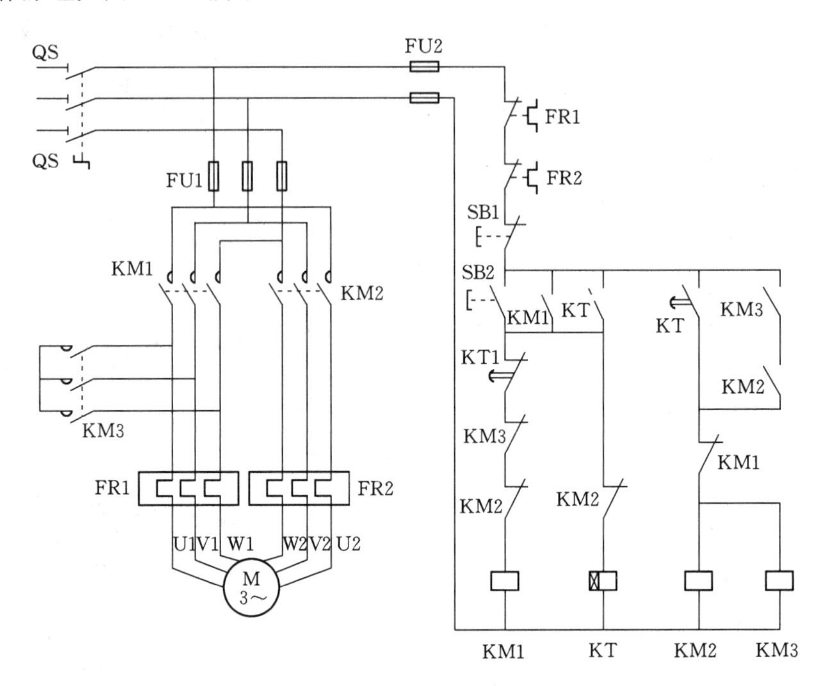

图 5－48　时间继电器控制双速电机控制线路

工作原理如下：

低速启动：

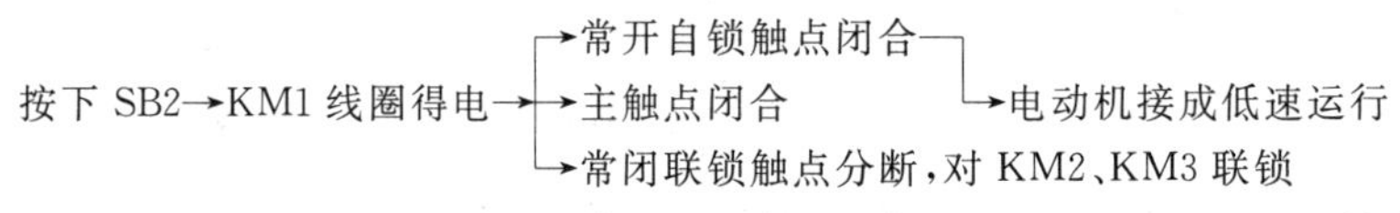

KT 线圈得电→KT1 瞬时触点闭合自锁，低速运行一段时间后，KT 延时结束：

KT2 常闭触点断开→KM1 线圈失电→
- →常开自锁触点分断
- →主触点分断
- →常闭联锁触点恢复闭合

KT3 常开触点闭合→KM2、KM3 线圈得电→
- →常开自锁触点闭合自锁
- →主触点闭合→电动机接成 YY 形高速运行
- →常闭联锁触点分断，对 KM1 联锁

二、三速异步电动机的控制线路

三速异步电动机是在双速异步电动机的基础上发展起来的。它有两套定子绕组，分两层安放在定子槽内，第一套绕组（双速）有 7 个出线端 U1、V1、W1、U3、U2、V2、W2，可作△或 YY 形连接；第二套绕组（单速）有 3 个出线端 U4、V4、W4，只作 Y 形连接，如图 5－49 所示。当分别改变两套定子绕组的连接方式时，电动机就可以得到 3 种不同的运转速度。

三速异步电动机定子绕组的连接方法如图 5-49 所示。图中 W1 和 U3 的出线端分开的目的是当电动机定子绕组接成 Y 形中速运转时，避免在△形接法的定子绕组中产生感生电流。

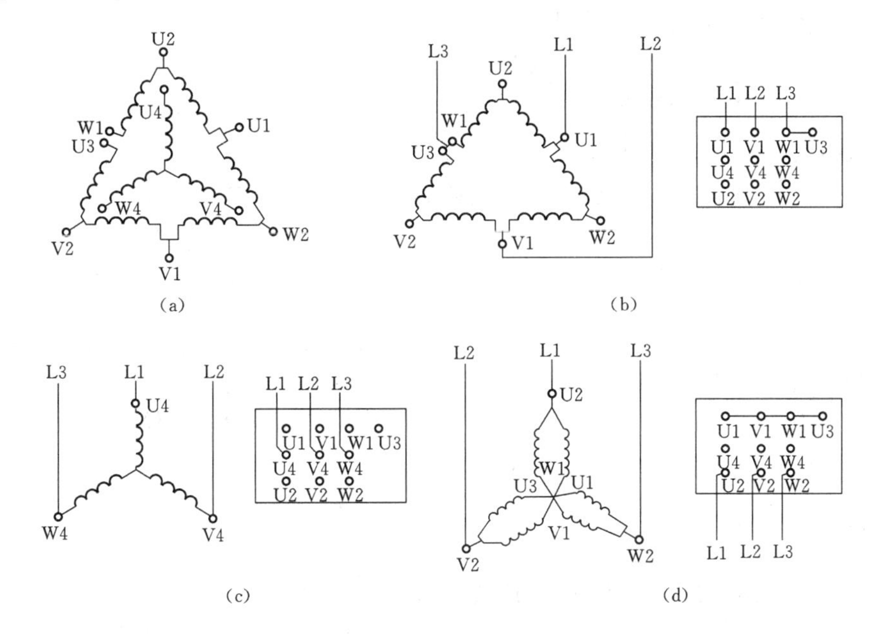

图 5-49　定子接线

(a) 三速电动机的两套定子绕组；(b) 低速一△接法；(c) 中速一Y 接法；(d) 高速一YY 接法

时间继电器控制三速电动机的控制线路，其工作原理如图 5-50 所示。

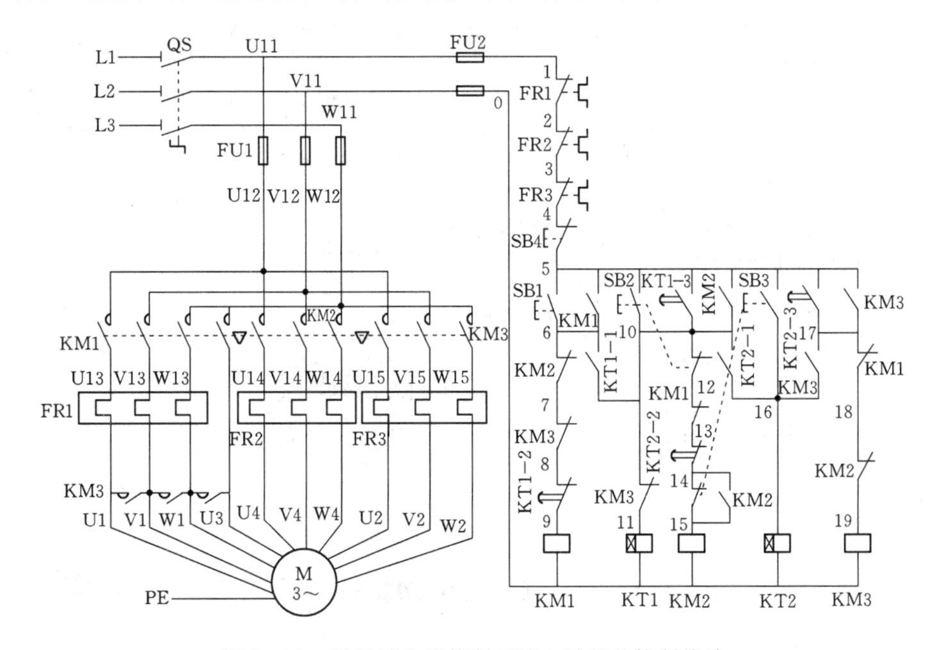

图 5-50　时间继电器控制三速电动机的控制线路

线路工作原理如下：先合上电源开关 QS。

△形低速启动运转：

按下 SB1→KM1 线圈得电→
- →KM1 自锁触头闭合自锁→电动机 M 接成△形低速运转
- →KM1 主触头闭合→电动机 M 接成△形低速运转
- →KM1 两对联锁触头分断，对 KM2、KM3 联锁

△形低速启动 Y 中速运转：

按下 SB2→
- →SB2 常闭触头先分断
- →SB2 常开触头后闭合→KT1 线圈得电→
  - →KT1－2、KT1－3 未动作
  - →KT1－1 瞬时闭合→

→KM1 线圈得电→KM1 触头动作→电动机 M 接成△低速启动→ 经 KT1 整定时间
- →KT1－2 先分断→KM1 线圈失电→KM1 触头复位
- →KT1－3 后闭合→KM2 线圈得电→
  - →KM2 两对常开触头闭合→电动机 M 接成 Y 形中速运转
  - →KM2 主触头闭合→电动机 M 接成 Y 形中速运转
  - →KM2 两对联锁触头分断，对 KM1、KM3 联锁

△形低速启动 Y 形中速运转过渡 YY 形高速运转：

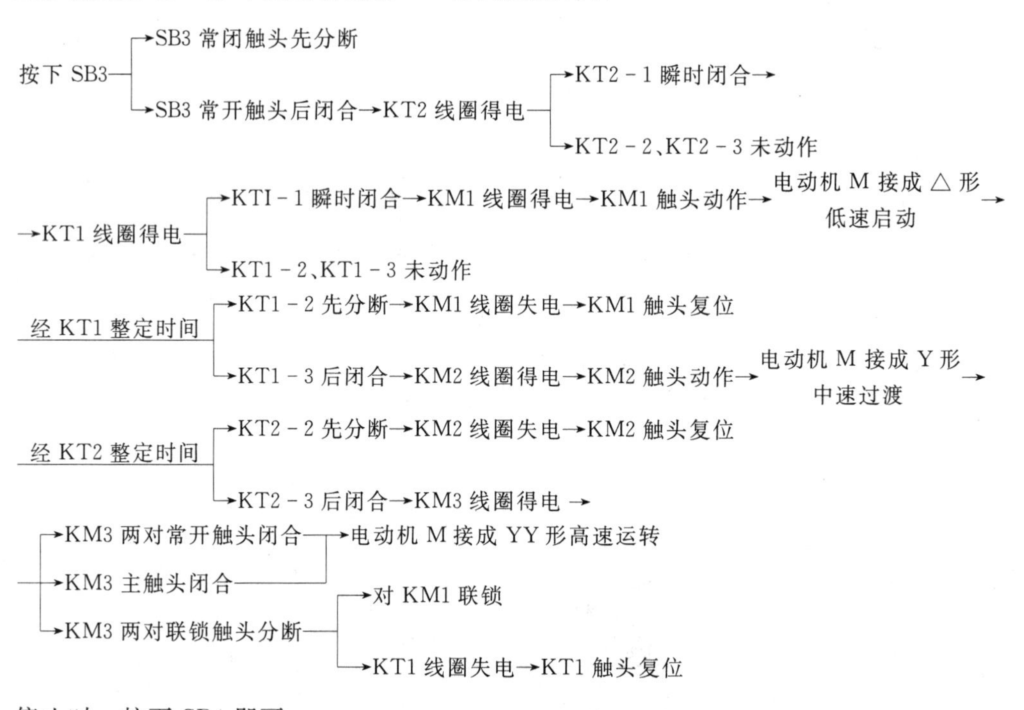

停止时，按下 SB4 即可。

技能训练

训练模块　时间继电器控制双速电动机控制线路的安装和维修

一、课题目标

会正确安装与检修时间继电器控制双速异步电动机控制线路。

二、工具、仪器和设备

（1）螺钉旋具、尖嘴钳、斜口钳、剥线钳等。

（2）MF30 型万用表。

（3）控制线路板、相应的电器元件、适量的导线。

三、实训过程

（1）熟悉工作原理，掌握电路原理图。

（2）配齐所用电器元件，选择合适的时间继电器，检验合格。

（3）合理布局，正确接线。

（4）接线完毕，用万用表 Ω 挡测量 A、B 点之间的电阻值。

1）不按 SB：$\Omega\rightarrow\infty$，线路不通。

2）按下 SB：$\Omega\rightarrow 0$，线路接通。

（5）检查正确后，松开两只熔断器（大），连接电源线，通电检查接触器动作是否正确。

（6）旋紧熔断器，接通电源，用万用表 V 挡测量各相电压。

（7）试车后正确拆除、打分。

四、注意事项

（1）要认真听取和仔细观察指导老师在示范过程中的讲解和检修操作。

（2）要熟悉掌握电路中各个环节的作用。

（3）工具和仪表使用要正确。

（4）编码套管要正确。

（5）主电路接线时，要看清楚电动机出线端的标记，各种速度的出线端一定要和相应的接触器相连接正确，否则将不能实现多种速度的变化。

（6）各个热继电器的整定电流在各种转速下都不一样，调整以后不能安装错误。

（7）带电试车和检修时，必须有指导老师在现场监护，以确保用电安全。

五、技能训练考核评分记录表（见表 5－8）

表 5－8　　技能训练考核评分记录表

模块内容	配分	评　分　标　准	扣分
装前检查	5	电器元件漏检或错检，每处扣 1 分	
安装元件	15	（1）不按布置图安装扣 15 分	
		（2）元件安装不牢固，每只扣 4 分	
		（3）元件安装不整齐、不均匀、不合理，每只扣 3 分	
		（4）损坏元件扣 15 分	
布线	40	（1）不按电路图接线扣 25 分	
		（2）布线不符合要求： 主电路，每根扣 4 分 控制线路，每根扣 2 分	
		（3）接点不符合要求，每个接点扣 1 分	
		（4）损伤导线绝缘或线芯，每根扣 5 分	
		（5）漏接接地线扣 10 分	

续表

<table>
<tr><th>模块内容</th><th>配分</th><th colspan="4">评　分　标　准</th><th>扣分</th></tr>
<tr><td rowspan="3">通电试车</td><td rowspan="3">40</td><td colspan="4">（1）第一次试车不成功扣 10 分</td><td rowspan="3"></td></tr>
<tr><td colspan="4">（2）第二次试车不成功扣 20 分</td></tr>
<tr><td colspan="4">（3）第三次试车不成功扣 40 分</td></tr>
<tr><td>安全文明生产</td><td colspan="5">违反安全文明生产规程扣 5～40 分</td><td></td></tr>
<tr><td>定额时间 2.5h</td><td colspan="5">每超时 5min 以内以扣 5 分计算</td><td></td></tr>
<tr><td>备注</td><td colspan="5">除定额时间外，各模块的最高扣分不应超过配分数</td><td></td></tr>
<tr><td>开始时间</td><td colspan="2"></td><td>结束时间</td><td></td><td>实际时间</td><td></td></tr>
</table>

六、技能训练报告

（1）技能训练模块名称。

（2）技能训练的课题目标。

（3）技能训练所用的工具、仪器和设备。

（4）绘制实训的电路图。

（5）记录实训的过程、现象和数据结果。

（6）小结、体会和建议。

思考与练习

（1）三相异步电动机的调速方法有哪 3 种？笼型异步电动机的变极调速是如何实现的？

（2）双速电动机的定子绕组共有几个出线端？分别画出在高、低速时的定子绕组接线图。

（3）三速异步电动机有几套绕组？定子绕组共有几个出线端？分别画出高、中、低速时定子绕组的接线图。

（4）现有一台双速电动机，试按下述要求设计控制线路：

1）分别用两个按钮操作电动机的高速启动和低速启动，用一个总停止按钮操作电动机停止。

2）启动高速时，应先接成低速，然后经延时 4s 后再自动换接到高速。

3）有短路保护和过载保护。

课题八　绕线转子异步电动机控制线路的安装与调试

学习目标

（1）熟悉电流继电器、凸轮控制器及频敏变阻器的结构和工作原理，熟记它们的作用和符号，并会正确选用、安装、使用和检测维修。

（2）熟悉绕线转子异步电动机基本控制线路的构成，会分析其工作原理。

（3）会安装、调试与检修三相绕线转子异步电动机的基本控制线路。

课题分析

在实际生产中对启动转矩大、且能平滑调速的场合，异步电动机就往往力不从心，不能很好地适用，所以常常采用三相绕组转子异步电动机。它可以通过滑环在转子绕组中串联电阻来改善电动机的机械特性，从而达到减小启动电流、增大启动转矩及平滑调速的目的。

相关知识

一、电流继电器

电流继电器是反映电流变化的控制电器。电流继电器的线圈匝数少、导线粗，使用时串接于主电路中，与负载相串，动作触点串接在辅助电路中。

根据用途可分为过电流继电器和欠电流继电器，如过电流继电器主要用于重载或频繁启动的场合作为电动机主电路的过载和短路保护。

1. 工作原理

过电流继电器是反映上限值的，当线圈中通过的电流为额定值时，触点不动作，当线圈中通过的电流超过额定值达到某一规定值时，触点动作。

欠电流继电器是反映下限值的，当线圈中通过的电流为额定值时，触点动作，当线圈中通过的电流低于额定值而小于某一规定值时，触点复位。

两种继电器的符号如图 5－51 所示。

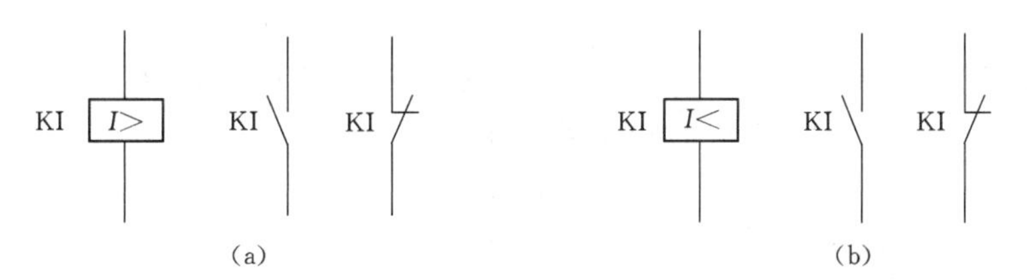

图 5－51　电流继电器符号

（a）过电流继电器；（b）欠电流继电器

2. 电流继电器的选择和使用

（1）电流继电器的选择（以过电流继电器为例）。

1）过电流继电器线圈的额定电流一般可按电动机长期工作的额定电流来选择，对于频繁启动的电动机，考虑启动电流在继电器中的热效应，额定电流可选大一级。

2）过电流继电器的整定值一般为电动机额定电流的 1.7～2 倍，频繁启动场合可取 2.25～2.5 倍。

（2）电流继电器的使用。

1）安装前先检查额定电流及整定值是否与实际要求相符。

2）安装后应在主触头不带电的情况下，使吸引线圈带电操作几次，试试继电器动作是否可靠。

3）定期检查各部件有无松动及损坏现象，并保持触头的清洁和可靠。

3. 电流继电器的型号含义

型号含义如下：

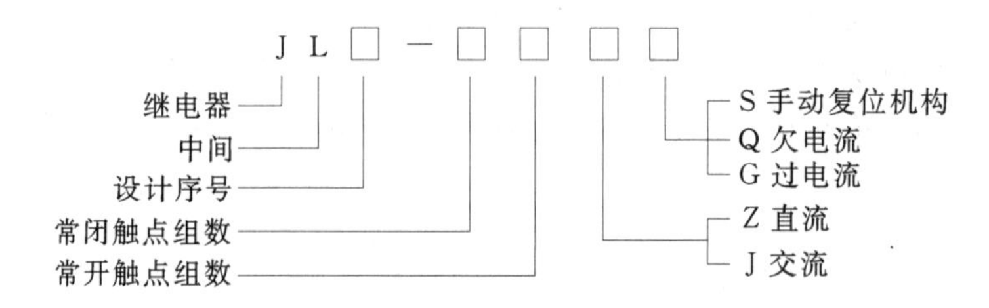

二、转子绕组串接电阻启动控制线路

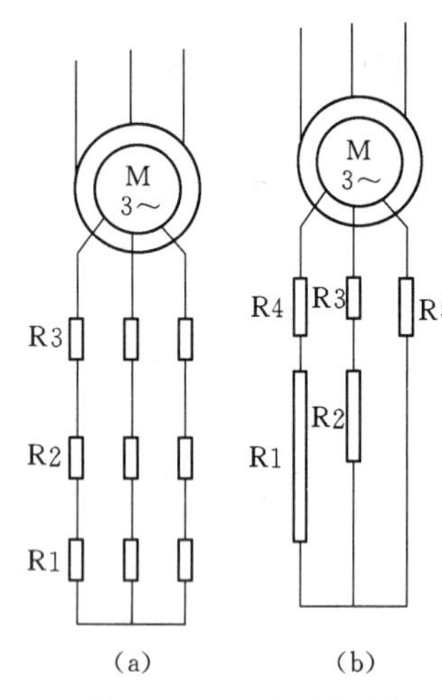

图 5－52　三相电阻器

(a) 转子串联三相对称电阻器；
(b) 转子串联三相不对称电阻器

三相绕组转子异步电动机启动时，在转子回路中接入作Y形连接、分级切换的三相启动电阻器，并把可变电阻放到最大位置，以减小启动电流，获得较大的启动转矩。随着电动机转速的升高，可变电阻逐级减小。启动完毕后，可变电阻减小到零，转子绕组被直接短接，电动机便在额定状态下运行。

电动机转子绕组中串联的外加电阻在每段切除前和切除后，三相电阻始终是对称的，称为三相对称电阻器，如图 5－52（a）所示。启动过程依次切除 R1、R2、R3，最后全部被切除。与上述相反，启动时串入的全部三相电阻是不对称的，而每段切除后三相仍不对称，称为三相不对称电阻器，如图 5－52（b）所示。启动过程依次切除 R1、R2、R3、R4，最后全部电阻被切除。

如果电动机要调速，则将可变电阻调到相应的位置即可，这时可变电阻便成为调速电阻。

1. 按钮操作控制线路

其电路原理如图 5－53 所示。

线路工作原理如下：合上电源开关 QS。

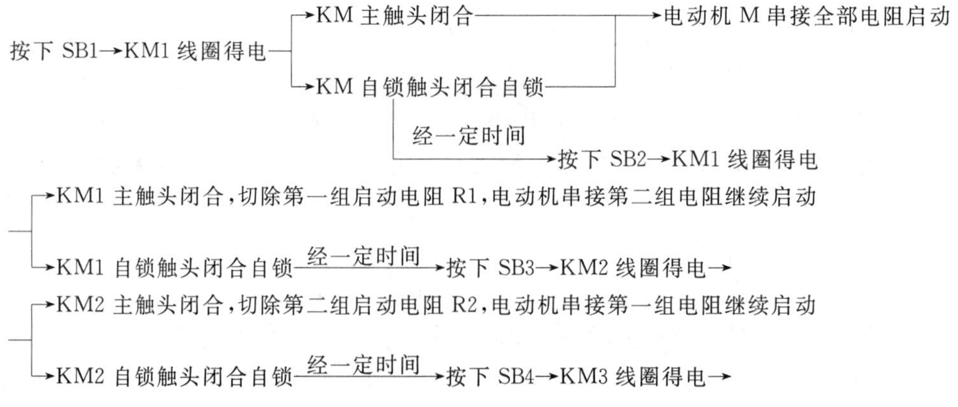

→KM3 主触头闭合，切除全部电阻，电动机启动结束，正常运转
→KM3 自锁触头闭合自锁

停止时，按下停止按钮 SB5，控制线路失电，电机 M 停转。

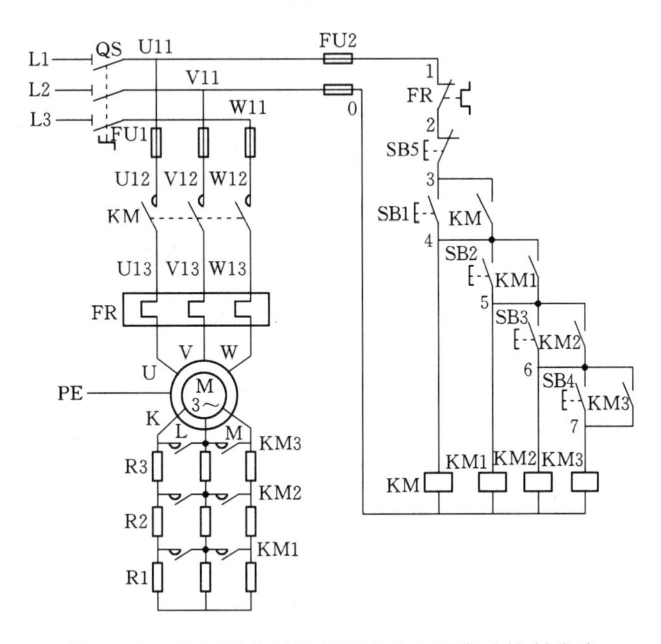

图 5-53　按钮操作转子绕组串接电阻启动控制线路

2. 时间继电器自动控制线路

按钮操作控制线路的缺点是操作不便，工作也不安全可靠，所以在实际中采用时间继电器自动控制短接启动电阻的控制线路。工作原理如图 5-54 所示。

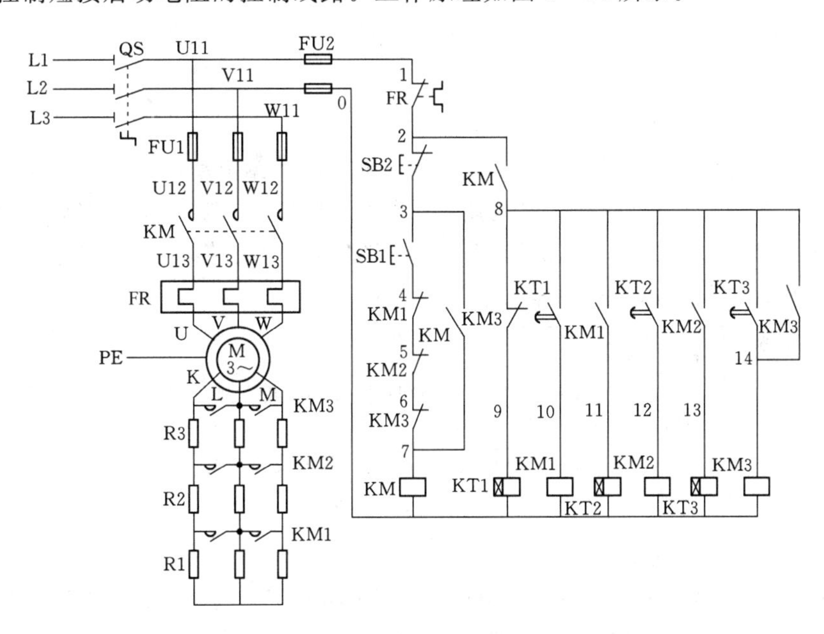

图 5-54　时间继电器转子绕组串接电阻启动控制线路

线路工作原理如下：合上电源开关 QS。

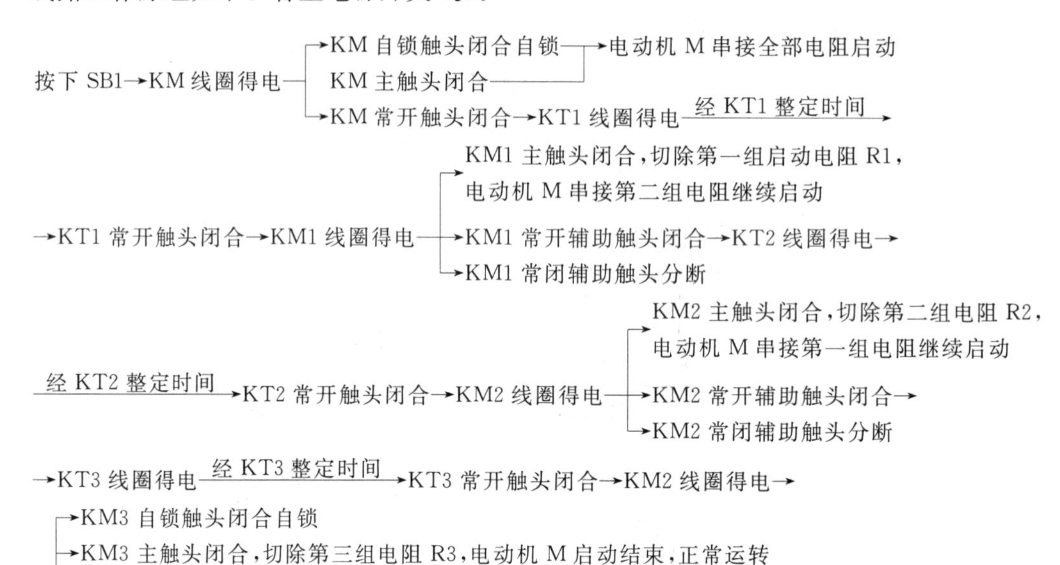

与启动按钮 SB1 串接的接触器 KM1、KM2 和 KM3 常闭辅助触头的作用是，保证电动机在转子绕组中接入全部外加电阻的条件下才能启动，如果接触器 KM1、KM2 和 KM3 中任何一个触头因熔焊或机械故障而没有释放时，启动电阻就没有被全部接入转子绕组中，从而使启动电流超过规定值。如把 KM1、KM2 和 KM3 的常闭触头与 SB1 串接在一起，就可避免这种现象的发生，因 3 个接触器中只有一个触头没有恢复闭合，电动机就不可能接通电源直接启动。

停止时，按下 SB2 即可。

3. 电流继电器自动控制电路

电流继电器自动控制电路如图 5－55 所示。

该电路是用 3 个过电流继电器 KA1、KA2 和 KA3 根据电动机转子电流变化，来控制接触器 KM1、KM2 和 KM3 依次得电动作，逐级切除外加电阻的。3 个过电流继电器 KA1、KA2 和 KA3 的线圈串接在转子回路中，它们吸合电流都一样；但是释放电流不同，KA1 的释放电流最大，KA3 最小。

线路工作原理如下：合上电源开关 QS。

按下 SB1→KM 线圈得电
- →KM 自锁触头闭合自锁
- →KM 主触头闭合
- （以上两项）→电动机 M 串接全部电阻启动
- →KM 常开辅助触头闭合→KA 线圈得电→

→KA 常开触头闭合，为 KM1、KM2、KM3 得电做准备

由于电动机 M 刚启动时转子电流很大，3 个过电流继电器 KA1、KA2 和 KA3 都吸合，它们接在控制电路中的常闭触头都断开，使接触器 KM1、KM2 和 KM3 的线圈都不能得电，接在转子电路中的常开触头都处于分断状态，全部电阻均串接在转子绕组中。随

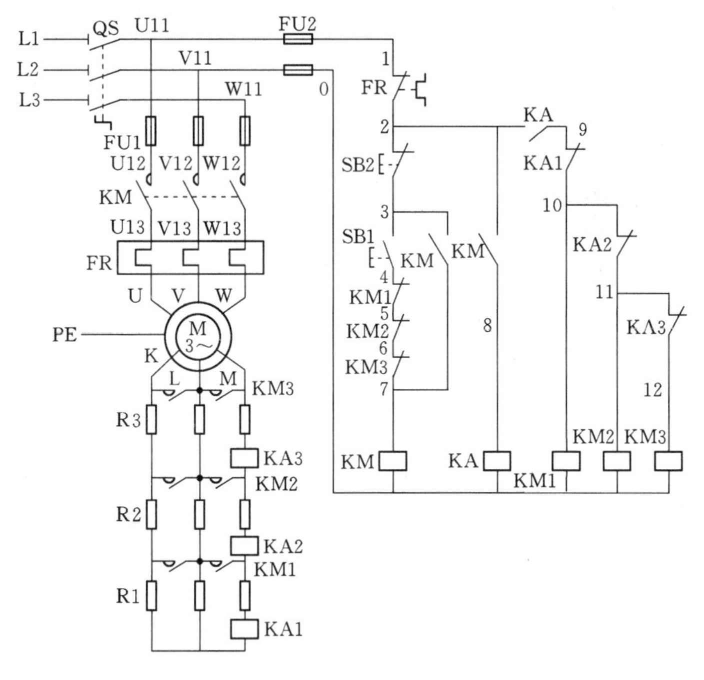

图 5-55　电流继电器自动控制电路

着电动机转速的升高，转子电流逐渐减小，当减小至 KA1 的释放电流时，KA1 首先释放，使控制电路中 KA1 的常闭触头恢复闭合，接触器 KM1 线圈得电，其主触头闭合，短接切除第一组电阻 R1。当 R1 被切除后，转子电流重新增大，但随着电动机转速的继续升高，转子的电流又会减小，当减小至 KA2 的释放电流时，KA2 释放，它的常闭触头 KA2 恢复闭合，接触器 KM2 线圈得电，主触头闭合，把第二组电阻 R2 短接切除。如此继续下去，直到全部电阻被切除，电动机启动完毕，进入正常运转状态。

中间继电器 KA 的作用是保证电动机在转子电路中接入全部电阻的情况下开始启动。因为电动机开始启动时，启动电流由零增大到最大值需要一定的时间，这样就有可能出现 3 个过电流继电器 KA1、KA2 和 KA3 还没有动作，KM1、KM2 和 KM3 就已经吸合而把电阻都短接，使电动机直接启动。采用 KA 后，无论 KA1、KA2 和 KA3 有无动作，开始启动时，可由 KA 的常开触头来切断 KM1、KM2 和 KM3 线圈的通电回路，保证了启动时串入全部电阻。

三、转子绕组串接频敏变阻器启动控制线路

绕线转子异步电动机采用转子绕组串接电阻的启动方法，要获得良好的启动特性，一般需要较多的启动级数，所用电器较多，控制线路复杂，设备投资大，维修不便，同时由于逐级切除电阻，会产生一定的机械冲击力。因此，在工矿企业中对于不频繁启动设备，广泛采用频敏变阻器代替启动电阻，来控制绕线转子异步电动机的启动。

频敏变阻器是一种阻抗值随频率明显变化（敏感于频率）、静止的无触点电磁元件。它实质上是一个铁心损耗非常大的三相电抗器。在电动机启动时，将频敏变阻器 RF 串接在转子绕组中，由于频敏变阻器的等值阻抗随转子电流频率的减小而减小，从而达到自动变阻的目的。因此，只需要用一级频敏变阻器就可以平稳地把电动机启动起来。启动完毕短接切除频敏变阻器。

转子绕组串接频敏变阻器启动的电路如图 5－56 所示，启动过程利用转换开关 SA 实现自动控制和手动控制。

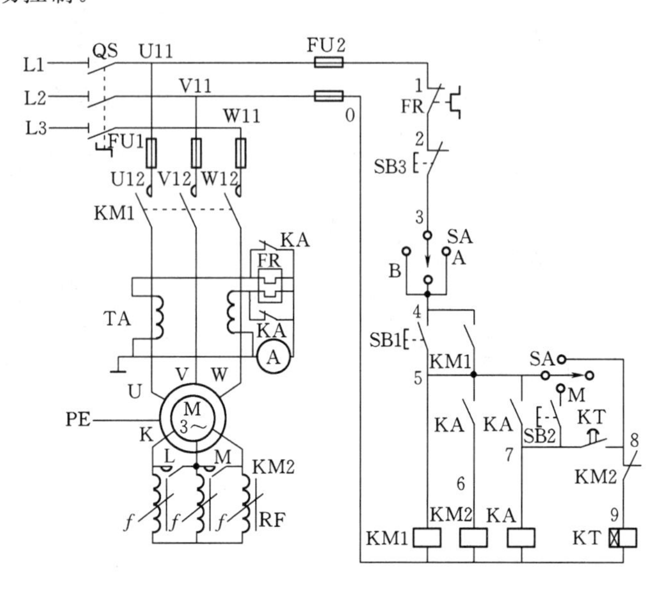

图 5－56　转子绕组串接频敏变阻器启动线路

采用自动控制时，将转换开关 SA 扳到自动位置 A 处，线路工作原理如下：

先合上电源开关 QS。

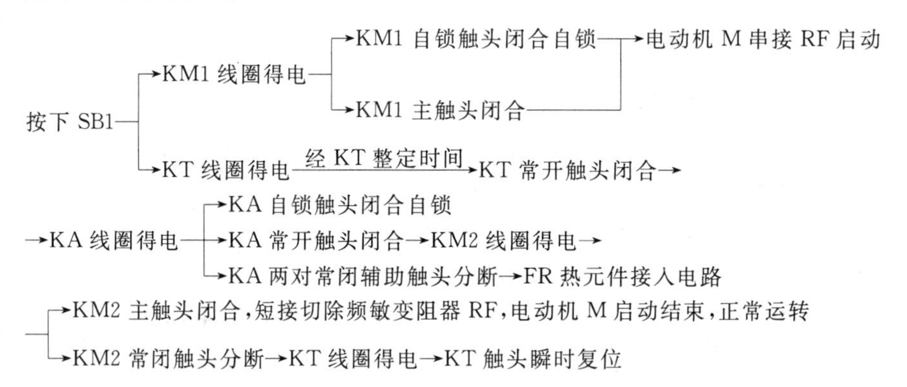

停止时，按下 SB3 即可。

动过程中，中间继电器 KA 未得电，KA 的两对常闭触头将热继电器 FR 的热元件短接，以免因启动过程较长，而使热继电器过热产生误动作。启动结束后，中间继电器 KA 才得电动作，两对常闭触头分断，FR 的热元件便接入主电路工作。图中 TA 为电流互感器，其作用是将主电路中的大电流变为小电流，串入热继电器的热元件是为反映过载程度。

四、凸轮控制器控制线路

绕线转子异步电动机的启动、调速及正/反转的控制，常常采用凸轮控制器来实现，尤

其是容量不太大的绕线转子异步电动机用得更多，桥式起重机上大部分采用这种控制线路。

1. 凸轮控制器

凸轮控制器主要用于电力拖动控制设备中，用以变换主电路和控制电路的接法以及转子电路中的电阻值，以控制电动机的启动、停止、反向、制动、调速和安全保护目的。

凸轮控制器由于控制线路简单、维护方便，线路已标准化、系列化和规范化，因而广泛应用于中、小型起重机的平移机构和小型提升机构。

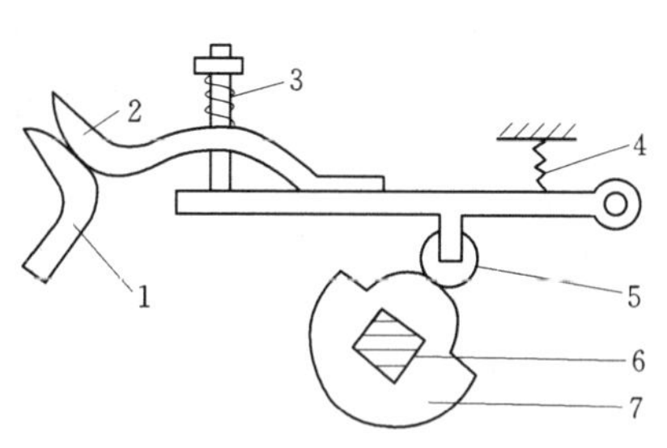

图 5－57　凸轮控制器的结构示意图
1—静触点；2—动触点；3—触点弹簧；4—复位弹簧；5—滚子；6—绝缘方轴；7—凸轮

(1) 凸轮控制器的结构。凸轮控制器主要由操作手柄、转轴、凸轮、触点系统和壳体等部分组成。

图 5－57 所示为凸轮控制器的结构示意图。当转动手柄时，凸轮 7 随绝缘方轴 6 转动，当凸轮的凸起部分顶住滚子 5 时，动触点分开，当凸轮转到凹处与滚子相碰时，动触点 2 受到触点弹簧 3 的作用压在静触点 1 上，动、静触点闭合，接通电路。如在方轴上叠装不同形状的凸轮片，可以使一系列的触点按预先编制得到顺序接通和分断电路，以达到不同的控制目的。

(2) 凸轮控制器的型号。目前国内常用的凸轮控制器为 KT10、KT12、KT14 及 KT16 等系列。

2. 凸轮控制器控制电路

绕线转子异步电动机凸轮控制器控制电路如图 5－58 所示。

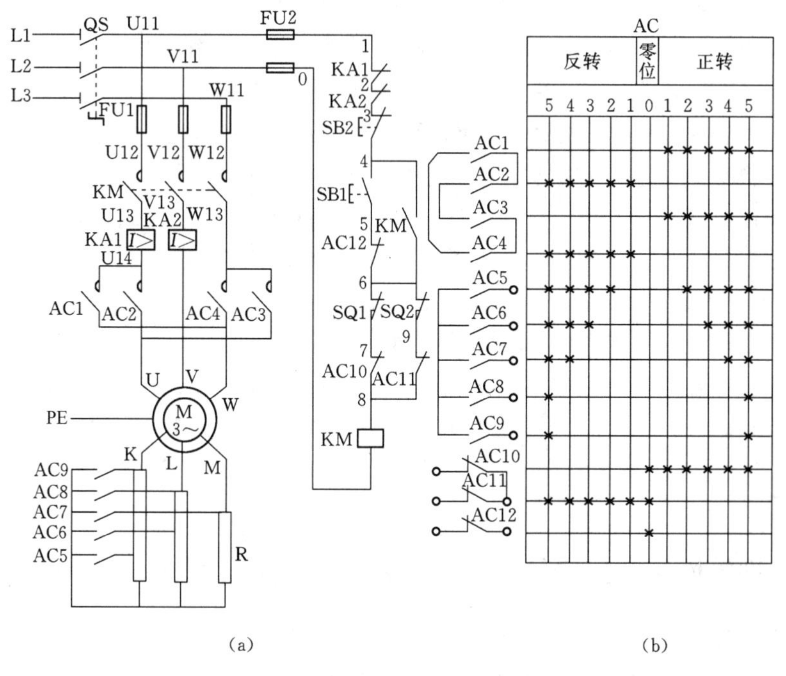

AC	反转 5	反转 4	反转 3	反转 2	反转 1	零位 0	正转 1	正转 2	正转 3	正转 4	正转 5
AC1							*	*	*	*	*
AC2	*	*	*	*	*						
AC3							*	*	*	*	*
AC4	*	*	*	*	*						
AC5	*	*	*	*				*	*	*	*
AC6	*	*	*						*	*	*
AC7	*	*								*	*
AC8	*										*
AC9	*										*
AC10						*	*	*	*	*	*
AC11	*	*	*	*	*	*					
AC12						*					

图 5－58　绕线转子异步电动机凸轮控制器控制电路
(a) 电路；(b) 触头分合表

图中转换开关 QS 作引入电源用；熔断器 FU1、FU2 分别作为主电路和控制电路的短路保护；接触器 KM 控制电动机电源的通、断，同时起欠压、失压保护作用；位置开关 SQ1、SQ2 分别作为电动机正/反转时工作机构运动的限位保护；过电流继电器 KA1、KA2 作为电动机的过载保护，R 是电阻器、AC 是凸轮控制器，它有 12 对触头，如图 5－58（b）左面所示。图 5－58 中 12 对触头的分合状态是凸轮控制器手轮处于“0”位时的情况。当手轮处于正转的 1～5 挡或反转的 1～5 挡时，触头的分合状态如图 5－58（b）所示，用“×”表示触头闭合，无此标记表示触头断开。AC 最上面的 4 对配有灭弧罩的常开触头 AC1～AC4 接在主电路中，用以控制电动机正/反转；中间 5 对常开触头 AC5～AC9 与转子电阻相接，用来逐级切换电阻以控制电动机的启动和调速，最下面的 3 对常闭辅助触头 AC10～AC12 都用作零位保护。

线路的工作原理如下：先合上电源开关 QS，然后将 AC 手轮放在“0”位置，这时，最下面 3 对触头 AC10～AC12 闭合，为控制电路的接通做准备。按下 SB1，接触器 KM 线圈得电，KM 主触头闭合，接通电源，为电动机启动做准备。KM 自锁触头闭合自锁。将 AC 手轮从“0”位转到正转“1”位置，这时，触头 AC10 仍闭合，保持控制电路接通，触头 AC1、AC3 闭合，电动机 M 接通三相电源正转启动，此时由于 AC 触头 AC5～AC9 均断开，转子绕组串接全部电阻 R，所以启动电流较小，启动转矩也较小。如果电动机负载较重，则不能启动，但可起消除传动齿轮间隙和拉紧钢丝绳的作用。当 AC 手轮从正转“1”位转到“2”位置时，触头 AC10、AC1、AC3 仍闭合，AC5 闭合，把电阻器 R 上的一级电阻短接切除，使电动机 M 正转加速。同理，当 AC 手轮依次转到正转“3”和“4”位置时，触头 AC10、AC1、AC3、AC5 仍保持闭合，AC6 和 AC7 先后闭合，把电阻器 R 的两级电阻相继断接，电动机 M 继续正转加速。当手轮转到“5”位置时，AC5～AC9 5 对触头全部闭合，电阻器 R 全部电阻被切除，电动机启动完毕后全速运转。

当把手轮转到反转的“1”～“5”位置时，触头 AC2 和 AC4 闭合，接入电动机的三相电源相序改变，电动机反转。触头 AC11 闭合使控制电路仍保持接通，接触器 KM 继续得电工作。凸轮控制器反向启动，依次切除电阻的程序及工作原理与正转类同，读者可自行分析。

由凸轮控制器接头分合表［图 5－58（b）］可以看出，凸轮控制器最下面的 3 对辅助触头 AC10 ～AC12，只有当手轮置于“0”位时才能全部闭合，而在其余各挡位置都只有一对触头闭合（AC10 或 AC11），而其余 2 对断开。这 3 对触头在控制电路中如此安排，就保证了手轮必须置于“0”位时，按下启动按钮 SB1 才能使接触器 KM 线圈得电动作，然后通过凸轮控制器 AC10 使电动机进行逐级启动，从而避免了电动机的直接启动，同时也防止了由于误按 SB1 而使电动机突然快速运转产生的意外事故。

技能训练

训练模块　绕线转子异步电动机控制线路的安装和维修

一、课题目标

（1）熟悉绕线转子异步电动机基本控制线路的构成，会分析其工作原理。

（2）会安装、调试与检修三相绕线转子异步电动机的基本控制线路。

二、工具、仪器和设备

(1) 螺钉旋具、尖嘴钳、斜口钳、剥线钳等。

(2) MF30 型万用表。

(3) 控制线路板、相应的电器元件、适量的导线。

三、实训过程

(1) 熟悉工作原理，掌握电路原理图。

(2) 配齐所用电器元件，选择合适的电器和频敏变阻器，检验合格。

(3) 合理布局，正确接线。

(4) 接线完毕，用万用表 Ω 挡测量 A、B 点之间的电阻值。

1) 不按 SB：Ω→∞，线路不通。

2) 按下 SB：Ω→0，线路接通。

(5) 检查正确后，松开两只熔断器（大），连接电源线，通电检查接触器动作是否正确。

(6) 旋紧熔断器，接通电源，用万用表 V 挡测量各相电压。

(7) 试车后正确拆除、打分。

四、注意事项

(1) 要认真听取和仔细观察指导老师在示范过程中的讲解和检修操作。

(2) 要熟悉掌握电路中各个环节的作用。

(3) 工具和仪表使用要正确。

(4) 时间继电器和热继电器的整定值按要求自行整定。

(5) 频敏变阻器要安装在箱体内。调整频敏变阻器的匝数和气隙时，必须先切断电源，按以下方法调整。

1) 启动电流过大、启动太快时，使匝数增加。

2) 启动电流过小、转矩太小、启动太慢时，使匝数减少。

(6) 安装凸轮控制器前，应转动其手轮，检查运动系统是否灵活、触头分合顺序是否与触头分合表相符。在进行凸轮控制器接线时，要先熟悉其结构和各触头的作用，看清楚凸轮控制器内连接线的接线方式，对照电路图进行接线，注意不要接错。接线后，必须盖上灭弧罩。

(7) 编码套管要准确。

(8) 带电试车和检修时，必须有指导老师在现场监护，以确保用电安全。

五、技能训练考核评分记录表（见表 5-9）

表 5-9　　技能训练考核评分记录表

模块内容	配分	评　分　标　准	扣分
装前检查	5	电器元件漏检或错检，每处扣 1 分	
安装元件	15	(1) 不按布置图安装扣 15 分	
		(2) 元件安装不牢固，每只扣 4 分	
		(3) 元件安装不整齐、不均匀、不合理，每只扣 3 分	
		(4) 损坏元件扣 15 分	

续表

模块内容	配分	评　分　标　准			扣分
布线	40	(1) 不按电路图接线扣25分			
		(2) 布线不符合要求： 主电路，每根扣4分 控制线路，每根扣2分			
		(3) 接点不符合要求，每个接点扣1分			
		(4) 损伤导线绝缘或线芯，每根扣5分			
		(5) 漏接接地线扣10分			
通电试车	40	(1) 第一次试车不成功扣10分			
		(2) 第二次试车不成功扣20分			
		(3) 第三次试车不成功扣40分			
安全文明生产	违反安全文明生产规程扣5～40分				
定额时间2.5h	每超时5min以内以扣5分计算				
备注	除定额时间外，各模块的最高扣分不应超过配分数				
开始时间		结束时间		实际时间	

六、技能训练报告

(1) 技能训练模块名称。

(2) 技能训练的课题目标。

(3) 技能训练所用的工具、仪器和设备。

(4) 绘制实训的电路图。

(5) 记录实训的过程、现象和数据结果。

(6) 小结、体会和建议。

思考与练习

(1) 图5-59所示为绕线转子异步电动机串电阻启动控制线路的主电路。试分别补画出用按钮操作和时间继电器自动控制的控制电路，并分别叙述它们的工作原理。

(2) 如何正确调整频敏变阻器？

(3) 叙述转子绕组串接频敏变阻器启动控制线路手动控制的工作原理，如图5-60所示。

(4) 请把图5-61所示绕线转子异步电动机电流继电器自动控制线路补画完整，并叙述其工作原理。

(5) 图5-62所示为绕线转子异步电动机的凸轮控制器控制线路。试根据线路的工作原理，填出凸轮控制器的触头分合表，并填空。

图中转换开关QS作________用，熔断器FU1、FU2分别作为________和________的短路保护；接触器KM控制________年电源的通、断，同时还有________和________保护作用；位置开关SQ1、SQ2分别作为电动机正/反转而使工作机构运动的________保

护；过电流继电器 KA1、KA2 作为电动机的________保护；AC 是凸轮控制器，它的手轮共有________个位置，中间为________位，表示电动机________；左、右各有________个位置，表示电动机正/反转时触头的________状态；触头系统共有________副触头，其中最上面的 4 副触头常开触头 AC1～AC4 接在________电路中，用以控制电动机的________，4 对触头上都装有________；中间 5 对常开触头 AC5～AC9 与________相接，用来逐级切除________，以控制电动机的________和________；最前面的 3 对常闭辅助触头 AC10～AC12 都用于________电路中作________保护。

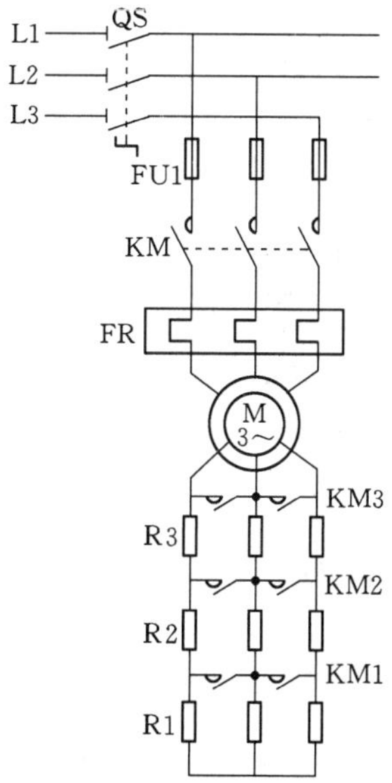

图 5-59　绕线转子异步电动机串电阻启动控制线路的主电路

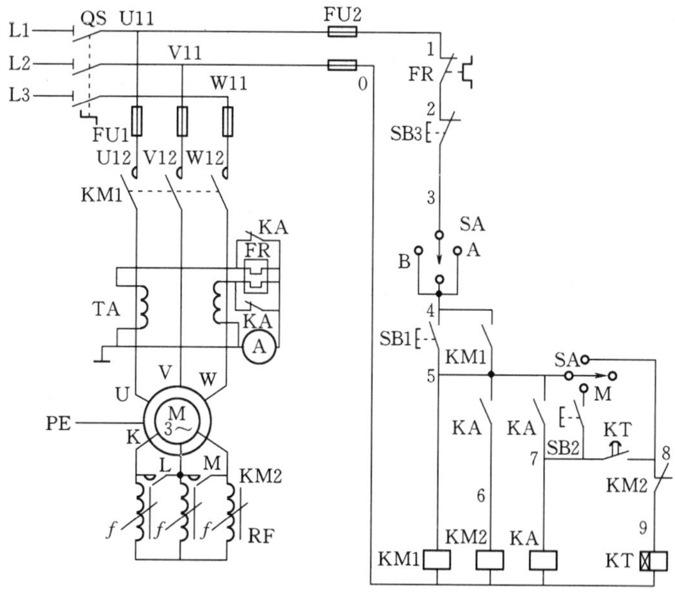

图 5-60　转子绕组串接频敏变阻器启动控制线路手动控制工作原理

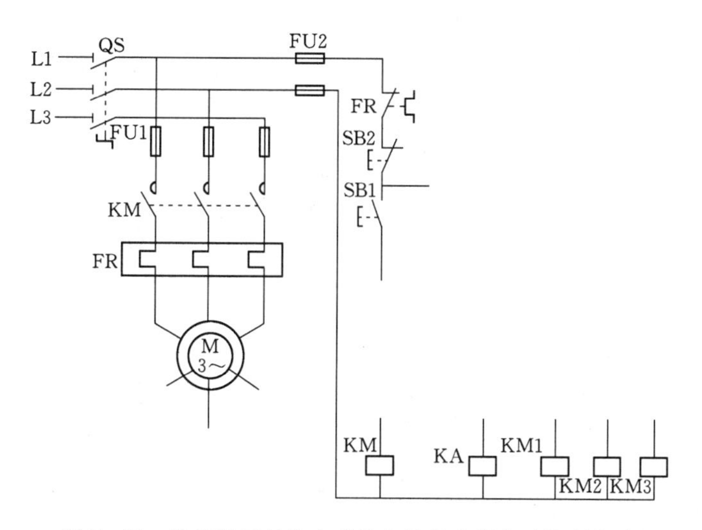

图 5-61　绕线转子异步电动机电流继电器自动控制线路

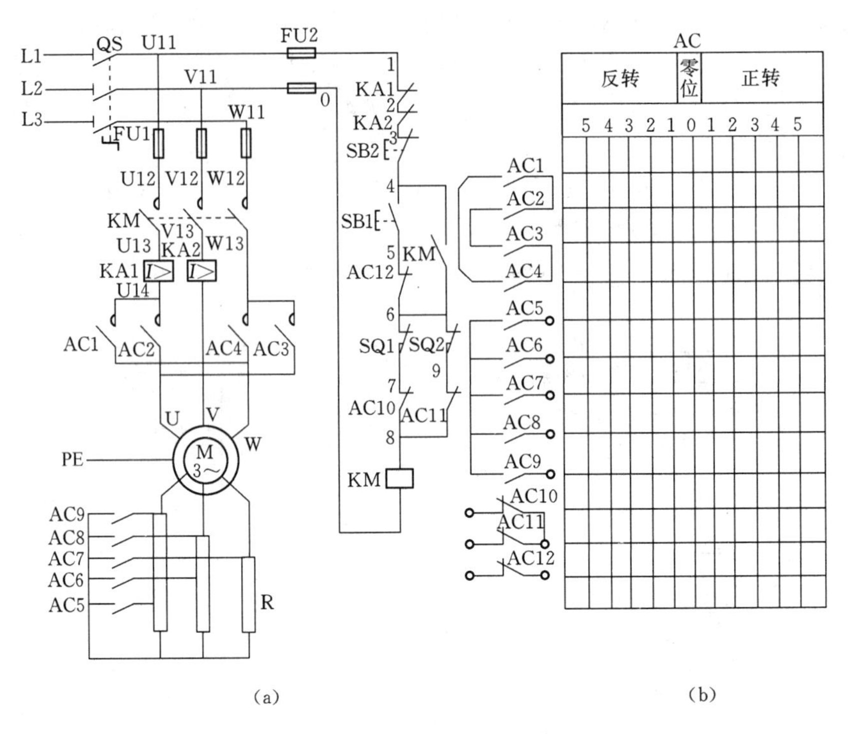

图 5-62　绕线转子异步电动机的凸轮控制器控制线路

模块六　常用生产机械电气控制线路的检测与维修

课题一　M7130平面磨床电气控制线路的检测与维修

学习目标

（1）了解亚龙YL—123型M7130平面磨床的控制柜结构布局、局域网指令信息、运动形式。

（2）了解局域网设置、收接、解除亚龙YL—123型M7130平面磨床的故障。

（3）熟悉亚龙YL—123型M7130平面磨床电气控制线路的工作原理、电气接线及调试技能。

（4）掌握亚龙YL—123型M7130平面磨床电气控制线路故障的分析处理方法与技巧。

（5）根据故障现象分析故障原因，并熟练测量、排除亚龙YL—123型M7130平面磨床的线路上的故障点。

课题分析

机械加工中，当对零件的表面粗糙度要求较高时，就需要用磨床进行加工，磨床是用砂轮的周边或端面对工件的表面进行机械加工的一种精密机床。磨床的种类很多，根据用途不同，可分为平面磨床、内圆磨床、外圆磨床、无心磨床等。平面磨床是用砂轮磨削加工各种零件的平面。图6－1所示为机械加工中应用极为广泛的M7130型平面磨床，其作

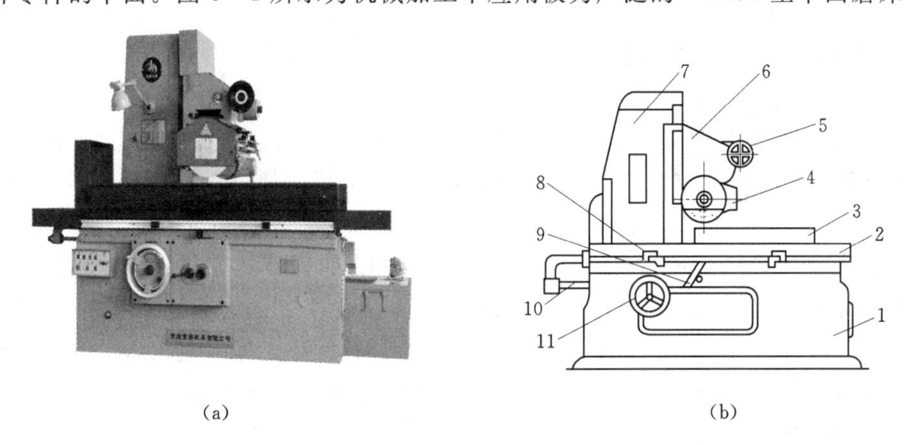

(a)　　(b)

图6－1　M7130型平面磨床外形

(a) 外形实物；(b) 结构示意

1—床身；2—工作台；3—电磁吸盘；4—砂轮箱；5—砂轮横向移动手轮；6—滑座；7—立柱；8—工作台换向撞块；9—工作台往复运动换向手柄；10—活塞杆；11—砂轮箱垂直进刀手轮

用是用砂轮磨削加工各种零件的平面。它操作方便，磨削精度和光洁度都比较高，适于磨削精密零件和各种工具，并可作镜面磨削。本课题以亚龙 YL—123 型 M7130 平面磨床为例，介绍其控制柜结构布局、局域网指令信息、各运动部件的驱动要求、电气控制线路的工作原理、常见故障的分析处理方法。YL—123 型 M7130 平面磨床智能实训设备主要由 M7130 平面磨床电气控制柜和半实物仿真实训台组成。装置通过电控柜内的智能化实训单元与系统相连接，教师机设置的故障信息经智能化网络传送到学生端的机床电路上并产生相应故障，学生根据故障现象分析判断，采用计算机进行作答，考核系统具有自动完成评分、恢复故障、统计成绩等功能。

相关知识

一、M7130 型平面磨床的主要结构及型号意义

M7130 平面磨床是卧轴矩形工作台式，结构如图 6-1 所示，主要由床身、工作台、电磁吸盘、砂轮架（又称磨头）、滑座和立柱等部分组成。其型号意义如下：

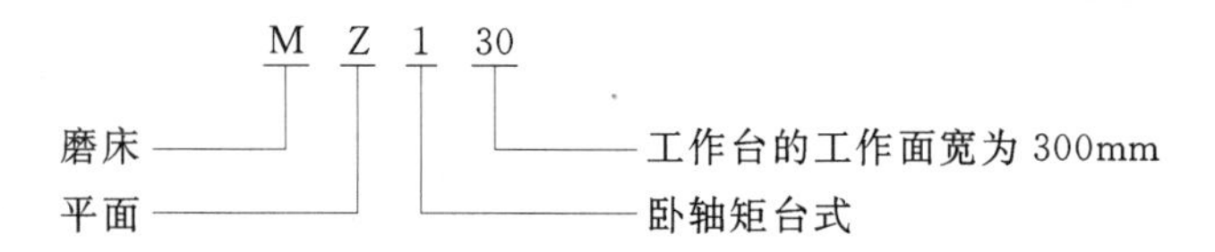

二、电路分析

M7130 型平面磨床的电气原理如图 6-2 所示。电气控制线路可分为主电路、控制电路、电磁工作台控制电路及照明与指示灯电路 4 部分。

1. 主电路分析

主电路中共有 4 台电动机，其中 M1 是液压泵电动机（本产品采用丝杆控制），实现工作台的往复运动；M2 是砂轮电动机，带动砂轮转动来完成磨削加工工件；M3 是冷却泵电动机；它们只要求单向旋转。冷却泵电机 M3 只是在砂轮电机 M2 运转后才能运转。M4 是砂轮升降电动机，用于磨削过程中调整砂轮和工件之间的位置。M1、M2、M3 是长期工作的，所以都装有过载保护。

2. 控制电路分析

（1）工作台往返电动机 M1 的控制 合上总开关 QS1 后，整流变压器一个副边输出 130V 交流电压，经桥式整流器 VC 整流后得到直流电压，使电压继电器 KA 获电动作，其常开触头（7 区）闭合，为启动电机做好准备。如果 KA 不能可靠动作，各电机均无法运行。因为平面磨床的工件靠直流电磁吸盘的吸力将工件吸牢在工作台上，只有具备可靠的直流电压后，才允许启动砂轮和液压系统，以保证安全。当 KA 吸合后，按下启动按钮 SB3（或 SB5），接触器 KM1（或 KM2）通电吸合并自锁，工作台电机 M1 启动自动往返运转，HL2 灯亮。若按下停止按钮 SB2（或 SB4），接触器 KM1（或 KM2）线圈断电释放，电动机 M1 断电停转。

（2）砂轮电动机 M2 及冷却泵电机 M3 的控制。按下启动按钮 SB7，接触器 KM3 线圈获电动作，砂轮电动机 M2 启动运转。由于冷却泵电动机 M3 与 M2 联动控制，所以 M3 与 M2 同时启动运转。按下停止按钮 SB6 时，接触器 KM3 线圈断电释放，M2 与 M3

同时断电停转。两台电动机的热继电器FR2和FR3的常闭触头都串联在KM3中，只要有一台电动机过载，就使KM3失电。因冷却液循环使用，经常混有污垢杂质，很容易引起电动机M3过载，故使热继电器FR3进行过载保护。

（3）砂轮升降电动机M4的控制。砂轮升降电动机只有在调整工件和砂轮之间位置时使用，所以用点动控制。当按下点动按钮SB8，接触器KM4线圈获电吸合，电动机M4启动正转，砂轮上升。到达所需位置时，松开SB8，KM4线圈断电释放，电动机M4停转，砂轮停止上升。按下点动按钮SB9，接触器KM5线圈获电吸合，电动机M4启动反转，砂轮下降。到达所需位置时，松开SB9，KM5线圈断电释放，电动机M4停转，砂轮停止下降。为了防止电动机M4的正/反转线路同时接通，故在对方线路中串入接触器KM5和KM4的常闭触头进行联锁控制。

3. 电磁吸盘控制电路分析

电磁吸盘是固定加工工件的一种夹具。利用通电导体在铁芯中产生的磁场吸牢铁磁材料的工件，以便加工。它与机械夹具比较，具有夹紧迅速、不损伤工件、一次能吸牢若干个小工件，以及工件发热可以自由伸缩等优点。因而，电磁吸盘在平面磨床上用得十分广泛。

电磁吸盘的控制电路包括整流装置、控制装置和保护装置3个部分。整流装置由变压器TC和单相桥式全波整流器VC组成，供给120V直流电源。控制装置由按钮SB10、SB11、SB12和接触器KM6、KM7等组成。

（1）充磁过程。按下充磁按钮SB11，接触器KM6线圈获电吸合，KM6主触头（15、18区）闭合，电磁吸盘YH线圈获电，工作台充磁吸住工件。同时其自锁触头闭合，联锁触头断开。磨削加工完毕，在取下加工好的工件时，先按SB10，切断电磁吸盘YH的直流电源，由于吸盘和工件都有剩磁，所以需要对吸盘和工件进行去磁。

（2）去磁过程。按下点动按钮SB12，接触器KM7线圈获电吸合，KM7的两副主触头（15、18区）闭合，电磁吸盘通入反相直流电，使工作台和工件去磁。去磁时，为防止因时间过长使工作台反向磁化，再次吸住工件，因而接触器KM7采用点动控制。

保护装置由放电电阻R和电容C以及零压继电器KA组成。电阻R和电容C的作用是：电磁吸盘是一个大电感，在充磁吸工件时，存储有大量磁场能量。当它脱离电源时的一瞬间，吸盘YH的两端产生较大的自感电动势，会使线圈和其他电器损坏，故用电阻和电容组成放电回路。利用电容C两端的电压不能突变的特点，使电磁吸盘线圈两端电压变化趋于缓慢，利用电阻R消耗电磁能量，如果参数选配得当，此时RLC电路可以组成一个衰减振荡电路，对去磁将是十分有利的。零压继电器KA的作用是：在加工过程中，若电源电压不足，则电磁吸盘将吸不牢工件，会导致工件被砂轮打出，造成严重事故，因此，在电路中设置了零压继电器KA，将其线圈并联在直流电源上，其常开触头（7区）串联在液压泵电机和砂轮电机的控制电路中，若电磁吸盘吸不牢工件，KA就会释放，使液压泵电机和砂轮电机停转，保证了安全。

4. 照明和指示灯电路分析

图中EL为照明灯，其工作电压为36V，由变压器TC供给。QS2为照明开关。

HL1、HL2、HL3、HL4 和 HL5 为指示灯，其工作电压为 6.3V，也由变压器 TC 供给，5 个指示灯的作用是：

HL1 亮，表示控制电路的电源正常；不亮，表示电源有故障。

HL2 亮，表示工作台电动机 M1 处于运转状态，工作台正在进行往复运动；不亮，表示 M1 停转。

HL3、HL4 亮，表示砂轮电动机 M2 及冷却泵电动机 M3 处于运转状态；不亮，表示 M2、M3 停转。

HL5 亮，表示砂轮升降电动机 M4 处于上升工作状态；不亮，表示 M4 停转。HL6 亮，表示砂轮升降电动机 M4 处于下降工作状态；不亮，表示 M4 停转。

HL6 亮，表示电磁吸盘 YH 处于工作状态（充磁和去磁）；不亮，表示电磁吸盘未工作。

三、技术指标

1. 基本技术指标

（1）使用电源：三相五线式电源。

（2）柜子尺寸：800mm×600mm×1500mm。

（3）桌子尺寸：1400mm×760mm×770mm。

2. 空载功耗不大于 400W、额定输出电流不大于 5A

四、使用条件

（1）温度：－10～＋40℃。

（2）相对湿度：不大于 90％。

（3）三相电源：380V±10％，频率 50Hz±5％。

五、M1730 平面磨床故障现象

（1）150－153 间断路，所有电机全部缺一相、变压器缺一相，控制电路失效。

（2）173－188 间断路，砂轮升降电动机缺一相、变压器缺一相，控制电路失效。

（3）191－192 间断路，砂轮电机缺一相。

（4）211－217 间断路，变压器缺一相，控制电路失效。

（5）215－216 间断路，砂轮升降电机缺一相。

（6）221－222 间断路，变压器缺一相，控制电路失效。

（7）005－028 间断路，控制变压器缺相，输出断路，控制电路失效，照明显示电路能正常工作。

（8）010－011 间断路，控制变压器缺一相，控制电路失效，磁台、照明显示电路能正常工作。

（9）015－025 间断路，工作台往返 KM1 不能自锁。

（10）024－027 间断路，工作台往返 KM1 不能启动。

（11）013－031 间断路，工作台 KM1 能动作，其他控制均失效。

（12）033－043 间断路，工作台往返 KM2 不能自锁。

（13）036－037 间断路，工作台往返 KM2 不能启动。

（14）027－042 间断路，工作台往返 KM2 不能启动。

（15）047—048间短路，合上机床电源砂轮电机就启动。

（16）048—049间断路，砂轮、冷却电机不能启动。

（17）058—059间断路，砂轮升降电机上升，控制失效。

（18）060—061间断路，砂轮升降电机上升，控制失效。

（19）009—090间断路，磁台电桥整流无交流电源输入磁台失效，机床操作控制全部失效。

（20）064—065间断路，砂轮升降电机下降，控制失效。

（21）063—071间断路，磁台不能启动。

（22）076—077间断路，磁台不能充磁。

（23）079—080间短路，合上机床电源，磁台就处于去磁状态。

（24）082—083间断路，磁台不能去磁。

（25）086—087间断路，KA继电器不得电，控制电路失效。

（26）092—093间断路，KA继电器不得电，控制电路失效。

（27）099—103间断路，充去磁控制时，磁台都不能得电。

（28）106—107间断路，去磁控制时，磁台不得电。

（29）111—141间断路，SQ2接通时，照明灯不能亮。

（30）088—089间断路，KA继电器不得电，控制电路失效。

六、电气原理图（见文后插页图6-2）

七、航空插编号（见图6-3）

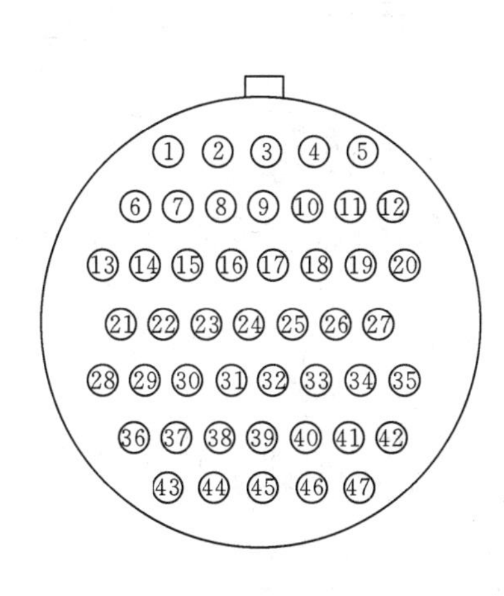

接线编号	座针编号
11	1
12	2
14	3
16	4
19	5
20	6
22	7
31	8
32	9
34	10
37	11
38	12
40	13
46	14
48	15
58	16
64	17
71	18
72	19
70	20
80	21
141	22
142	23
103	24

接线编号	座针编号
104	25
*61	26
*61	27
*67	28
*67	29
N	30
⏚	31
	32
	33
	34
	35
167	36
172	37
177	38
182	39
187	40
192	41
197	42
202	43
207	44
210	45
213	46
216	47

图6-3　航空插编号

八、线端号（见图 6-4）

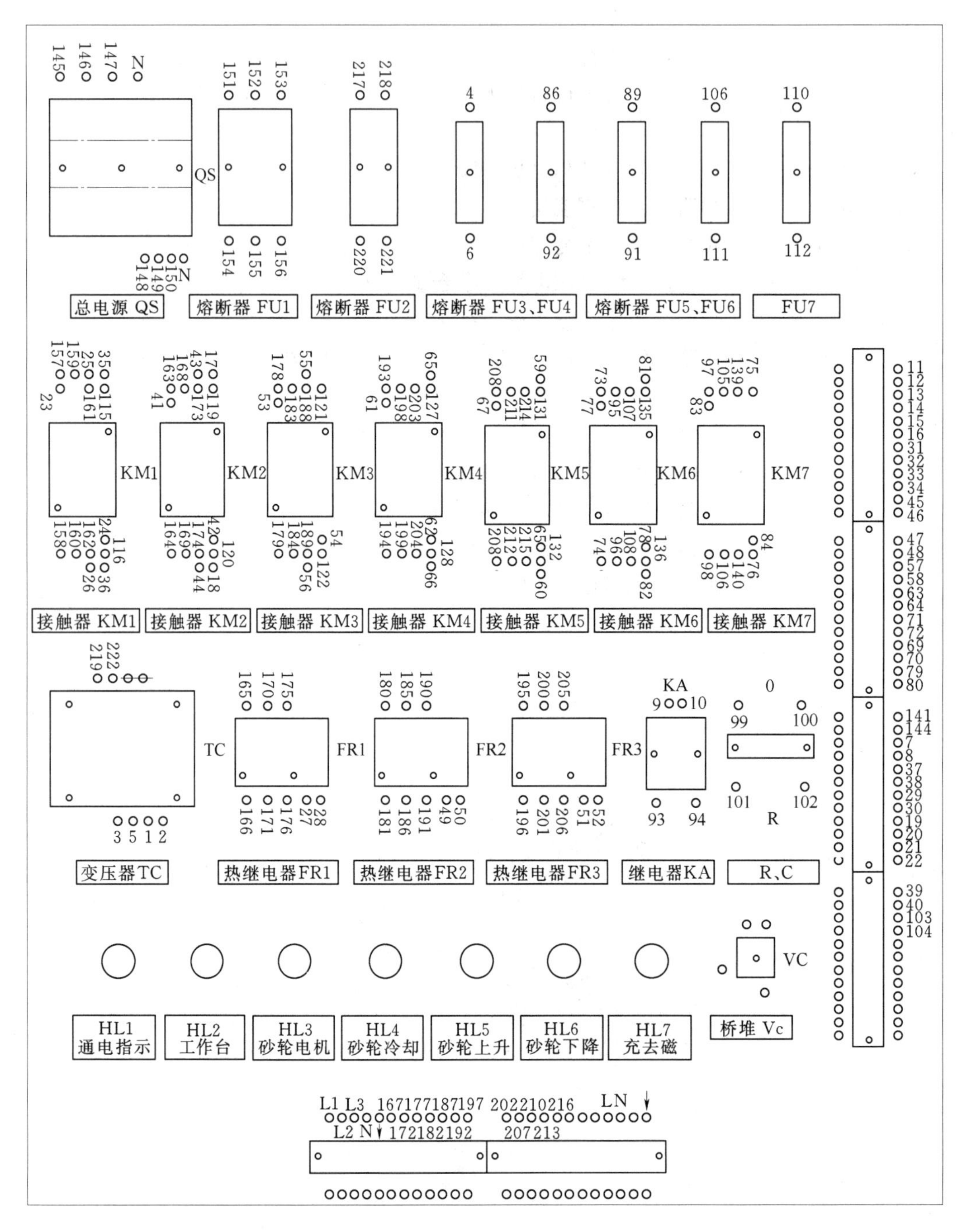

图 6-4 线端号

技能训练

训练模块　亚龙YL—123型M7130平面磨床电气控制线路的检修

一、课题目标

（1）能正确检修YL—123型M7130平面磨床电气控制线路。

（2）掌握亚龙YL—123型M7130平面磨床控制线路检修的一般方法。

二、工具、仪器和设备

（1）电工常用工具一套。

（2）MF47型万用表一块。

（3）500V兆欧表一台。

（4）MG3—1型钳形电流表一只。

（5）亚龙YL—123型M7130平面磨床一套。

三、实训过程

（1）熟悉机床的主要结构和运动形式，对铣床进行实际操作，了解亚龙YL—123型M7130平面磨床的控制柜结构布局、局域网指令信息。

（2）了解局域网设置、收接、解除亚龙YL—121型X62W万能铣床的故障。

（3）熟悉亚龙YL—123型M7130平面磨床电气控制线路的工作原理、电气接线以调试技能。

（4）掌握亚龙YL—123型M7130平面磨床电气控制线路故障的分析处理方法与技巧。

（5）根据故障现象分析故障原因，并熟练测量、排除亚龙YL—123型M7130平面磨床的线路上的故障点。

（6）参照图6-5所示，YL—123型M7130平面磨床电路智能实训设备位置图熟悉机床电器元件的安装位置、走线情况以及操作按钮、开关处于不同位置时，行程开关的工作状态及运动部件的工作情况。

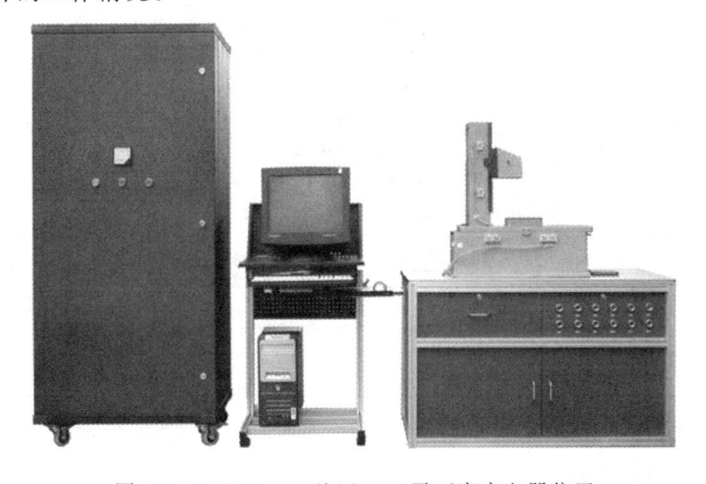

图6-5　YL—123型M7130平面磨床电器位置

（7）学生观摩检修。在YL—123型M7130平面磨床上设置故障点，由教师示范检修，边分析边检查，直至故障排除。教师示范检修时，应将检修步骤及要求贯穿其中，边操作边讲解。

（8）教师在线路中设置两处故障点，由学生按照检查步骤和检修方法进行检修。具体要求如下。

1）根据故障现象，先在电路图上用虚线正确标出故障电路的最小范围，然后采用正确的检查排除方法，在规定时间内查出并排除故障。

2）在排除故障的过程中，不得采用更换电器元件、借用触头或改动线路的方法修复故障点。

3）检修时严禁扩大故障范围或产生新的故障，不得损坏电气元件或设备。

四、注意事项

（1）检修前要认真阅读电路图，熟练掌握各个控制环节的原理及作用，并认真听取和仔细观察教师的示范检修。

（2）由于该机床的电气控制与机械结构的配合十分密切，因此，在出现故障时，应首先判明是机械故障还是电气故障。

（3）停电要验电。带电检修时，必须有指导教师在现场监护，以确保用电安全。同时要做好检修记录。

（4）电磁吸盘的工作环境恶劣，容易发生故障，检修时应特别注意电磁吸盘及其线路。

（5）正确操作计算机，熟练使用局域网指令信息，以免造成错误答题。

五、技能训练考核评分记录（见表6-1）

表6-1　技能训练考核评分记录表

<table>
<tr><td>项目内容</td><td>配分</td><td colspan="4">评　分　标　准</td><td>扣分</td></tr>
<tr><td>故障分析</td><td>30</td><td colspan="4">（1）故障分析、排除故障思路不正确扣5～10分
（2）不能标出最小故障范围每个扣15分</td><td></td></tr>
<tr><td>排除故障</td><td>70</td><td colspan="4">（1）断电不验电扣5分
（2）工具及仪表使用不当每次扣5分
（3）检查故障的方法不正确扣20分
（4）排除故障的方法不正确扣20分
（5）不能排除故障点每个扣30分
（6）扩大故障范围或产生新的故障点每个扣40分
（7）损坏电气元件每只扣20～40分
（8）排除故障后通电试车不成功扣50分</td><td></td></tr>
<tr><td>安全文明生产</td><td colspan="5">违反安全文明生产规程扣10～70分</td><td></td></tr>
<tr><td>定额时间</td><td colspan="5">1h，训练不允许超时，在修复故障过程中才允许超时，每超5min（不足5min以5min计）扣5分</td><td></td></tr>
<tr><td>备注</td><td colspan="4">除定额时间外，各项内容的最高扣分不得超过配分数</td><td>成绩</td><td></td></tr>
<tr><td>开始时间</td><td></td><td>结束时间</td><td></td><td>实际时间</td><td colspan="2"></td></tr>
</table>

六、技能训练报告

（1）技能训练模块名称。

（2）技能训练的课题目标。

（3）技能训练所用的工具、仪器和设备。

（4）技能训练的主要过程。

（5）记录故障现象，分析排故方法。

（6）小结、体会和建议。

思考与练习

（1）YL—123型M7130平面磨床砂轮电动机（M2）是怎样运行控制的？

（2）YL—123型M7130平面磨床砂轮升降电动机（M4）是怎样运行控制的？

（3）简述YL—123型M7130平面磨床电磁吸盘的控制电路中充磁、去磁过程。

（4）根据YL—123型M7130平面磨床的图纸分析、压缩和概述下列故障点现象。

1）150—153间断路。

2）173—188间断路。

3）191—192间断路。

4）211—217间断路。

5）215—216间断路。

6）221—222间断路。

7）5—28间断路。

8）10—11间断路。

9）15—25间断路。

10）24—27间断路。

11）13—31间断路。

12）33—43间断路。

13）36—37间断路。

14）27—42间断路。

15）47—48间短路。

16）48—49间断路。

17）58—59间断路。

18）60—61间断路。

19）9—90间断路。

20）64—65间断路。

21）63—71间断路。

22）76—77间断路。

23）79—80间短路。

24）82—83间断路。

25）86—87间断路。

26）92—93间断路。

27）99—103间断路。

28）106－107 间断路。

29）111－141 间断路。

30）88－89 间断路。

课题二　X62W 万能铣床电气控制线路的检测与维修

学习目标

（1）了解亚龙 YL—121 型 X62W 万能铣床的控制柜结构布局、局域网指令信息、运动形式。

（2）了解局域网设置、收接、解除亚龙 YL—121 型 X62W 万能铣床的故障。

（3）熟悉亚龙 YL—121 型 X62W 万能铣床电气控制线路的工作原理、电气接线及调试技能。

（4）掌握亚龙 YL—121 型 X62W 万能铣床电气控制线路故障的分析处理方法与技巧。

（5）根据故障现象分析故障原因，并熟练测量、排除亚龙 YL—121 型 X62W 万能铣床的线路上的故障点。

课题分析

铣床在机床设备中占有很大的比例，在数量上仅次于车床，可用来加工平面、斜面、沟槽，装上分度头可以铣切直齿齿轮和螺旋面，装上圆工作台，可铣切凸轮和弧形槽。铣床的种类很多，有卧式铣床、立式铣床、龙门铣床、仿形铣床和各种专用铣床等。本课题以亚龙 YL—121 型 X62W 万能铣床为例，介绍其控制柜结构布局、局域网指令信息、各运动部件的驱动要求、电气控制线路的工作原理、常见故障的分析处理方法。YL—121 型 X62W 铣床智能实训设备主要由 X62W 铣床电气控制柜和半实物仿真实训台组成。装置通过电控柜内的智能化实训单元与系统相连接，教师机设置的故障信息经智能化网络传送到学生端的机床电路上并产生相应故障，学生根据故障现象分析判断，采用计算机进行作答，考核系统具有自动完成评分、恢复故障、统计成绩等功能。仿真铣床是以实际机床为模本，经适当缩小而制成，其机构和运动原理与实际机床完全一致。

相关知识

一、X62W 型万能铣床的主要结构及型号含义

图 6－6 所示是卧式万能铣床外形结构示意图，主要由底座、床身、悬梁、刀杆支架、升降工作台、溜板及工作台等组成。在刀杆支架上安装有与主轴相连的刀杆和铣刀，以进行切削加工，顺铣时为一转动方向，逆铣时为另一转动方向，床身前面有垂直导轨，升降工作台带动工作台沿垂直导轨上、下移动，完成垂直方向的进给，升降工作台上的水平工作台，还可在左、右（纵向）方向以及横向上移动进给。回转工作台可单向转动。进给电动机经机械传动链传动，通过机械离合器在选定的进给方向驱动工作台移动进给，进给运动的传递示意图如图 6－7 所示。

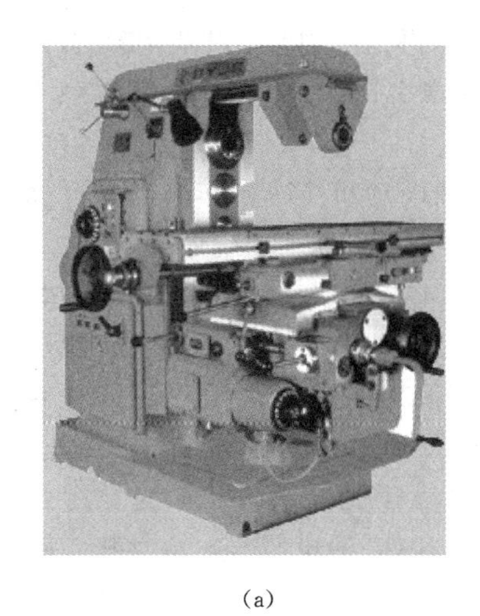

(a)

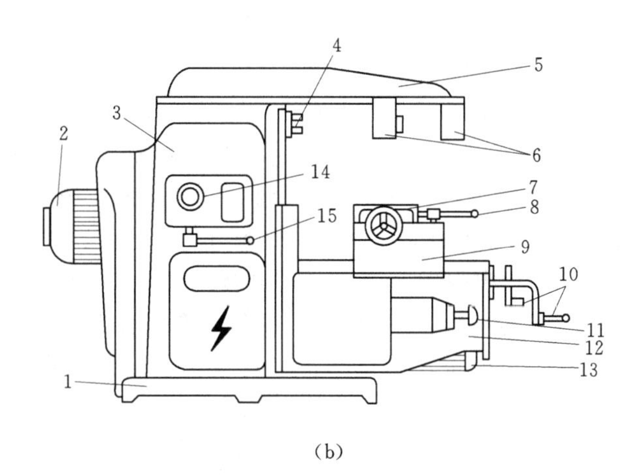

(b)

图 6-6　X62W 型万能铣床外形

(a) 外形实物；(b) 结构示意

1—底座；2—主轴电动机；3—床身；4—主轴；5—悬梁；6—刀杆支架；7—工作台；8—工作台左、右进给操作手柄；9—溜板；10—工作台前后、上下操作手柄；11—进给变速手柄及变速盘；12—升降工作台；13—进给电动机；14—主轴变速盘；15—主轴变速手柄

此外，溜板可绕垂直轴线方向左、右旋转 45°，使得工作台还能在倾斜方向进行进给，便于加工螺旋槽。该机床还可安装圆形工作台，以扩展铣削功能。

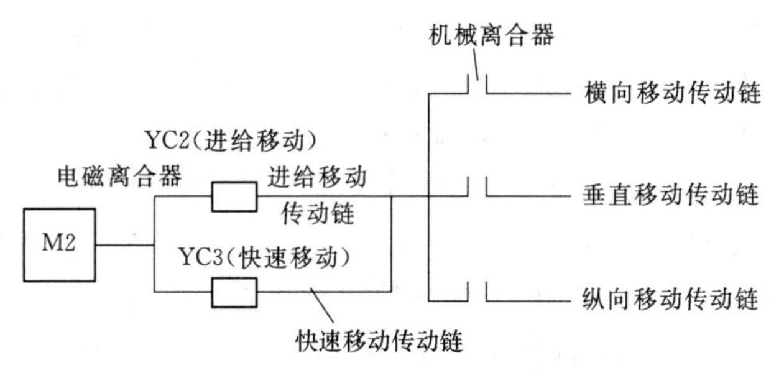

图 6-7　铣床运动传递示意图

其型号意义如下：

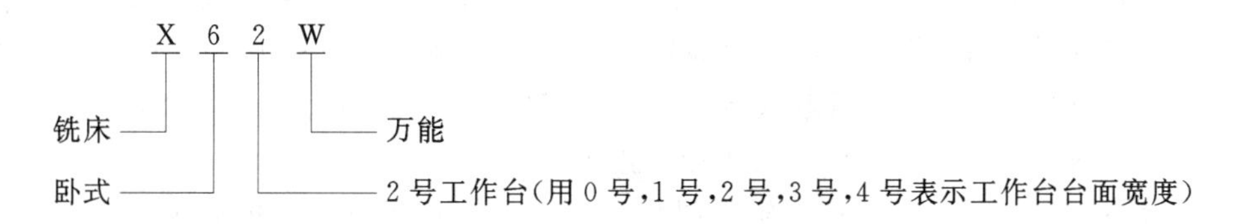

二、电路分析

1. 主轴电动机的控制

X62W 铣床的电气原理如图 6-8（见文后插页）所示，控制线路的启动按钮 SB1 和 SB2 是异地控制按钮，方便操作。SB3 和 SB4 是停止按钮。KM3 是主轴电动机 M1 的启动接触器，KM2 是主轴反接制动接触器，SQ7 是主轴变速冲动开关，KS 是速度继电器。

（1）主轴电动机的启动。启动前先合上电源开关 QS，再把主轴转换开关 SA5 扳到所需要的旋转方向，然后按启动按钮 SB1（或 SB2），接触器 KM3 获电动作，其主触头闭合，主轴电动机 M1 启动。

（2）主轴电动机的停车制动。当铣削完毕，需要主轴电动机 M1 停车，此时电动机 M1 运转速度在 120r/min 以上时，速度继电器 KS 的常开触头闭合（9 区或 10 区），为停车制动做好准备。当要 M1 停车时，就按下停止按钮 SB3（或 SB4），KM3 断电释放，由于 KM3 主触头断开，电动机 M1 断电作惯性运转，紧接着接触器 KM2 线圈获电吸合，电动机 M1 串电阻 *R* 反接制动。当转速降至 120r/min 以下时，速度继电器 KS 常开触头断开，接触器 KM2 断电释放，停车反接制动结束。

（3）主轴的冲动控制。当需要主轴冲动时，按下冲动开关 SQ7，SQ7 的常闭触头 SQ7－2 先断开，而后常开触头 SQ7－1 闭合，使接触器 KM2 通电吸合，电动机 M1 启动，冲动完成。

2. 工作台进给电动机控制

转换开关 SA1 是控制圆工作台的，在不需要圆工作台运动时，转换开关扳到“断开”位置，此时 SA1－1 闭合，SA1－2 断开，SA1－3 闭合；当需要圆工作台运动时，将转换开关扳到“接通”位置，则 SA1－1 断开，SA1－2 闭合，SA1－3 断开。

（1）工作台纵向进给。工作台的左右（纵向）运动是由装在床身两侧的转换开关跟开关 SQ1、SQ2 来完成，需要进给时把转换开关扳到“纵向”位置，按下开关 SQ1，常开触头 SQ1－1 闭合，常闭触头 SQ1－2 断开，接触器 KM4 通电吸合，电动机 M2 正转，工作台向右运动；当工作台要向左运动时，按下开关 SQ2，常开触头 SQ2－1 闭合，常闭触头 SQ2－2 断开，接触器 KM5 通电吸合，电动机 M2 反转，工作台向左运动。在工作台上设置有一块挡铁，两边各设置有一个行程开关，当工作台纵向运动到极限位置时，挡铁撞到位置开关，工作台停止运动，从而实现纵向运动的终端保护。

（2）工作台升降和横向（前后）进给。由于本产品无机械机构，不能完成复杂的机械传动，方向进给只能通过操纵装在床身两侧的转换开关跟开关 SQ3、SQ4 来完成工作台上下和前后运动。在工作台上也分别设置有一块挡铁，两边各设置有一个行程开关，当工作台升降和横向运动到极限位置时，挡铁撞到位置开关，工作台停止运动，从而实现纵向运动的终端保护。

工作台向上（下）运动，在主轴电机启动后，把装在床身一侧的转换开关扳到“升降”位置，再按下按钮 SQ3（SQ4），SQ3（SQ4）常开触头闭合，SQ3（SQ4）常闭触头断开，接触器 KM4（KM5）通电吸合，电动机 M2 正（反）转，工作台向下（上）运动。到达想要的位置时松开按钮，工作台停止运动。

工作台向前（后）运动，在主轴电机启动后，把装在床身一侧的转换开关扳到“横向”位置，再按下按钮 SQ3（SQ4），SQ3（SQ4）常开触头闭合，SQ3（SQ4）常闭触头断开，接触器 KM4（KM5）通电吸合，电动机 M2 正（反）转，工作台向前（后）运动。到达想要的位置时松开按钮，工作台停止运动。

3. 联锁问题

真实机床在上、下、前、后 4 个方向进给时，又操作纵向控制这两个方向的进给，将

造成机床重大事故，所以必须联锁保护。当上、下、前、后4个方向进给时，若操作纵向任一方向，SQ1-2或SQ2-2两个开关中的一个被压开，接触器KM4（KM5）立刻失电，电动机M2停转，从而得到保护。同理，当纵向操作时又操作某一方向而选择了向左或向右进给时，SQ1或SQ2被压住，它们的常闭触头SQ1-2或SQ2-2是断开的，接触器KM4或KM5都由SQ3-2和SQ4-2接通。若发生误操作，而选择上、下、前、后某一方向的进给，就一定使SQ3-2或SQ4-2断开，使KM4或KM5断电释放，电动机M2停止运转，避免了机床事故。

（1）进给冲动。真实机床为使齿轮进入良好的啮合状态，将变速盘向里推。在推进时，挡块压动位置开关SQ6，首先使常闭触头SQ6-2断开，然后常开触头SQ6-1闭合，接触器KM4通电吸合，电动机M2启动。但它并未转起来，位置开关SQ6已复位，首先断开SQ6-1，而后闭合SQ6-2。接触器KM4失电，电动机失电停转。这样一来，使电动机接通一下电源，齿轮系统产生一次抖动，使齿轮啮合顺利进行。要冲动时按下冲动开关SQ6，模拟冲动。

（2）工作台的快速移动。在工作台向某个方向运动时，按下按钮SB5或SB6（两地控制），接触器闭合，KM6通电吸合，它的常开触头（4区）闭合，电磁铁YB通电（指示灯亮）模拟快速进给。

（3）圆工作台的控制。把圆工作台控制开关SA1扳到“接通”位置，此时SA1-1断开，SA1-2接通，SA1-3断开，主轴电动机启动后，圆工作台即开始工作，其控制电路是：电源—SQ4-2—SQ3-2—SQ1-2—SQ2-2—SA1-2—KM4线圈—电源。接触器KM4通电吸合，电动机M2运转。

真实铣床为了扩大机床的加工能力，可在机床上安装附件圆工作台，这样可以进行圆弧或凸轮的铣削加工。拖动时，所有进给系统均停止工作，只让圆工作台绕轴心回转。该电动机带动一根专用轴，使圆工作台绕轴心回转，铣刀铣出圆弧。在圆工作台开动时，其余进给一律不准运动，若有误操作动了某个方向的进给，则必然会使开关SQ1～SQ4中的某一个常闭触头断开，使电动机停转，从而避免了机床事故的发生。按下主轴停止按钮SB3或SB4，主轴停转，圆工作台也停转。

4. 冷却泵照明控制

要启动冷却泵时扳开关SA3，接触器KM1通电吸合，电动机M3运转冷却泵启动。机床照明是由变压器T供给36V电压，工作灯由SA4控制。

三、技术指标

1. 基本技术指标

（1）使用电源：三相五线式电源。

（2）柜子尺寸：800mm×600mm×1500mm。

（3）桌子尺寸：1400mm×760mm×770mm。

2. 空载功耗不大于400W、额定输出电流不大于5A

四、使用条件

（1）温度：－10～＋40℃。

（2）相对湿度：不大于90％。

(3) 三相电源：380V±10%，频率 50Hz±5%。

五、铣床故障现象

(1) 98—105 间断路，主轴电机正、反转均缺一相，进给电机、冷却泵缺一相，控制变压器及照明变压器均没电。

(2) 100—107 间断路，主轴电机启动缺相。

(3) 113—114 间断路，主轴电机无论正/反转均缺一相。

(4) 122—123 间断路，主轴电机无论正/反转均缺一相。

(5) 163—164 间断路，快速进给电磁铁不能动作。

(6) 170—180 间断路，照明及控制变压器没电，照明灯不亮，控制回路失效。

(7) 181—182 间断路，控制变压器没电，控制回路失效。

(8) 184—187 间断路，照明灯不亮。

(9) 1—3 间断路，控制回路失效。

(10) 5—6 间短路，开机冷却泵即启动，SA3 控制失效。

(11) 13—15 间断路，除冷却泵及主轴冲动外，其余控制均失效。

(12) 14—21 间断路，主轴冲动失效。

(13) 6—7 间断路，冷却泵失效。

(14) 4—13 间断路，除冷却泵外，其他控制均失效。

(15) 22—23 间断路，主轴制动失效。

(16) 25—27 间断路，主轴启动失效。

(17) 8—45 间断路，工作台进给控制及快速进给控制失效。

(18) 24—42 间断路，主轴运转不能启动。

(19) 34—35 间断路，一处主轴启动失效，另一处有效。

(20) 40—41 间断路，主轴不能启动。

(21) 37—43 间断路，主轴点轴只能点动，不能自锁。

(22) 44—49 间断路，圆工作台的进给控制及快速进给全失效。

(23) 49—63 间断路，圆工作台控制开关 SA1 处于断开位置时，进给控制向前、向下、向后、向上失效，进给冲动也没有。

(24) 47—51 间断路，进给不能冲动。

(25) 60—61 间断路，工作台向下、向右、向前移动没有。

(26) 64—65 间断路，圆工作台控制开关 SA1 处于断开位置时，进给控制向前、向下、向后、向上失效，进给冲动也没有。

(27) 48—72 间断路，圆工作台控制开关 SA1 处于接通位置时，圆工作台控制全部失效。

(28) 80—81 间断路，进给控制的向后、向上、向左失效。

(29) 73—77 间断路，圆工作台向上、向后失效。

(30) 82—86 间断路，两处快速进给全部失效。

六、电气原理图（见文后插页图 6－8）

七、航空插编号（见图 6－9）

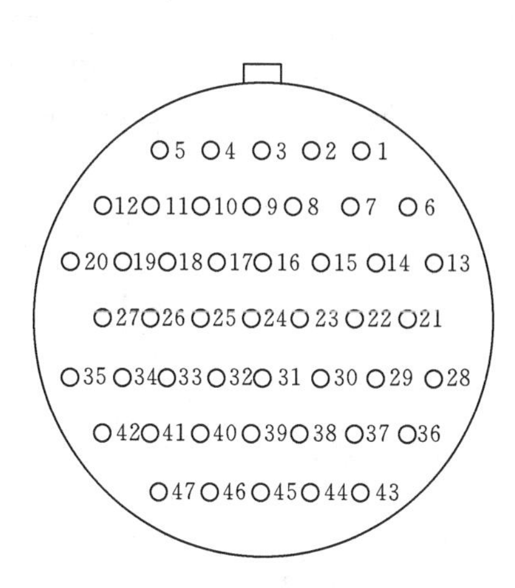

接线编号	座针编号
5	1
6	2
13	3
14	4
15	5
16	6
19	7
20	8
31	9
32	10
34	11
35	12
36	13
49	14
50	15
47	16
48	17
52	18
54	19
63	20
64	21
65	22
66	23
56	24

接线编号	座针编号
77	25
78	26
72	27
84	28
189	29
190	30
192	31
108	32
109	33
121	34
122	35
*60	36
*60	37
*80	38
*80	39
N	40
⏚	41
	42
	43
	44
	45
	46
	47

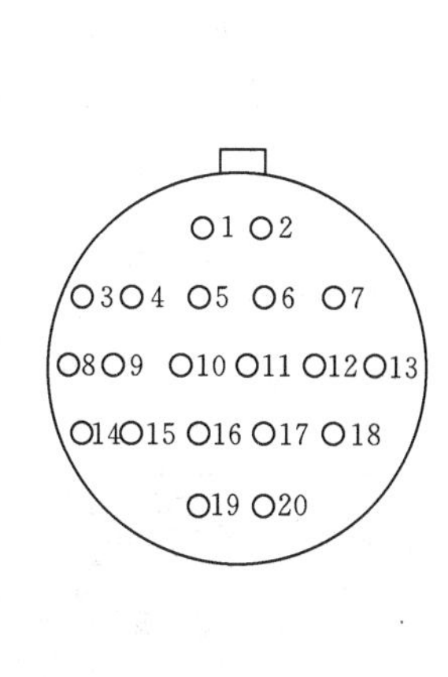

接线编号	座针编号
112	1
116	2
125	3
142	4
147	5
152	6
169	7
174	8
179	9
	10
	11
	12
	13
	14
	15
	16
	17
	18
	19
	20

图 6－9　航空插编号

技能训练

训练模块　亚龙 YL—121 型 X62W 万能铣床电气控制线路的检修

一、课题目标

（1）能正确检修亚龙 YL—121 型 X62W 万能铣床电气控制线路。

（2）掌握亚龙 YL—121 型 X62W 万能铣床控制线路检修的一般方法。

二、工具、仪器和设备

（1）电工常用工具一套。

（2）MF47 型万用表一块。

（3）500V 兆欧表一台。

（4）MG3—1 型钳形电流表一只。

（5）亚龙 YL—121 型 X62W 万能铣床一套。

三、实训过程

（1）熟悉机床的主要结构和运动形式，对铣床进行实际操作，了解亚龙 YL—121X62W 万能铣床的控制柜结构布局、局域网指令信息。

（2）了解局域网设置、收接、解除亚龙 YL—121 型 X62W 万能铣床的故障。

（3）熟悉亚龙 YL—121 型 X62W 万能铣床电气控制线路的工作原理、电气接线及调试技能。

（4）掌握亚龙 YL—121 型 X62W 万能铣床电气控制线路故障的分析处理方法与技巧。

（5）根据故障现象分析故障原因，并熟练测量、排除亚龙 YL—121 型 X62W 万能铣床的线路上的故障点。

（6）参照图 6-10 所示的 YL—121 型 X62W 万能铣床电路智能实训设备位置图，熟悉机床电气元件的安装位置、走线情况以及操作按钮、开关处于不同位置时，行程开关的工作状态及运动部件的工作情况。

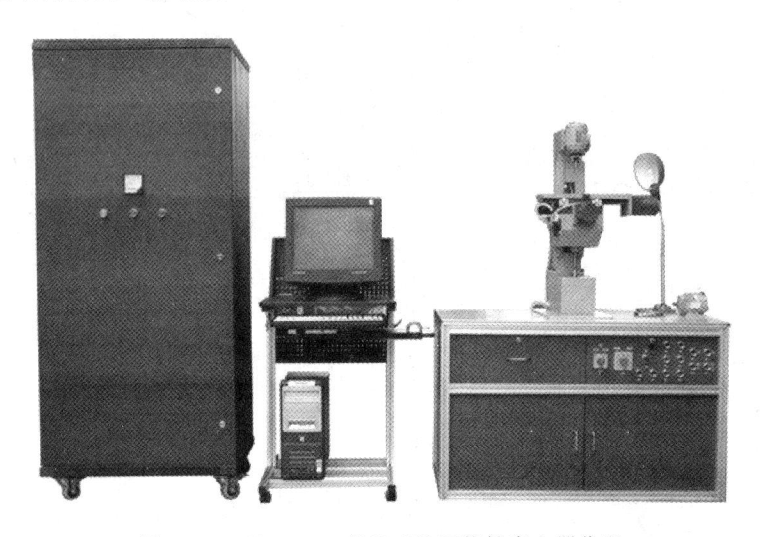

图 6-10　YL—121 型 X62W 万能铣床电器位置

（7）学生观摩检修。在 YL—121 型 X62W 万能铣床上设置故障点，由教师示范检修，边分析边检查，直至故障排除。教师示范检修时，应将检修步骤及要求贯穿其中，边操作边讲解。

（8）教师在线路中设置两处故障点，由学生按照检查步骤和检修方法进行检修。具体要求如下。

1）根据故障现象，先在电路图上用虚线正确标出故障电路的最小范围。然后采用正确的检查排除方法，在规定时间内查出并排除故障。

2）排除故障的过程中，不得采用更换电气元件、借用触头或改动线路的方法修复故障点。

3）检修时，严禁扩大故障范围或产生新的故障，不得损坏电气元件或设备。

四、注意事项

（1）检修前要认真阅读电路图，熟练掌握各个控制环节的原理及作用，并认真听取和仔细观察教师的示范检修。

（2）由于该机床的电气控制与机械结构的配合十分密切，因此，在出现故障时，应首先判明是机械故障还是电气故障。

（3）停电要验电。带电检修时，必须有指导教师在现场监护，以确保用电安全。同时要做好检修记录。

（4）正确操作计算机，熟练使用局域网指令信息，以免造成错误答题。

五、技能训练考核评分记录（见表 6－2）

表 6－2　　技能训练考核评分记录表

<table>
<tr><th>项目内容</th><th>配分</th><th colspan="3">评　分　标　准</th><th>扣分</th></tr>
<tr><td>故障分析</td><td>30</td><td colspan="3">（1）故障分析、排除故障思路不正确扣 5～10 分
（2）不能标出最小故障范围每个扣 15 分</td><td></td></tr>
<tr><td>排除故障</td><td>70</td><td colspan="3">（1）断电不验电扣 5 分
（2）工具及仪表使用不当每次扣 5 分
（3）检查故障的方法不正确扣 20 分
（4）排除故障的方法不正确扣 20 分
（5）不能排除故障点每个扣 30 分
（6）扩大故障范围或产生新的故障点每个扣 40 分
（7）损坏电气元件每只扣 20～40 分
（8）排除故障后通电试车不成功扣 50 分</td><td></td></tr>
<tr><td>安全文明生产</td><td colspan="4">违反安全文明生产规程扣 10～70 分</td><td></td></tr>
<tr><td>定额时间</td><td colspan="4">1h，训练不允许超时，在修复故障过程中才允许超时，每超 5min（不足 5min 以 5min 计）扣 5 分</td><td></td></tr>
<tr><td>备注</td><td colspan="3">除定额时间外，各项内容的最高扣分不得超过配分数</td><td>成绩</td><td></td></tr>
<tr><td>开始时间</td><td></td><td>结束时间</td><td></td><td>实际时间</td><td></td></tr>
</table>

六、技能训练报告

（1）技能训练模块名称。

（2）技能训练的课题目标。

（3）技能训练所用的工具、仪器和设备。

（4）技能训练的主要过程。

（5）记录故障现象，分析排故方法。

（6）小结、体会和建议。

思考与练习

（1）YL—121 型 X62W 万能铣床主轴电动机（M1）是怎样运行控制的？

（2）YL—121 型 X62W 万能铣床工作台进给电动机（M2）是怎样运行控制的？

（3）YL—121 型 X62W 万能铣床控制电路中具有哪些联锁与保护？为什么要有这些联锁与保护？它们是如何实现的？

（4）根据 YL—121 型 X62W 万能铣床的图纸分析，压缩和概述下列故障点现象。

1）98－105 间断路。

2）100－107 间断路。

3）113－114 间断路。

4）122－123 间断路。

5）163－164 间断路。

6）170－180 间断路。

7）181－182 间断路。

8）184—187 间断路。

9）1—3 间断路。

10）5—6 间短路。

11）13—15 间断路。

12）14—21 间断路。

13）6—7 间断路。

14）4—13 间断路。

15）22—23 间断路。

16）25—27 间断路。

17）8—45 间断路。

18）24—42 间断路。

19）34—35 间断路。

20）40—41 间断路。

21）37—43 间断路。

22）44—49 间断路。

23）49—63 间断路。

24）47—51 间断路。

25）60—61 间断路。

26）64—65 间断路。

27）48—72 间断路。

28）80—81 间断路。

29）73—77 间断路。

30）82—86 间断路。

课题三　T68 镗床电气控制线路的检测与维修

学习目标

（1）了解亚龙 YL—122 型 T68 镗床的控制柜结构布局、局域网指令信息及运动形式。

（2）了解局域网设置、收接、解除亚龙 YL—122 型 T68 镗床的故障。

（3）熟悉亚龙 YL—122 型 T68 镗床电气控制线路的工作原理、电气接线及调试技能。

（4）掌握亚龙 YL—122 型 T68 镗床电气控制线路故障的分析处理方法与技巧。

（5）根据故障现象，分析故障原因，并熟练测量、排除亚龙 YL—122 型 T68 镗床的线路上的故障点。

课题分析

镗床是一种精密加工机床，用来镗孔、钻孔、扩孔和铰孔等，主要用来加工精度较高

的孔和两孔之间的距离要求较为精确的零件。按结构和用途分，镗床可分为卧式镗床、立式镗床、坐标镗床、金钢镗床和专用镗床等。其中，卧式镗床和坐标镗床应用较为普遍，坐标镗床加工精度高，适合于加工高精度坐标孔距的多孔工件，而卧式镗床是一种通用性很广的机床，除了镗孔、钻孔、扩孔和铰孔外，还可以进行车削内外螺纹、外圆柱面和端面及铣削平面等。本课题以亚龙YL—122型T68镗床为例，介绍其控制柜结构布局、局域网指令信息、各运动部件的驱动要求、电气控制线路的工作原理、常见故障的分析处理方法。YL—122型T68镗床智能实训设备主要由T68镗床电气控制柜和半实物仿真实训台组成。装置通过电控柜内的智能化实训单元与系统相连接，教师机设置的故障信息经智能化网络传送到学生端的机床电路上，并产生相应故障，学生根据故障现象分析判断，采用计算机进行作答，考核系统具有自动完成评分、恢复故障、统计成绩等功能。仿真镗床是以实际机床为模本，经适当缩小而制成，其机构和运动原理与实际机床完全一致。

相关知识

一、T68卧式镗床的主要结构及型号意义

图6－11所示为卧式镗床外形，主要由床身、前立柱、镗头架、后立柱、尾座、下溜板、上溜板和工作台等部分组成。

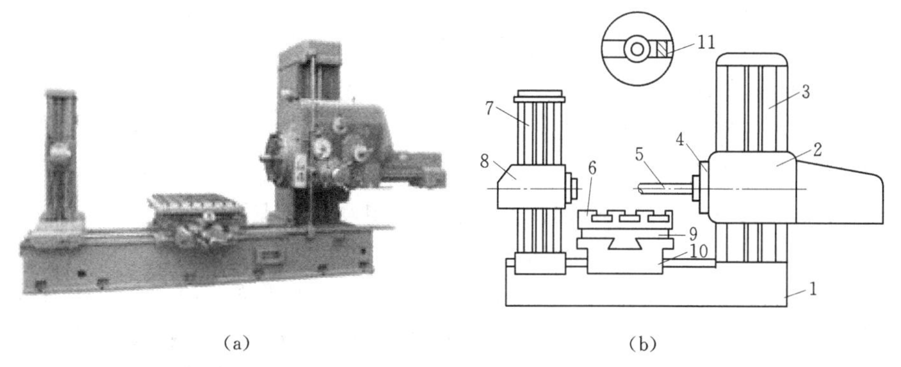

图6－11　T68卧式镗床外形

(a) 外形实物；(b) 结构示意

1—床身；2—镗头架；3—前立柱；4—平旋盘；5—镗轴；6—工作台；7—后立柱；8—尾座；9—上溜板；10—下溜板；11—刀具溜板

镗床的床身是一个整体的铸件，在它的一端固定有前立柱，在前立柱的垂直导轨上装有镗头架，镗头架可沿垂直导轨上下移动。镗头架里集中装有主轴、变速器、进给箱和操纵机构等部件。切削工具一般安装在镗轴前端的锥形孔里，或装在花盘的刀具溜板上。在切削过程中，镗轴一面旋转一面沿轴向做进给运动，而花盘只能旋转，装在它上面的刀具溜板可作垂直于主轴轴线方向的径向进给运动，镗轴和花盘轴分别通过各自的传动链传动，因此可以独立运动。

在床身的另一端装有后立柱，后立柱可沿床身导轨在镗轴轴线方向调整位置。在后立柱导轨装有尾座，用来支承镗杆的末端，尾座与镗头架同时升降，保证两者的轴心在同一水平线上。

其型号意义如下：

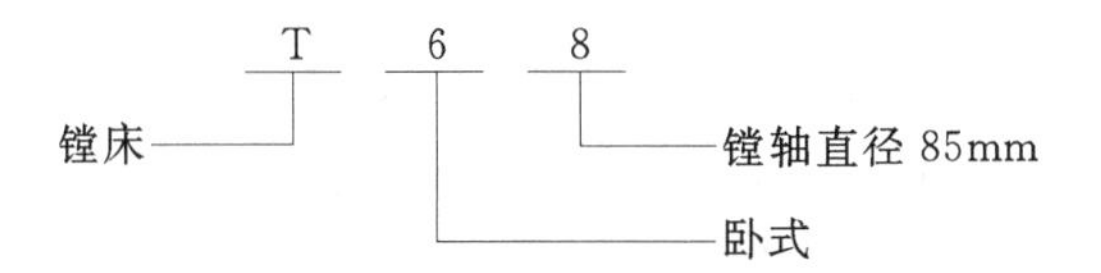

二、电路分析

T68 镗床电气原理如图 6-12（见文后插页）所示。

（1）主轴电动机的正/反转控制。按下正转按钮 SB3，接触器 KM1 线圈得电吸合，主触头闭合（此时开关 SQ2 已闭合），KM1 的常开触头（8 区和 13 区）闭合，接触器 KM3 线圈获电吸合，接触器主触头闭合，制动电磁铁 YB 得电松开（指示灯亮），电动机 M1 接成三角形正向启动。反转时只需按下反转启动按钮 SB2 动作原理同上，所不同的是接触器 KM2 获电吸合。

（2）主轴电机 M1 的点动控制。按下正向点动按钮 SB4，接触器 KM1 线圈获电吸合，KM1 常开触头（8 区和 13 区）闭合，接触器 KM3 线圈获电吸合。而不同于正转的是，按钮 SB4 的常闭触头切断了接触器 KM1 的自锁只能点动。这样 KM1 和 KM3 的主触头闭合便使电动机 M1 接成三角形点动。同理，按下反向点动按钮 SB5，接触器 KM2 和 KM3 线圈获电吸合，M1 反向点动。

（3）主轴电动机 M1 的停车制动。当电动机正处于正转运转时，按下停止按钮 SB1，接触器 KM1 线圈断电释放，KM1 的常开触头（8 区和 13 区）闭合因断电而断开，KM3 也断电释放。制动电磁铁 YB 因失电而制动，电动机 M1 制动停车。同理，反转制动只需按下制动按钮 SB1，动作原理同上，所不同的是接触器 KM2 反转制动停车。

（4）主轴电动机 M1 的高、低速控制。若选择电动机 M1 在低速运行，可通过变速手柄使变速开关 SQ1（16 区）处于断开低速位置，相应的时间继电器 KT 线圈也断电，电动机 M1 只能由接触器 KM3 接成三角形连接低速运动。如果需要电动机在高速运行，应首先通过变速手柄使变速开关 SQ1 压合接通处于高速位置，然后按正转启动按钮 SB3（或反转启动按钮 SB2）时间继电器 KT 线圈获电吸合。由于 KT 两副触头延时动作，故 KM3 线圈先获电吸合，电动机 M1 接成三角形低速启动，以后 KT 的常闭触头（13 区）延时断开，KM3 线断电释放，KT 的常开触头（14 区）延时闭合，KM4、KM5 线圈获电吸合，电动机 M1 接成 YY 连接，以高速运行。

（5）快速移动电动机 M2 的控制。主轴的轴向进给、主轴箱的垂直进给、工作台的纵向和横向进给等的快速移动。本产品无机械机构不能完成复杂的机械传动的方向进给，只能通过操纵装在床身的转换开关跟开关 SQ5、SQ6 来共同完成工作台的横向和前后、主轴箱的升降控制。在工作台上 6 个方向各设置有一个行程开关，当工作台纵向、横向和升降运动到极限位置时，挡铁撞到位置开关，工作台停止运动，从而实现纵终端保护。

1）主轴箱升降运动。首先将床身上的转换开关扳到“升降”位置，扳动开关 SQ5（SQ6），SQ5（SQ6）常开触头闭合，SQ5（SQ6）常闭触头断开，接触器 KM7（KM6）通电吸合，电动机 M2 反（正）转，主轴箱向下（上）运动，到了想要的位置时扳回开关 SQ5（SQ6），主轴箱停止运动。

2）工作台横向运动。首先将床身上的转换开关扳到“横向”位置，扳动开关SQ5（SQ6），SQ5（SQ6）常开触头闭合，SQ5（SQ6）常闭触头断开，接触器KM7（KM6）通电吸合，电动机M2反（正）转，工作台横向运动，到了想要的位置时扳回开关SQ5（SQ6），工作台横向停止运动。

3）工作台纵向运动。首先将床身上的转换开关扳到“纵向”位置，扳动开关SQ5（SQ6），SQ5（SQ6）常开触头闭合，SQ5（SQ6）常闭触头断开，接触器KM7（KM6）通电吸合，电动机M2反（正）转，工作台纵向运动，到了想要的位置时扳回开关SQ5（SQ6），工作台纵向停止运动。

4）联锁保护。真实机床在为了防止工作台或主轴箱自动快速进给时又将主轴进给手柄扳到自动快速进给的误操作，就采用了与工作台和主轴箱进给手柄有机械连接的行程开关SQ3。当上述手柄扳在工作台（或主轴箱）自动快速进给的位置时，SQ3被压断开。同样，在主轴箱上还装有另一个行程开关SQ4，它与主轴进给手柄有机械连接，当这个手柄动作时，SQ4也受压断开。电动机M1和M2必须在行程开关SQ3和SQ4中有一个处于闭合状态时才可以启动。如果工作台（或主轴箱）在自动进给（此时SQ3断开）时，再将主轴进给手柄扳到自动进给位置（SQ4也断开），那么电动机M1和M2便都自动停车，从而达到联锁保护的目的。

三、技术指标

1. 基本技术指标

（1）使用电源：三相五线式电源。

（2）柜子尺寸：800mm×600mm×1500mm。

（3）桌子尺寸：1400mm×760mm×770mm。

2. 空载功耗不大于400W、额定输出电流不大于5A

四、使用条件

（1）温度：－10～＋40℃。

（2）相对湿度：不大于90％。

（3）三相电源：380V±10％，频率50Hz±5％。

五、T68镗床故障现象

（1）85－90间断路，所有电机缺相，控制回路失效。

（2）96－111间断路，主轴电机及工作台电机，无论正/反转均缺相，控制回路正常。

（3）98－99间断路，主轴正转缺相。

（4）107－108间断路，主轴正、反转均缺一相。

（5）120－138间断路，主轴电机运转时，电磁铁不能吸合。

（6）137－143间断路，主轴电机低速运转制动时电磁铁YB不能动作。

（7）143－144间断路，主轴电机运转时，电磁铁YB不能动作。

（8）146－151间断路，进给电机快速移动正转时缺一相。

（9）151－152间断路，进给电机无论正/反转均缺一相。

（10）155－163间断路，控制回路及照明回路均没电。

（11）169－170间断路，SA接通时，照明灯也不能亮。

(12) 7—9 间断路，除照明灯及通电指示外，其他控制全部失效。

(13) 10—11 间断路，当操作手柄压下 SQ4 时，SQ3 未压下（接通），但控制回路失效，通电指示灯仍亮。

(14) 16—17 间断路，主轴正转不能启动，但能点动。

(15) 18—19 间断路，主轴电机正转点动与启动均失效。

(16) 8—30 间断路，控制回路全部失效。

(17) 9—74 间断路，当操作手柄压下 SQ3（SQ3 断开）时，控制回路失效。

(18) 25—35 间断路，主轴电机反转不能启动、点动。

(19) 28—34 间断路，主轴电机反转只能点动。

(20) 29—42 间断路，主轴电机不能反转。

(21) 30—52 间断路，主轴电机的高、低速运行及快速移动电机的快速移动均不可启动。

(22) 43—44 间短路，主轴变速与进给变速时手柄拉出 SQ2 均不能断开，M1 仍在运行。

(23) 44—45 间断路，主轴电机高、低速均不启动。

(24) 48—49 间断路，主轴电机的低速不能启动，高速时，无低速的过渡。

(25) 43—67 间断路，当手柄扳到进给位置压下 SQ4 时（SQ3 接通），快速移动电动机无论正/反转均不启动。

(26) 62—63 间断路，主轴电机即使打到高速位置也只能低速运行。

(27) 72—73 间断路，快速移动电机，正转不能启动。

(28) 66—73 间断路，快速移动电动机，无论正/反转均不能启动。

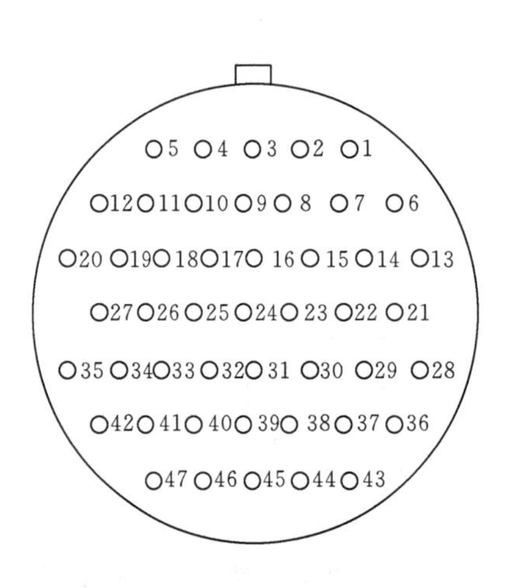

接线编号	座针编号
9	1
74	2
10	3
11	4
67	5
12	6
14	7
16	8
22	9
26	10
28	11
35	12
36	13
38	14
44	15
61	16
62	17
68	18
70	19
77	20
79	21
170	22
171	23
173	24

接线编号	座针编号
*71	25
*71	26
*80	27
*80	28
N	29
⏚	30
	31
	32
	33
	34
	35
	36
	37
	38
103	39
110	40
117	41
122	42
127	43
132	44
152	45
154	46
158	47

图 6-13　航空插编号

(29) 79—80 间断路，快速移动电动机，反转不能启动。

(30) 70—71 间断路，快速移动电动机，正转不能启动。

六、电气原理图（见文后插页图 6-12）

七、航空插编号（见图 6-13）

八、线端号（见图 6-14）

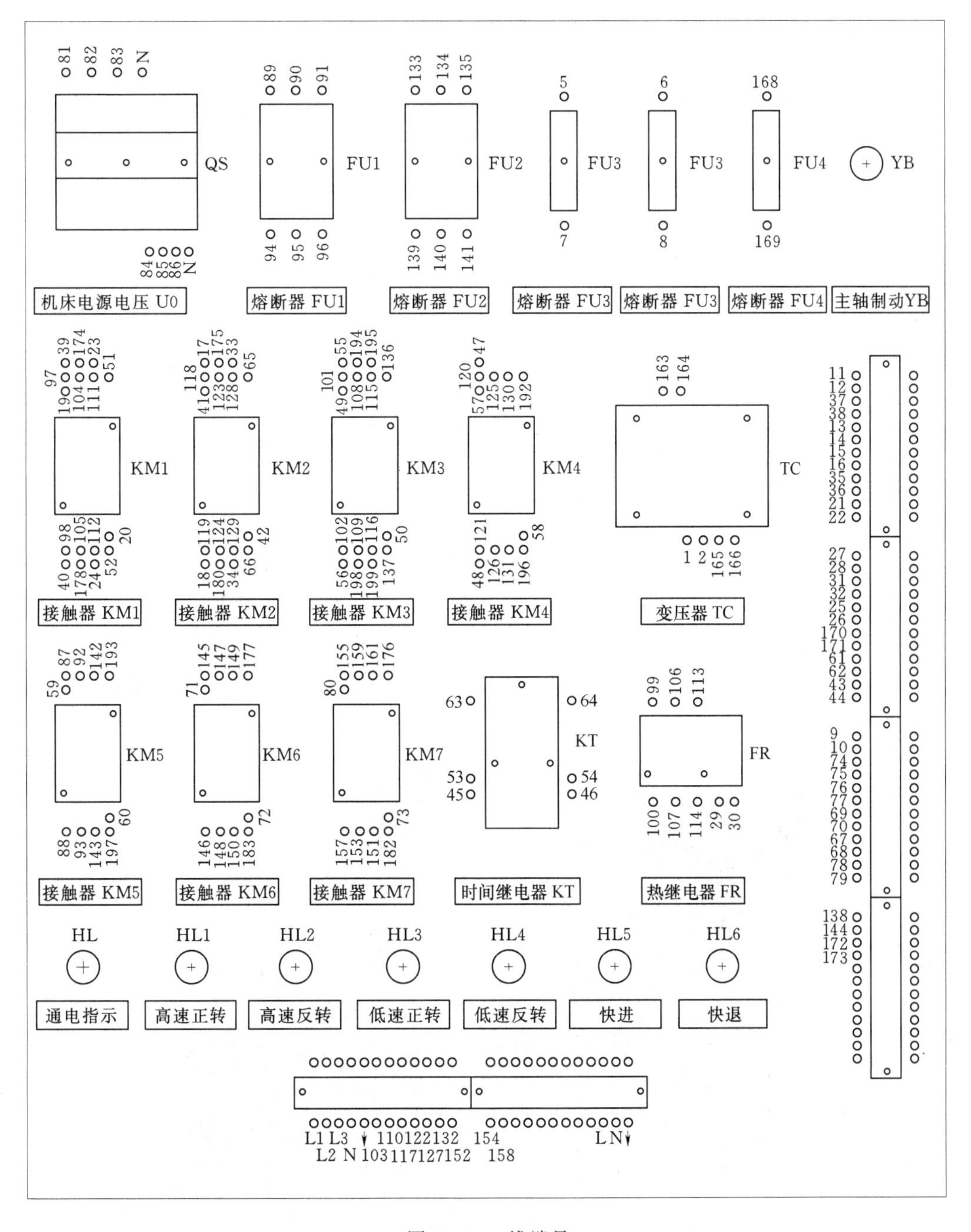

图 6-14　线端号

技能训练

亚龙 YL—122 型 T68 镗床电气控制线路的检修

一、课题目标

（1）能正确检修 YL—122 型 T68 镗床电气控制线路。

（2）掌握亚龙 YL—122 型 T68 镗床控制线路检修的一般方法。

二、工具、仪器和设备

（1）电工常用工具一套。

（2）MF47 型万用表一块。

（3）500V 兆欧表一台。

（4）MG3—1 型钳形电流表一只。

（5）亚龙 YL—122 型 T68 镗床一套。

三、实训过程

（1）熟悉机床的主要结构和运动形式，对铣床进行实际操作，了解亚龙 YL—122 型 T68 镗床的控制柜结构布局、局域网指令信息。

（2）了解局域网设置、收接、解除亚龙 YL—122 型 T68 镗床的故障。

（3）熟悉亚龙 YL—122 型 T68 镗床电气控制线路的工作原理、电气接线及调试技能。

（4）掌握亚龙 YL—122 型 T68 镗床电气控制线路故障的分析处理方法与技巧。

（5）根据故障现象分析故障原因，并熟练测量、排除亚龙 YL—122 型 T68 镗床的线路上的故障点。

（6）参照图 6-15 所示的 YL—122 型 T68 镗床电器位置，熟悉机床电气元件的安装位置、走线情况以及操作手柄处于不同位置时，行程开关的工作状态及运动部件的工作情况。

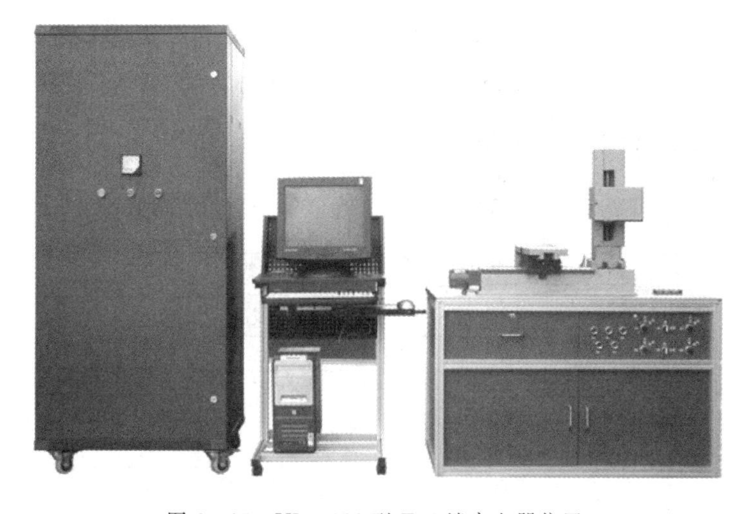

图 6-15　YL—122 型 T68 镗床电器位置

（7）学生观摩检修。在YL—122型T68镗床上设置故障点，由教师示范检修，边分析边检查，直至故障排除。教师示范检修时，应将检修步骤及要求贯穿其中，边操作边讲解。

（8）教师在线路中设置两处故障点，由学生按照检查步骤和检修方法进行检修。具体要求如下。

1）根据故障现象，先在电路图上用虚线正确标出故障电路的最小范围。然后采用正确的检查排除方法，在规定时间内查出并排除故障。

2）排除故障的过程中，不得采用更换电气元件、借用触头或改动线路的方法修复故障点。

3）检修时严禁扩大故障范围或产生新的故障，不得损坏电气元件或设备。

四、注意事项

（1）YL—122型T68镗床采用的是机械与电气一体化控制，在故障检测之前，必须熟知电路工作原理、清楚元器件位置及线路大致走向、各位置开关触点的状态、熟悉镗床运动特点，在教师指导下进行设置故障与排除故障。

（2）由于该机床的电气控制与机械结构的配合十分密切，因此，在出现故障时，应首先判明是机械故障还是电气故障。

（3）停电要验电。带电检修时，必须有指导教师在现场监护，以确保用电安全。同时要做好检修记录。

（4）正确操作计算机，熟练使用局域网指令信息，以免造成错误答题。

五、技能训练考核评分记录（见表6-3）

表6-3　　技能训练考核评分记录表

<table>
<tr><th>项目内容</th><th>配分</th><th colspan="4">评　分　标　准</th><th>扣分</th></tr>
<tr><td>故障分析</td><td>30分</td><td colspan="4">（1）故障分析、排除故障思路不正确扣5～10分
（2）不能标出最小故障范围每个扣15分</td><td></td></tr>
<tr><td>排除故障</td><td>70分</td><td colspan="4">（1）断电不验电扣5分
（2）工具及仪表使用不当每次扣5分
（3）检查故障的方法不正确扣20分
（4）排除故障的方法不正确扣20分
（5）不能排除故障点每个扣30分
（6）扩大故障范围或产生新的故障点每个扣40分
（7）损坏电气元件每只扣20～40分
（8）排除故障后通电试车不成功扣50分</td><td></td></tr>
<tr><td>安全文明生产</td><td colspan="5">违反安全文明生产规程扣10～70分</td><td></td></tr>
<tr><td>定额时间</td><td colspan="5">1h，训练不允许超时，在修复故障过程中才允许超时，每超5min（不足5min以5min计）扣5分</td><td></td></tr>
<tr><td>备注</td><td colspan="4">除定额时间外，各项内容的最高扣分不得超过配分数</td><td>成绩</td><td></td></tr>
<tr><td>开始时间</td><td colspan="2"></td><td>结束时间</td><td></td><td>实际时间</td><td></td></tr>
</table>

六、技能训练报告

（1）技能训练模块名称。

（2）技能训练的课题目标。

(3) 技能训练所用的工具、仪器和设备。

(4) 技能训练的主要过程。

(5) 记录故障现象，分析排故方法。

(6) 小结、体会和建议。

思考与练习

(1) YL—122 型 T68 镗床主轴电动机（M1）是怎样运行控制的?

(2) 试述 YL—122 型 T68 镗床主轴电动机高速启动运行的过程。

(3) 试述 YL—122 型 T68 镗床快速进给的控制过程。

(4) 根据 YL—122 型 T68 镗床的图纸分析、压缩和概述下列故障点现象。

1) 85—90 间断路。

2) 96—111 间断路。

3) 98—99 间断路。

4) 107—108 间断路。

5) 120—138 间断路。

6) 137—143 间断路。

7) 143—144 间断路。

8) 146—151 间断路。

9) 151—152 间断路。

10) 155—163 间断路。

11) 169—170 间断路。

12) 7—9 间断路。

13) 10—11 间断路。

14) 16—17 间断路。

15) 18—19 间断路。

16) 8—30 间断路。

17) 9—74 间断路。

18) 25—35 间断路。

19) 28—34 间断路。

20) 29—42 间断路。

21) 30—52 间断路。

22) 43—44 间短路。

23) 44—45 间断路。

24) 48—49 间断路。

25) 43—67 间断路。

26) 62—63 间断路。

27) 72—73 间断路。

28) 66—73 间断路。

29）79—80 间断路。

30）70—71 间断路。

课题四　15/3t 交流桥式起重机电气控制线路的检测与维修

学习目标

（1）了解亚龙 YL—126 型 15/3t 交流桥式起重机的控制柜结构布局、局域网指令信息及运动形式。

（2）了解局域网设置、收接、解除亚龙 YL—126 型 15/3t 交流桥式起重机的故障。

（3）熟悉亚龙 YL—126 型 15/3t 交流桥式起重机电气控制线路的工作原理、电气接线及调试技能。

（4）掌握亚龙 YL—126 型 15/3t 交流桥式起重机电气控制线路故障的分析处理方法与技巧。

（5）根据故障现象分析故障原因，并熟练测量、排除亚龙 YL—126 型 15/3t 交流桥式起重机的线路上的故障点。

课题分析

本课题以亚龙 YL—126 型 15/3t 交流桥式起重机为例，介绍其控制柜结构布局、局域网指令信息、各运动部件的驱动要求、电气控制线路的工作原理、常见故障的分析处理方法。YL—126 型 15/3t 交流桥式起重机智能实训设备主要由 X62W 铣床电气控制柜和半实物仿真实训台组成。装置通过电控柜内的智能化实训单元与系统相连接，教师机设置的故障信息经智能化网络，传送到学生端的机床电路上并产生相应故障，学生根据故障现象分析判断，采用计算机进行作答，考核系统具有自动完成评分、恢复故障、统计成绩等功能。仿真铣床是以实际机床为模本，经适当缩小而制成，其机构和运动原理与实际机床完全一致。

相关知识

起重机包括门式起重机、桥式起重机、防爆桥式起重机、电动葫芦、铸造起重机、锻造起重机和淬火起重机等。

桥式起重机包括通用桥式起重机、双梁桥式起重机和单梁桥式起重机等。

通用桥式起重机：普通用途的桥式起重机，主要包括吊钩桥式起重机、抓斗桥式起重机、电磁桥式起重机、两用桥式起重机、三用桥式起重机。它的吊具是吊钩型、抓斗型、电磁吸盘型中的一种或同时使用其中的两种、三种。通用桥式起重机广泛地应用在室内外仓库、厂房、码头和露天储料场等处。通用桥式起重机一般由起重小车、桥架运行机构、桥架金属结构组成。起重小车又由起升机构、小车运行机构和小车架 3 部分组成。起升机构包括电动机、制动器、减速器、卷筒和滑轮组。电动机通过减速器，带动卷筒转动，使钢丝绳绕上卷筒或从卷筒放下，以升降重物。小车架是支托和安装起升机构和小车运行机构等部件的机架，通常为焊接结构。

双梁桥式起重机由直轨、起重机主梁、起重小车、送电系统和电气控制系统组成，有两根梁，梁间有一定间隙。顺梁行走的机械部分和起重的机械部分一起装在小车上，起重小车跨在双梁上部沿小车轨道横向运行。桥架两端通过运行装置，支承在厂房或露天货场上空的高架轨道上，沿轨道纵向运行。起重能力可以较大，控制人员在吊车上的控制室内，需地面指挥人员和吊车操作人员配合进行工作。双梁桥式起重机特别适合于大悬挂和大起重量的平面范围物料输送。

单梁桥式起重机桥架的主梁多采用“工”字型钢或钢型与钢板的组合截面。起重小车常为手拉葫芦、电动葫芦或用葫芦作为起升机构部件装配而成。单梁桥式起重机按桥架运行方式分支承式和悬挂式，前者桥架沿车梁上的起重机轨道运行；后者的桥架沿悬挂在厂房屋架下的起重机轨道运行。单梁桥式起重机分手动、电动两种。手动单梁桥式起重机各机构的工作速度较低，起重量也较小，但自身质量小，便于组织生产，成本低，适合用于无电源后搬运量不大，对速度与生产率要求不高的场合。手动单梁桥式起重机采用手动单轨小车作为运行小车，用手拉葫芦作为起升机构，桥架由主梁和端梁组成。主梁一般采用单根“工”字钢，端梁则用型钢或压弯成型的钢板焊成。电动单梁桥式起重机工作速度、生产率较手动的高，起重量也较大。电动单梁桥式起重机由桥架、大车运行机构、电动葫芦及电气设备等部分组成。图 6－16～图 6－19 所示为各种形式的起重机。

图 6－16　LX 型 0.5—5t 电动单梁悬挂起重机

图 6－17　MDG 型 5—32/5t 单主梁吊钩门式起重机

图 6－18　LH 型电动葫芦桥式起重机

图 6－19　QD320/50t 电动双梁桥式起重机

主要内容

一、电路分析

15/3t 桥式起重机的电气原理如图 6-20（见文后插页）所示。

桥式起重机的大车桥架跨度一般较大，两侧装置两个主动轮，分别由两台相同规格的电动机 M3 和 M4 拖动，沿大车轨道纵向两个方向同速运动。

小车移动机构由一台电动机 M2 拖动，沿固定在大车桥架上的小车轨道横向两个方向运动。

主钩升降由一台电动机 M5 拖动。副钩升降由一台电动机 M1 拖动。

电源总开关为 QS1，凸轮控制器 SA1、SA2、SA3 分别控制副钩电动机（M1）、小车电动机（M2）、大车电动机（M3、M4）；主令控制器 SA4 配合磁力控制屏（PQR）完成对主钩电动机（M5）的控制。整个启动机的保护环节是由交流保护控制柜（GQR）和交流磁力控制屏（PQR）来实现。各控制电路均用熔断器 FU1、FU2 作为短路保护；总电源及每台电动机均采用过电流继电器 KA0、KA1、KA2、KA3、KA4、KA5 作过载保护；为了保障维修人员的安全，在驾驶室舱门盖上装有安全开关 SQC；在横梁两侧栏杆门上分别装有安全开关 SQd、SQe；当发生紧急情况时操作人员能立即切断电源，防止事故扩大，在保护柜上还装有一只单刀单掷的紧急开关 QS4。上述各开关在电路中均为常开触头并与副钩、小车、大车的过电流继电器的常闭触头相串联，当驾驶室舱门或横梁栏杆门开时，主接触器 KM 线圈不能获电运行或运行时断电释放，这样起重机的全部电动机都不能启动运行，保证了人身安全。电源总开关 QS1，熔断器 FU1、FU2，主接触器 KM，紧急开关 QS4 及电流电器 KA0～KA5 都安装在保护柜上。保护柜、凸轮控制器及主令控制器均安装在驾驶室内，便于司机操作。起重机各移动部分均采用限位开关作为行程限位保护。分别为：主钩上升限位开关 QSa；副钩上升限位开关 SQb；小车横向限位开关 QS1、QS2；大车纵向限位开关 QS3、QS4。利用移动部件上的挡铁压开限位开关将电动机断电并制动，以保证行车安全。起重机设备上的移动电动机和提升电动机均采用电磁制动器抱闸制动，分别为：副钩制动电磁铁 YA1；小车制动电磁铁 YA2；大车制动电磁铁 YA3、YA4；主钩制动电磁铁 YA5、YA6。当电动机通电时，电磁铁也获电松开制动器，电动机可以自由旋转。当电动机断电时，电磁铁也断电，电动机被制动器所制动，特别是正在运行时突然停电，可以保证安全。

二、电气线路分析

（一）主接触器 KM 的控制

控制过程如下。

1. 准备阶段

在起重机投入运行前应当将所有凸轮控制器手柄置于“零”位置，零位联锁触头 SA1-7、SA2-7、SA3-7（6 区）处于闭合状态，合上紧急开关 QS4，关好舱门和横梁栏杆门，使开关 SQC、SQd、SQe 也处于闭合状态（7 区）。

2. 启动运动阶段

操作人员按下保护控制柜上的启动按钮 SB（6 区），主接触器 KM 线圈获电吸合（8

区），3 副常开主触头 KM 闭合（1 区）。使两相电源进入各凸轮控制器，一相电源直接引入各电动机定子接线端。此时由于各凸轮控制器手柄均在零位，故电动机不会运转。同时，主接触器 KM 两副常开辅助触头 KM 闭合自锁（5 区和 6 区），当松开启动按钮 SB1 后，主接触器 KM 线圈从另一条通路获电。通路为源 1→ KM（自锁触头）→SA1－6→SA2－6→SQ1→SQ3→SA3－6→KM（自锁触头）→SQe→SQd→SQc→SQ4→KA0→KA1→KA2→KA3→KA4→KM（线圈→电源 2）。

（二）凸轮控制器的控制

桥式起重机的大车、小车和副钩电动机容量较小，一般采用凸轮控制器控制。现以大车为例，说明控制过程。由于大车为两台电动机同时拖动，故大车凸轮控制器 SA3 比 SA1 及 SA2 多了 5 副转子电阻控制触头，以供切除第二台电动机的转子电阻用。由图可以看出，大车凸轮控制器 SA3 共有 11 个位置，中间位置是零位，右边 5 个位置，左边 5 个位置，控制电动机 M3 和 M4 的正/反转（即大车的前进和后退）。4 副主触头控制电动机 M3 和 M4 的定子电源，并实现正/反转换接（V2－3M3、4M1，W2－3M1、4M3，V2－3M1、4M3，W2－3M3、4M1）。10 副传子电阻控制触头分别切换电动机 M3 和 M4 的转子电阻 3R 和 4R。另有 3 副辅助触头为联锁触头，其中 SA3－5、SA3－6 为电动机正/反转联锁触头，SA3－7 为零位联锁触头。操作过程：当合上电源总开关 QS1，按启动按钮 SB，使主接触器 KM 线圈获电运行。

扳动凸轮控制器 SA3 操作手柄向后位置 1，主触头V2－3M1、4M1 接通，正/反转联锁触头 SA3－6 接通，SA3－5 断开，SA3－7 断开，电动机 M3、M4 接通三相电源，同时电磁铁 YA3、YA4 获电（指示灯亮），使制动器放松，此时转子回路中串联着全部附加电阻，故电动机有较大的启动转矩、较小的启动电流，以最低速旋转，大车慢速向后运动。

扳动凸轮控制器 SA3 操作手柄向后位置 2，转子电阻控制触头 3R5、4R5 接通，电动机 M3、M4 转子回路中的附加电阻 3R、4R 各切除一段电阻，电动机转速略有升高。当手柄置于位置 3 时，控制触头 3R4、4R4 接通，转子回路中的附加电阻又被切除一段，电动机转速进一步升高。这样凸轮控制器 SA3 手柄从位置 2 循序转到位置 5 的过程中，控制触头依次闭合，转子电阻逐段切除，电动机转速逐渐升高，当电动机转子电阻全部切除时，转速达到最高速。

当凸轮控制器 SA3 操作手柄扳至向前时，通过主触头将电动机电源换相，主触头 V2－3M3、4M1 接通，W2－3M1、4M3 接通，电动机反方向旋转。另外，正/反转联锁触头 SA3－5 接通，SA3－6 断开，SA3－7 断开，其他工作过程与向后完全一样。

由于断电或操作手柄扳至零位，电动机电源断电，电磁铁线圈断电，制动器将电动机制动。

小车和副钩的控制过程与大车相同。

（三）主令控制器的控制

主钩运行有升降两个方向，主钩上升控制与凸轮控制器的工作过程基本相似。区别在于它是通过接触器来控制的。

主钩下降时与凸轮控制器的动作过程有较明显的差异。主钩下降有 6 挡位置。“J”、

“1”、“2”挡为制动下降位置，防止在吊有重载下降时速度过快，电动机处于反接制动运行状态。“3”、“4”、“5”挡为强力下降位置，主要用于轻负载时快速强力下降。主令控制器在下降位置时，6个挡位的工作情况如下。

合上开关QS1（1区）、QS2（9区）、QS3（13区）接通主电路和控制电路电源，主令控制器手柄置于零位，触头S1（13区）处于闭合状态，电压继电器KV（13区）线圈获电动作，其常开触头KV（14区）闭合自锁，为主钩电动机M5启动控制做好准备。

1. 手柄扳到制动下降位置“J”挡

主令控制器SA4常闭触头S1断开，常开触头S3、S6、S7、S8闭合，接触器KM2线圈获电吸合，常开主触头KM2闭合，电动机M5定子绕组通入三相正相序电压，电动机M5产生的电磁转矩为提升方向。另外，常开辅助触头KM2闭合自锁，常闭辅助触头KM2断开联锁，常开辅助触头KM2闭合，为制动KM3线圈获电做好准备；接触器KM4、KM5线圈获电吸合，常开触头KM4、KM5闭合，转子电阻5R6、5R5被切被，转子回路中还接入4段电阻。此时，尽管电动机M5已接通电源，但由于主令控制器的常开触头S4未闭合，接触器KM3线圈不能获得，故制动电磁铁YA5、YA6线圈也不能获电，制动器未释放，电动机M5仍处于抱闸制动状态，迫使电动机M5不能启动旋转。这种操作常用于主钩上吊有很重的货物或工件，停留在空中或在空间移动时，因负载很重，防止抱闸制动失灵或打滑，所以使电动机产生一个向上的提升力，协助抱闸制动克服重负载所产生的下降力，以减轻抱闸制动的负担，保证运行安全。

2. 手柄扳到制动下降位置“1”挡

当主令控制器手柄扳至“1”挡时，除“J”挡时的S3、S6、S7仍闭合，接触器KM2、KM4线圈仍获得吸合外，另有常开触头S4闭合，接触器KM3线圈获电吸合，常开主触头KM3闭合，电磁铁YA5、YA6线圈获电动作，电磁抱闸制动放松，电动机M5得以旋转。常开触头KM3闭合自锁，并与常开辅助触头KM1、KM2并联，主要保证电动机M5正/反转切换过程中电磁铁YA5、YA6有电，处于非制动状态，这样就不会产生机械冲击。由于触头S8的分断，接触器KM5线圈断电释放，此时仅切除一段转子电阻5R6，使电动机M5产生的提升方向的电磁转矩减小。若此时负载足够大，则在负载重力下电动机作反向（下降方向）旋转，电磁转矩成为反接制动力矩，迫使重负载低速下降。

3. 手柄扳到制动下降位置“2”挡

此时主令控制器触头S3、S4、S6仍闭合，触头S7分断，接触器KM4线圈断电释放，附加电阻全部接入转子回路，是电动机向提升方向的电磁转矩又减少，重负载下降速度比“1”挡时加快。这样，操作者可根据重负载情况及下降速度要求，适当选择“1”挡或“2”挡作为重负载合适的下降速度。

4. 手柄扳到强力下降位置“3”挡

此挡主令控制器触头S3分断S2闭合，因为“3”挡为强力下降，故上升限位开关

SQa 失去保护作用，控制电源通路改由触头 S2 控制。触头 S6 分断，上升接触器 KM2 线圈断电释放。触头 S4、S5、S7、S8 闭合，接触器 KM1 线圈获电吸合，电动机电源相序切换反向旋转（向下降方向），常开辅助 KM1 闭合自锁，常闭辅助触头 KM1 断开联锁。同时接触器 KM4、KM5 线圈获电吸合，转子附加电阻 5R6、5R5 被切除，这时轻负载便在电动机下降转矩作用下强制下落，又称强力下降。

5. 手柄扳到强力下降位置“4”挡

主令控制器的触头 S2、S4、S5、S7、S8、S9 闭合，接触器 KM6 线圈获电吸合，转子附加电阻 5R4 被切除，电动机转速进一步增加，轻负载下降速度变快。另外，常开辅助触头 KM6 闭合，为接触器 KM7 获电做准备。

6. 手柄扳到强力下降位置“5”挡

此挡主令控制器触头 S2～S12 全闭合，接触器 KM7～KM9 线圈依次获电吸合，转子附加电阻 5R3、5R2、5R1 依次逐级切除，这样可以防止过大的冲击电流，同时使电动机旋转速度逐渐增加，待转子附加电阻全部被切除后，电动机以最高转速运行，负载下降速度也最快。此挡若负载重力作用较大，使实际下降速度超过电动机同步转速时，由电动机运行特性可知，电磁转矩由驱动转矩变为制动转矩，即发电制动，能起到一定的制动下降作用，保证下降速度不致太高。

桥式起重机在实际运行中，操作人员要根据具体情况选择不同的运行位置和挡位。比如主令控制器手柄在强力下降位置“5”挡时，因负载重力作用太大使下降速度过快，虽有发电制动控制高速下降仍很危险。此时，就需要把主令控制器手柄扳回到制动下降位置“2”或“1”挡，进行反接制动控制下降速度。为了避免在转换过程中可能发生过高的下降速度，在接触器 KM9 电路中常用辅助常开触头 KM9 自锁。同时，为了不影响提升的调速，在该支路中再串联一个常开辅助触头 KM1。这样可以保证主令控制器手柄由强力下降位置向制动下降位置转换时，接触器 KM9 线圈始终都有电，只有手柄扳至制动下降位置后，接触器 KM9 线圈才断电，在主令控制器 SA4 触头开合表中可以看到，强力下降位置“4”、“3”挡上有“0”的符号便是这个意义。表示当手柄由“5”挡向零位回转时，触头 S12 接通。否则，如果没有以上联锁装置，在手柄由强力下降位置向制动下降位置转换时，若操作人员不小心，误把手柄停在了“4”或“3”挡上，那么正在高速下降的负载速度不但不会得到控制，反而使下降速度更为增加，可能造成恶性事故。另外，串接在接触器 KM2 支路中的常开触头 KM2 与常闭触头 KM9 并联，主要作用当接触器 KM1 线圈断电释放后，只有在接触器 KM9 线圈断电释放的情况下，接触器 KM2 线圈才允许获电并自锁，这就保证了只有在转子电路中保持一定的附加电阻前提下，才能进行反接制动，以防止反接制动时造成直接启动而产生过大的冲击电流。

三、技术指标

1. 基本技术指标

（1）使用电源：三相五线式电源。

（2）柜子尺寸：800mm×600mm×1700mm。

(3) 桌子尺寸：1400mm×760mm×770mm。

2. 空载功耗不大于400W、额定输出电流不大于5A

四、使用条件

(1) 温度：－10～＋40℃。

(2) 相对湿度：不大于90%。

(3) 三相电源：380V±10%，频率50Hz±5%。

五、起重机故障现象

(1) 3－6间断路，各个控制部分失效。

(2) 10－14间断路，副钩电机无论升降总缺一相。

(3) 25－26间断路，启动副钩，制动电磁铁不能动作。

(4) 23－27间断路，副钩电机无论升降总缺一相。

(5) 106－107间断路，按SB钮，KM不能启动。

(6) 120－121间断路，按SB钮，KM不能启动。

(7) 124－125间断路，按SB钮，KM不能启动。

(8) 128－129间断路，按SB钮，KM不能启动。

(9) 102－103间断路，按SB钮，KM不能启动。

(10) 40－45间断路，小车电机无论正/反转都缺一相，且制动电磁铁不能动作。

(11) 55－58间断路，大车电机（两个）均缺一相，且制动电磁铁不能动作。

(12) 8－76间断路，按SB钮，KM不能启动。

(13) 79－80间断路，副钩下降时，按SB启动KM后，KM不能自锁。

(14) 81－82间断路，按SB钮，KM不能自锁。

(15) 85－86间断路，按SB钮，KM不能自锁。

(16) 111－119间断路，按SB钮，KM不能启动。

(17) 130－132间断路，按SB钮，KM不能启动。

(18) 139－140间断路，主钩电机无论升、降均缺一相。

(19) 145－148间断路，主钩下降时电机缺一相。

(20) 139－144间断路，主钩电机制动电磁铁不能得电。

(21) 173－184间断路，主钩控制部分失效。

(22) 177－178间断路，主钩控制部分失效。

(23) 182－183间断路，欠电压保护KV失效。

(24) 198－208间断路，主钩制动及主钩加速失效。

(25) 195－196间断路，主钩电机下降时不能启动。

(26) 204－206间断路，主钩电机上升不能启动。

(27) 209－215间断路，主钩强力下降时，KM3不吸合，电磁铁不得电。

(28) 221－227间断路，主钩加速时，5R1～5R4不能切除。

(29) 217－218间断路，主钩5R6不能切除。

(30) 224－225间断路，主钩5R5不能切除。

(31) 229－247间断路，从强力下降回挡到制动下降时，KM9不能得电吸合。

(32) 235—236 间断路，主钩加速时，5R1～5R3 不能切除。

六、电气故障原理图（见文后插页图 6-20）

七、航空插编号（见图 6-21）

八、线端号（见图 6-22）

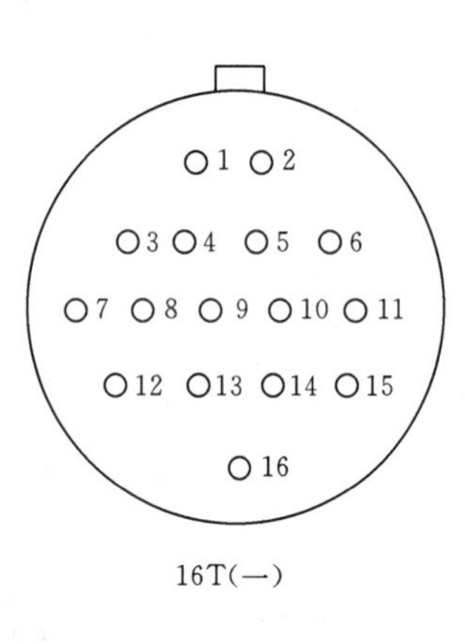

16T(一)

接线编号	座针编号
91	1
80	2
23	3
21	4
81	5
18	6
16	7
104	8
1R	9
103	10
1R5	11
1R4	12
1R3	13
1R2	14
1R1	15
	16

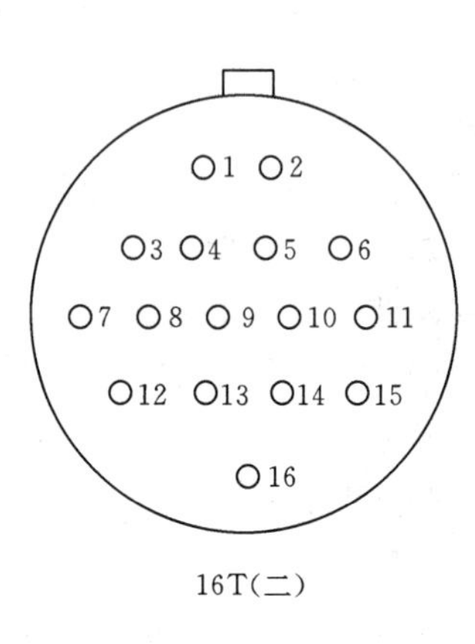

16T(二)

接线编号	座针编号
94	1
83	2
42	3
40	4
82	5
37	6
35	7
106	8
2R	9
105	10
2R5	11
2R4	12
2R3	13
2R2	14
2R1	15
	16

接线编号	座针编号
179	1
186	2
40	3
210	4
42	5
48	6
216	7
222	8
227	9
232	10
238	11
244	12
180	13
187	14
41	15
211	16
43	17
199	18
217	19
223	20
228	21
233	22
234	23
245	24

接线编号	座针编号
26	25
13	26
27	27
45	28
46	29
66	30
62	31
64	32
63	33
150	34
152	35
188	36
189	37
13	38
90	39
84	40
85	41
95	42
86	43
87	44
98	45
N	46
⏚	47

接线编号	座针编号
107	1
100	2
4R	3
108	4
99	5
88	6
4R5	7
4R4	8
4R3	9
4R2	10
4R1	11
3R	12
55	13
57	14
3R5	15
3R4	16
3R3	17
3R2	18
3R1	19
52	20
50	21
	22
	23
	24
	25
	26

图 6-21　航空插编号

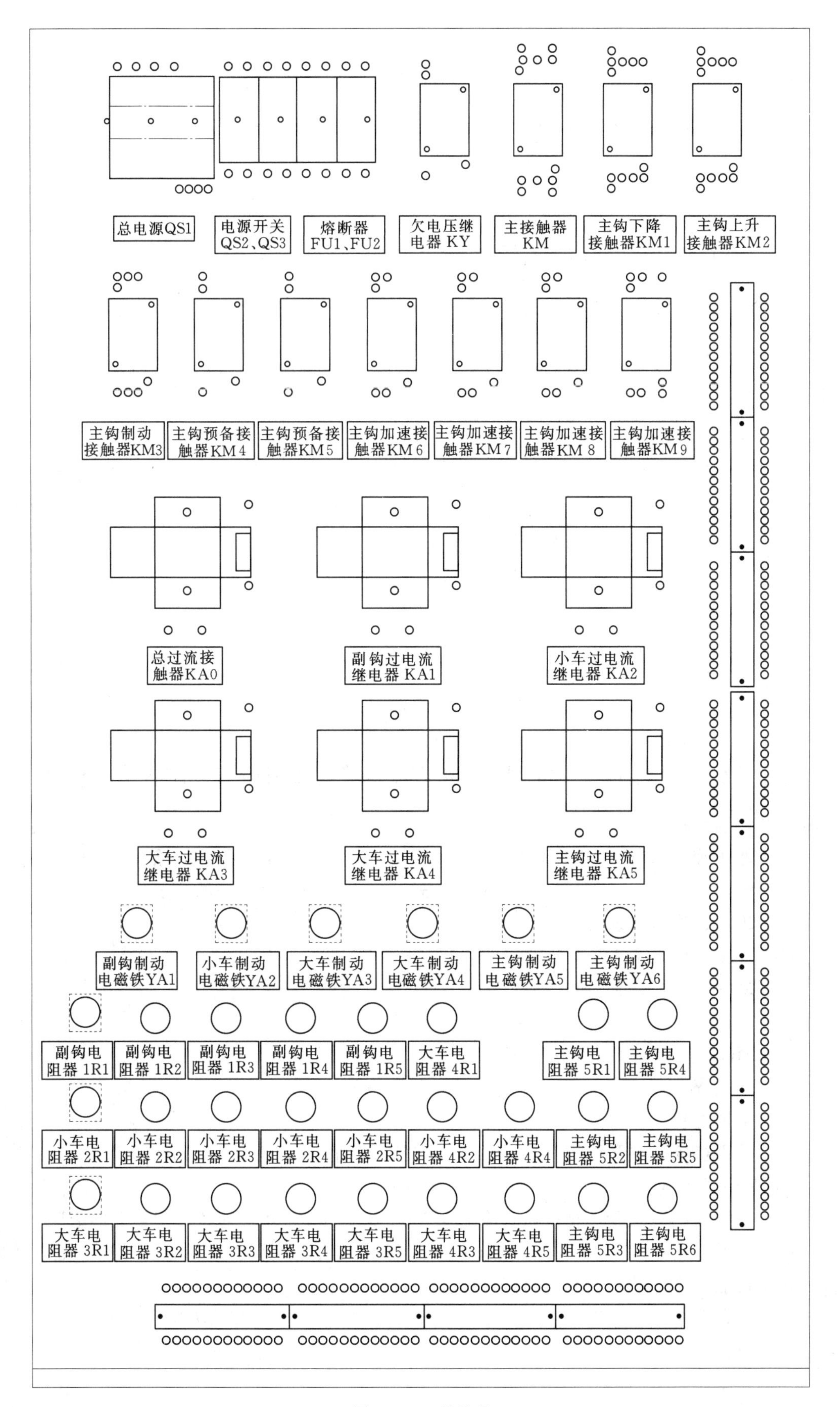

总电源QS1
电源开关 QS2、QS3
熔断器 FU1、FU2
欠电压继电器 KY
主接触器 KM
主钩下降接触器KM1
主钩上升接触器KM2
主钩制动接触器KM3
主钩预备接触器KM 4
主钩预备接触器KM 5
主钩加速接触器KM 6
主钩加速接触器KM 7
主钩加速接触器KM 8
主钩加速接触器KM 9
总过流接触器KA0
副钩过电流继电器 KA1
小车过电流继电器 KA2
大车过电流继电器 KA3
大车过电流继电器 KA4
主钩过电流继电器 KA5
副钩制动电磁铁YA1
小车制动电磁铁YA2
大车制动电磁铁YA3
大车制动电磁铁YA4
主钩制动电磁铁YA5
主钩制动电磁铁YA6
副钩电阻器 1R1
副钩电阻器 1R2
副钩电阻器 1R3
副钩电阻器 1R4
副钩电阻器 1R5
大车电阻器 4R1
主钩电阻器 5R1
主钩电阻器 5R4
小车电阻器 2R1
小车电阻器 2R2
小车电阻器 2R3
小车电阻器 2R4
小车电阻器 2R5
小车电阻器 4R2
小车电阻器 4R4
主钩电阻器 5R2
主钩电阻器 5R5
大车电阻器 3R1
大车电阻器 3R2
大车电阻器 3R3
大车电阻器 3R4
大车电阻器 3R5
大车电阻器 4R3
大车电阻器 4R5
主钩电阻器 5R3
主钩电阻器 5R6

图 6-22 线端号

九、控制器编号（见图 6－23）

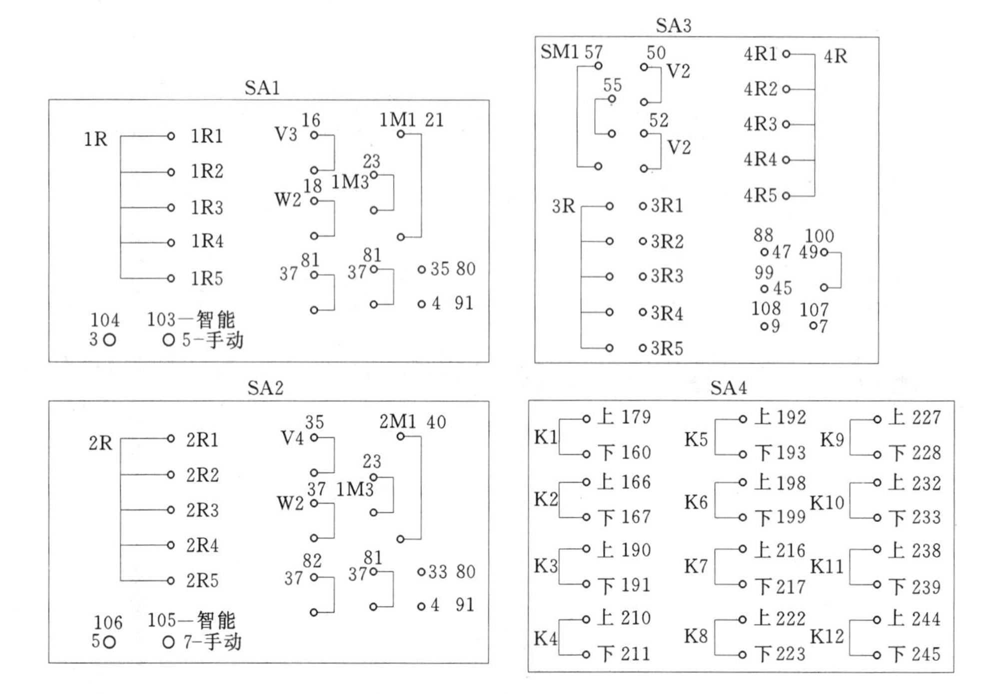

图 6－23　控制器编号

技能训练　亚龙 YL—126 型 15/3t 交流桥式起重机电气控制线路的检修

一、课题目标

（1）能正确检修亚龙 YL—126 型 15/3t 交流桥式起重机电气控制线路。

（2）掌握亚龙 YL—126 型 15/3t 交流桥式起重机控制线路检修的一般方法。

二、工具、仪器和设备

（1）电工常用工具一套。

（2）MF47 型万用表一块。

（3）500V 兆欧表一台。

（4）MG3—1 型钳形电流表一只。

（5）亚龙 YL—126 型 15/3t 交流桥式起重机一套。

三、实训过程

（1）熟悉机床的主要结构和运动形式，对铣床进行实际操作，了解亚龙 YL—126 型 15/3t 交流桥式起重机的控制柜结构布局、局域网指令信息。

（2）了解局域网设置、收接、解除亚龙 YL—126 型 15/3t 交流桥式起重机的故障。

（3）熟悉亚龙 YL—126 型 15/3t 交流桥式起重机电气控制线路的工作原理、电气接线及调试技能。

（4）掌握亚龙 YL—126 型 15/3t 交流桥式起重机电气控制线路故障的分析处理方法与技巧。

（5）根据故障现象分析故障原因，并熟练测量、排除亚龙 YL—126 型 15/3t 交流桥式起重机线路上的故障点。

（6）参照图 6-24 所示 YL—126 型 15/3t 交流桥式起重机电器位置图，熟悉机床电气元件的安装位置、走线情况以及操作手柄处于不同位置时，行程开关的工作状态及运动部件的工作情况。

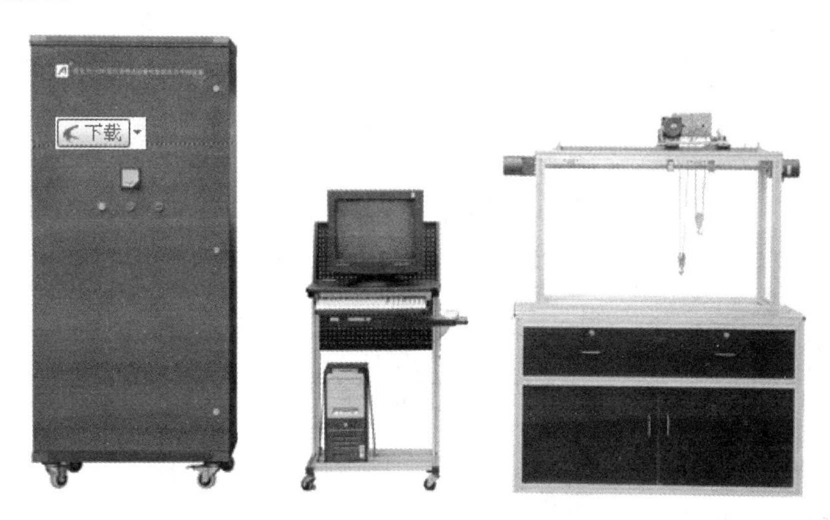

图 6-24　YL—126 型 15/3t 交流桥式起重机电器位置

（7）学生观摩检修。在 YL—126 型 15/3t 交流桥式起重机上设置故障点，由教师示范检修，边分析边检查，直至故障排除。教师示范检修时，应将检修步骤及要求贯穿其中，边操作边讲解。

（8）教师在线路中设置两处故障点，由学生按照检查步骤和检修方法进行检修。具体要求如下。

1）根据故障现象，先在电路图上用虚线正确标出故障电路的最小范围。然后采用正确的检查排除方法，在规定时间内查出并排除故障。

2）排除故障的过程中，不得采用更换电气元件、借用触头或改动线路的方法修复故障点。

3）检修时严禁扩大故障范围或产生新的故障，不得损坏电气元件或设备。

四、注意事项

（1）YL—126 型 15/3t 交流桥式起重机采用的是机械与电气一体化控制，在故障检测之前，必须熟知电路工作原理、清楚元器件位置及线路大致走向、各位置开关触点的状态、熟悉镗床运动特点，在教师指导下进行设置故障与排除故障。

（2）由于该机床的电气控制与机械结构的配合十分密切，因此，在出现故障时，应首先判明是机械故障还是电气故障。

（3）停电要验电。带电检修时，必须有指导教师在现场监护，以确保用电安全。同时要做好检修记录。

（4）正确操作计算机，熟练使用局域网指令信息，以免造成错误答题。

五、技能训练考核评分记录（见表 6-4）

表 6-4　　技能训练考核评分记录表

<table>
<tr><td>项目内容</td><td colspan="2">配分</td><td colspan="2">评 分 标 准</td><td>扣分</td></tr>
<tr><td>故障分析</td><td colspan="2">30 分</td><td colspan="2">（1）故障分析、排除故障思路不正确扣 5～10 分
（2）不能标出最小故障范围每个扣 15 分</td><td></td></tr>
<tr><td>排除故障</td><td colspan="2">70 分</td><td colspan="2">（1）断电不验电扣 5 分
（2）工具及仪表使用不当每次扣 5 分
（3）检查故障的方法不正确扣 20 分
（4）排除故障的方法不正确扣 20 分
（5）不能排除故障点每个扣 30 分
（6）扩大故障范围或产生新的故障点每个扣 40 分
（7）损坏电气元件每只扣 20～40 分
（8）排除故障后通电试车不成功扣 50 分</td><td></td></tr>
<tr><td>安全文明生产</td><td colspan="4">违反安全文明生产规程扣 10～70 分</td><td></td></tr>
<tr><td>定额时间</td><td colspan="4">1h，训练不允许超时，在修复故障过程中才允许超时，每超 5min（不足 5min 以 5min 计）扣 5 分</td><td></td></tr>
<tr><td>备注</td><td colspan="3">除定额时间外，各项内容的最高扣分不得超过配分数</td><td>成绩</td><td></td></tr>
<tr><td>开始时间</td><td></td><td>结束时间</td><td></td><td>实际时间</td><td></td></tr>
</table>

六、技能训练报告

（1）技能训练模块名称。

（2）技能训练的课题目标。

（3）技能训练所用的工具、仪器和设备。

（4）技能训练的主要过程。

（5）记录故障现象，分析排故方法。

（6）小结、体会和建议。

思考与练习

（1）简述 YL—126 型 15/3t 交流桥式起重机主接触器 KM 的过程。

（2）简述 YL—126 型 15/3t 交流桥式起重机凸轮控制器的控制过程。

（3）简述 YL—126 型 15/3t 交流桥式起重机主令控制器的控制过程。

（4）根据 YL—126 型 15/3t 交流桥式起重机的图纸分析、压缩和概述下列故障点现象。

1）3—6 间断路。

2）10—14 间断路。

3）25—26 间断路。

4）23—27 间断路。

5）106—107 间断路。

6）120—121 间断路。

7）124—125 间断路。

8）128—129间断路。

9）102—103间断路。

10）40—45间断路。

11）55—58间断路。

12）8—76间断路。

13）79—80间断路。

14）81—82间断路。

15）85—86间断路。

16）111—119间断路。

17）130—132间断路。

18）139—140间断路。

19）145—148间断路。

20）139—144间断路。

21）173—184间断路。

22）177—178间断路。

23）182—183间断路。

24）198—208间断路。

25）195—196间断路。

26）204—206间断路。

27）209—215间断路。

28）221—227间断路。

29）217—218间断路。

30）224—225间断路。

31）229—247间断路。

32）235—236间断路。

参 考 文 献

[1] 周元一. 电机与电气控制 [M]. 北京：机械工业出版社. 2006.
[2] 李敬梅. 电力拖动控制线路与技能训练 [M]. 北京：中国劳动社会保障出版社，2007.
[3] 李敬梅. 电力拖动基本控制线路 [M]. 北京：中国劳动社会保障出版社，2006.
[4] 王兆晶. 维修电工 [M]. 北京：机械工业出版社，2006.
[5] 李学炎. 电机与变压器 [M]. 北京：中国劳动社会保障出版社，2001.
[6] 郑立冬. 电机与变压器 [M]. 北京：人民邮电出版社，2008.
[7] 谭维瑜. 电机与变压器 [M]. 北京：机械工业出版社，2003.